全国高职高专教育规划教材

计算机应用基础

Jisuanji Yingyong Jichu

周 敏 主编

张 俊 李建新 郭 明 方 锐 许志荣 谭花娣 参编

高等教育出版社·北京
HIGHER EDUCATION PRESS   BEIJING

内容提要

　　本书以项目案例为主，内容的编写采用了任务驱动教学方法，注重计算机基本知识的掌握以及实际操作能力和应用能力的培养，同时考虑了国家对计算机教育的相关要求，全面、系统地介绍了基础理论知识，能满足用户参加计算机等级考试的需要。

　　本书分上下两篇，上篇为基础知识篇，下篇为实践操作篇，共 9 章，包括计算机基础知识、计算机网络基础、多媒体技术基础、计算机安全、Windows 7 操作系统、Word 2010 的使用、Excel 2010 的使用、PowerPoint 2010 的使用和 Internet 的使用。

　　本书可作为高职高专院校计算机应用基础课程教材，还可作为全国计算机等级考试计算机基础及 MS Office 应用的学习教材，以及各种计算机培训班的培训教材。

图书在版编目（C I P）数据

　　计算机应用基础/周敏主编. —北京：高等教育出版社，2013.10
　　ISBN 978 - 7 - 04 - 038428 - 4

　　Ⅰ. ①计…　　Ⅱ. ①周…　　Ⅲ. ①电子计算机 - 高等职业教育 - 教材　　Ⅳ. ①TP3

　　中国版本图书馆 CIP 数据核字（2013）第 204679 号

策划编辑　陈　皓	责任编辑　陈　皓	封面设计　张雨薇	版式设计　杜微言
插图绘制　尹　莉	责任校对　刘娟娟	责任印制　赵义民	

出版发行	高等教育出版社	咨询电话	400 - 810 - 0598
社　　址	北京市西城区德外大街 4 号	网　　址	http：//www. hep. edu. cn
邮政编码	100120		http：//www. hep. com. cn
印　　刷	北京鑫海金澳胶印有限公司	网上订购	http：//www. landraco. com
开　　本	787mm × 1092mm　1/16		http：//www. landraco. com. cn
印　　张	21.25	版　　次	2013 年 10 月第 1 版
字　　数	520 千字	印　　次	2013 年 10 月第 1 次印刷
购书热线	010 - 58581118	定　　价	33.50 元

前　　言

高等职业教育是以培养高端应用型人才为目标，重点强调实践应用能力。本书以项目案例为主，内容的编写采用了任务驱动教学方法，注重计算机基本知识的掌握以及实际操作能力和应用能力的培养，同时还考虑国家对计算机教育的相关要求，全面系统地介绍了基础理论知识，能满足用户参加计算机等级考试的需要。

本书分上、下两篇，上篇为基础知识篇，共包括 4 章；下篇为实践操作篇，共包括 5 章。全书主要内容如下。

➢ 第 1 章　介绍计算机基础知识，内容包括计算机的发展、计算机中的信息表示、计算机系统结构、微型计算机的硬件组成等。

➢ 第 2 章　介绍计算机网络基础，内容包括计算机网络的概念、形成、分类、功能、拓扑结构以及计算机网络的组成。

➢ 第 3 章　介绍多媒体技术基础，内容包括多媒体的基本概念、多媒体计算机系统、常见的多媒体格式等。

➢ 第 4 章　介绍计算机安全，内容包括计算机安全的基本概念、计算机病毒、计算机黑客，以及计算机职业道德和安全法规。

➢ 第 5 章　通过桌面定制、文件管理和管理与控制 3 个案例，由浅入深地介绍 Windows 7 系统的操作、设置、管理等。

➢ 第 6 ~ 8 章　介绍常用办公软件的使用，内容包括文字处理（Word）、电子表格（Excel）、演示文稿（PowerPoint）的操作使用。通过典型的项目案例，采用任务驱动的方式帮助学生在实践中掌握办公软件的使用技能。

➢ 第 9 章　介绍网络应用——Internet 使用，内容包括网上漫游、信息搜索、网络资源的上传和下载、电子邮件、电子商务等典型的 Internet 应用。

本书由周敏担任主编，第 1、2、4 章由周敏编写，第 3 章由张俊编写，第 5 章由李建新编写，第 6 章由郭明编写，第 7 章由许志荣编写，第 8 章由方锐编写，第 9 章由谭花娣编写。全书由周敏负责统稿，崔毓娟负责审核。

本书适合作为高职高专院校的计算机基础教材，也可以作为相关计算机技术的培训教材，还适合作为广大计算机爱好者的自学用书或参考资料。

由于编者水平有限，加之时间仓促，疏漏和不足之处在所难免，衷心希望广大读者批评指正。

编　者

2013 年 7 月

目　　录

上篇　基础知识篇

上篇　基础知识篇

第1章 计算机基础知识

计算机在当今高速发展的信息社会之中已经被广泛应用于各个领域。说起计算机，大家都不会陌生，甚至很多人已经非常熟练地操作它了。本章将介绍计算机的发展历史、分类、特点、用途，计算机中的信息表示，以及计算机系统结构和硬件组成等基础知识。

1.1 计算机的发展

1.1.1 计算机的概念

简单地说，计算机是一种能够接收信息，按照预设程序对信息进行加工和处理，并产生输出结果的自动化电子设备。图 1-1 所示为计算机的外观。

(a) 台式计算机　　　　　　　　　　　　(b) 笔记本式计算机

图 1-1　计算机外观

计算机和人们日常使用的电视机、手机、收音机等一样，都属于电子设备。现在人们所使用的计算机大多属于数字电子计算机。

计算机具有以下特征：运算速度快、存储容量大、能对多种信息进行处理，同时计算机之间具有互联、互通、互操作的能力。

1.1.2 计算机发展简史

1. 第一台计算机

第二次世界大战期间，美国军方为了解决计算大量军用数据的难题，成立了由宾夕法尼亚大学莫奇利和埃克特领导的研究小组，开始研制世界上第一台电子计算机。

第一台电子计算机诞生于 1946 年 2 月,被命名为 ENIAC(Electronic Numerical Integrator and Calculator),即"电子数字积分器与计算器"的英文缩写,图 1-2 所示即为 ENIAC。它采用穿孔卡输入输出数据,每分钟可以输入 125 张卡片,输出 100 张卡片。

ENIAC 是个庞然大物:机器被安装在一排 2.75 m 高的金属柜里,占地面积约 170m^2,总重量达 30 t。在 ENIAC 内部共安装了 17468 只电子管,7200 个二极管,70000 多个电阻器,10000 多只电容器和 6000 只继电器,电路的焊接点多达 50 万个;在机器表面,则布满电表、电线和指示灯。 ENIAC 的运算速度达到每秒 5000 次加法,可以在 3/1000 秒内做完两个 10 位数的乘法。

图 1-2　第一台电子计算机

ENIAC 奠定了电子计算机的发展基础,开辟了一个计算机科学技术的新纪元。有人将其称为人类第三次产业革命开始的标志。

ENIAC 诞生后,数学家冯·诺依曼提出了重大的改进理论,主要有两点:其一是电子计算机应该以二进制为运算基础;其二是电子计算机应采用"存储程序"方式工作,并且进一步明确指出了整个计算机的结构应由 5 个部分组成:运算器、控制器、存储器、输入装置和输出装置。这些理论的提出,解决了计算机的运算自动化问题和速度配合问题,对后来计算机的发展起到了决定性的作用。直至今天,绝大部分的计算机还是采用冯·诺依曼方式工作。

2. 计算机发展的 4 个阶段

在 ENIAC 诞生后的短短几十年间,计算机的发展突飞猛进。主要电子器件相继使用了真空电子管,晶体管,中小规模集成电路和大规模、超大规模集成电路,引起计算机的几次更新换代。每一次更新换代都使计算机的体积和耗电量大大减小,功能大大增强,应用领域进一步拓宽。特别是体积小、价格低、功能强的微型计算机的出现,使得计算机迅速普及,进入了办公室和家庭,在办公室自动化和多媒体应用方面发挥了很大的作用。目前,计算机的应用已扩展到社会的各个领域。根据计算机所采用的元器件的不同,可将计算机的发展过程分成以下 4 个阶段。

第一代(1946—1958 年)是电子管计算机。该阶段的计算机以电子管作为基本电子元件,称为"电子管时代"。电子管计算机的主存储器使用的是磁鼓,主要用于数值计算。但由于其体积大、耗电量多、价格贵,而且运行速度和可靠性都不高,使计算机的应用受到了很大的限制。由于当时电子技术的限制,基本运算速度只是每秒几千次至几万次,内存容量仅几千个字。第一代计算机主要局限于一些军事和科研部门进行科学计算。软件上采用机器语言,后期采用汇编语言。

第二代(1958—1964 年)是晶体管计算机。该阶段的计算机以晶体管作为基本电子元件,称为"晶体管时代"。晶体管计算机主存储元件以磁芯为主。晶体管计算机在运算速度和可靠性方面都比电子管计算机先进。第二代计算机的基本运算速度提高到每秒几万至几十万次基本运算,软件上广泛采用高级语言,并出现了早期的操作系统。

第三代(1964—1970 年)是集成电路计算机。该阶段的计算机采用中小规模集成电路(SSI、MSI),称为"集成电路时代"。集成电路计算机所采用的主存储器为半导体存储器,系统采用微程序技术与虚拟存储技术。第三代计算机的基本运算速度提高到每秒几十万至几百万次。由于其电路集成度高、功能增强、价格合理,使计算机在应用方面出现了质的飞跃。软件方面广泛使用操作系统,产生了分时、实时等操作系统和计算机网络。

第四代(1971 年至今)是大规模集成电路计算机。该阶段的计算机以大规模的集成电路作为基本电子元件,称为"超大规模集成电路时代"。大规模集成电路的出现,不仅提高了电子元件的集成度,还把电子计算机的运算控制器等部件集成在一块电路板上。这就使计算机向巨型机和微型机发展成为可能,而微型计算机的出现使计算机更为普及,并深入到社会生活的各个方面,同时为计算机的网络化创造了条件。第四代计算机的基本运算速度可达每秒几百万次甚至上亿次。在软件方法上产生了结构化程序设计和面向对象程序设计的思想。另外,网络操作系统、数据库管理系统得到广泛应用。微处理器和微型计算机也在这一阶段诞生并获得飞速发展。

表 1-1 所示为计算机发展的 4 个阶段在电子器件、处理方式、运算速度和应用领域方面的对比。

表 1-1 计算机发展的 4 个阶段

阶段	年份	电子器件	处理方式	运算速度	应用领域
第一代	1946—1958	电子管	机器语言、汇编语言	几千至几万次/秒	科学计算
第二代	1958—1964	晶体管	高级程序设计语言	几万至几十万次/秒	科学计算、数据处理、工业控制
第三代	1964—1970	中小规模集成电路	结构化、模块化程序设计,实时处理	几十万至几百万次/秒	科学计算、数据处理、工业控制、文字处理、图形处理
第四代	1971 至今	大规模集成电路	分时、实时数据处理,计算机网络	几百万至几亿次/秒	工业、生活各个领域

此外,1982 年提出了第五代计算机即智能计算机的概念,目标是实现把信息采集、存储、处理、通信同人工智能结合在一起的智能计算机系统。这一目标至今尚未能直接促进计算机的更新换代。

3．微型计算机的发展

微型计算机简称"微机"，是由大规模集成电路组成的、体积较小的电子计算机。其特点是体积小、功耗低、灵活性大、价格便宜、使用方便。微型计算机以微处理器（中央处理器，CPU）为基础。CPU 是微型计算机的心脏，它决定了微型计算机的性能。

按照微处理器的发展水平，可将微型计算机的发展分为 6 个阶段。

第一阶段是 1971—1973 年，4～8 位微型计算机的发展阶段，通常称为第一代，其典型产品有 4004、4040、8008。1971 年，Intel 公司研制出 MCS-4 微型计算机（CPU 为 4040，4 位机）。后来又推出以 8008 为核心的 MCS-8 型。

第二阶段是 1973—1977 年，8 位微型计算机的发展阶段，微型计算机的发展和改进阶段，通常称为第二代，其典型产品是 Intel8080/8085，Motorola 公司、Zilog 公司的 Z80 等。初期产品有 Intel 公司的 MCS-80 型（CPU 为 8080，8 位机）。后期有 TRS-80 型（CPU 为 Z80）和 Apple-II 型（CPU 为 6502），在 20 世纪 80 年代初期曾一度风靡世界。

第三阶段是 1978—1985 年，16 位微型计算机的发展阶段，通常称为第三代，其典型产品是 Intel 公司的 8086/8088，Motorola 公司的 M68000，Zilog 公司的 Z8000 等微处理器。微型计算机的代表产品是 IBM-PC（CPU 为 8086）。该阶段的主要产品还有 Apple 公司的 Macintosh(1984 年)和 IBM 公司的 PC/AT286(1986 年)微型计算机。

第四阶段是 1985—1992 年，32 位微型计算机的发展阶段，通常称为第四代，其典型产品是 Intel 公司的 80386/80486，Motorola 公司的 M69030/68040 等。产品有 386、486 微型计算机。

第五阶段是 1993—2005 年，奔腾（Pentium）系列微处理器时代，通常称为第五代，典型产品是 Intel 公司的奔腾系列芯片及与之兼容的 AMD 的 K6、Athlon 系列微处理器芯片。1993 年 Intel 公司推出了具有 64 位内部数据通道的 Pentium（"奔腾"）微处理器，1997 年推出了 Pentium II，1999 年推出了 PentiumIII，2000 年 10 月推出了 Pentium IV。

第六阶段是从 2005 年至今，是酷睿（Core）系列微处理器时代，通常称为第六代。"酷睿"是一款领先节能的新型微架构，设计的出发点是提供卓然出众的性能和能效。2006 年 7 月推出了酷睿 2，2008 年 11 月推出了酷睿 i 系列（i7、i5、i3）全新智能 CPU 产品。从 2008 年开始，英特尔所引领的 CPU 行业已经全面晋级到了智能 CPU 的时代。

1.1.3　计算机的特点、用途和分类

1．计算机的特点

计算机是一种可以进行自动控制、具有记忆功能的现代化计算工具和信息处理工具。它有以下几方面的特点。

（1）运算速度快

计算机的运算速度（也称处理速度）用 MIPS（Million Instructions Per Second，百万次/秒）来衡量。现代计算机的运算速度在几十 MIPS 以上，巨型计算机的速度可达到千万 MIPS。计算机如此高的运算速度是其他任何计算工具所无法比拟的，它使得过去需要几年甚至几十年才能完成的复杂运算任务，现在只需几天、几小时甚至更短的时间即可完成。这正是计算机被广泛使用的主要原因之一。

（2）计算精度高

一般来说，现在的计算机有几十位有效数字，而且理论上还可更高。因为数在计算机内部是用二进制数编码的，数的精度主要由这个数的二进制码的位数决定，可以通过增加数的二进制位数来提高精度，位数越多精度就越高。

（3）存储能力强

计算机的存储器类似于人的大脑，可以"记忆"（存储）大量的数据和计算机程序而不丢失，在计算的同时，还可把中间结果存储起来，供以后使用。

（4）具有逻辑判断能力

计算机在程序的执行过程中，会根据上一步的执行结果，运用逻辑判断方法自动确定下一步的执行命令。正是因为计算机具有这种逻辑判断能力，使得计算机不仅能解决数值计算问题，而且能解决非数值计算问题，比如信息检索、图像识别等。

（5）具有自动功能

能自动连续地进行高速计算是计算机最突出的特点，也是计算机与其他一切计算工具的本质区别。计算机之所以能自动连续运算，是由于采用了"存储程序"的工作原理。

2．计算机的用途

计算机问世之初，主要用于数值计算，"计算机"也因此得名。如今的计算机几乎和所有学科相结合，在经济社会各方面起着越来越重要的作用。现在，计算机几乎进入了一切领域，在科研、生产、交通、商业、国防、卫生等各个领域得到了广泛的应用。计算机具有如下主要用途。

（1）数值计算

数值计算主要指计算机用于完成和解决科学研究和工程技术中的数学计算问题。计算机具有计算速度快、精度高的特点，在数值计算等领域刚好是计算机施展才能的地方，尤其是一些十分庞大而复杂的科学计算，靠其他计算工具有时简直是无法解决的。例如天气预报，不但复杂且时间性要求很强，不提前发布就失去了预报天气的意义，虽然用解气象方程式的方法预测气象变化准确度高，但计算量相当大，所以只有借助于计算机，才能更及时、准确地完成这样的工作。

（2）数据处理

数据及事务处理泛指非科技方面的数据管理和计算处理。其主要特点是，要处理的原始数据量大，而算术运算较简单，并有大量的逻辑运算和判断，结果常要求以表格或图形等形式存储或输出。例如，银行日常账务管理、股票交易管理、图书资料的检索等，面对巨量的信息，如果不用计算机处理，仍采用传统的人工方法是难以胜任的。事实上，计算机在非数值方面的应用已经远远超过了在数值计算方面的应用。

（3）自动控制

由于计算机不但计算速度快且又有逻辑判断能力，所以可广泛用于自动控制。例如，对生产和实验设备及其过程进行控制，可以大大提高自动化水平，减轻劳动强度，节省生产和实验周期，提高劳动效率，提高产品质量和产量，特别是在现代国防及航空航天等领域，可以说计算机起着决定性作用。

（4）计算机辅助

计算机辅助设计（Computer Aided Design，CAD）和计算机辅助制造（Computer Aided Manufacturing，CAM）是设计人员利用计算机来协助进行最优化设计和制造人员进行生产设备的管理、控制和操作。目前，在电子、机械、造船、航空、建筑、化工、电器等方面都有计算机的应用，这样可以提高设计质量，缩短设计和生产周期，提高自动化水平。计算机辅助教学（Computer Aided Instruction，CAI）是利用计算机的功能程序把教学内容变成软件，使得学生可以在计算机上学习，使教学内容更加多样化、形象化，以取得更好的教学效果。

（5）通信与网络

随着信息化社会的发展，通信业也发展迅速，计算机在通信领域的作用越来越大，特别是计算机网络的迅速发展。目前遍布全球的因特网（Internet）已把全地球上的大多数国家联系在一起，加之现在适应不同程度、不同专业的教学辅助软件不断涌现，利用计算机辅助教学和利用计算机网络在家里学习代替去学校、课堂这种传统教学方式已经在许多国家变成现实，如我们国家许多大学开设的网络远程教育等。

（6）人工智能

计算机可以模拟人类的某些智力活动。利用计算机可以进行图像和物体识别，模拟人类的学习过程和探索过程。例如，机器翻译、智能机器人等，都是利用计算机模拟人类的智力活动。人工智能是计算机科学发展以来一直处于前沿的研究领域，其主要研究内容包括自然语言理解、专家系统、机器人以及定理自动证明等。

（7）数字娱乐

运用计算机网络进行娱乐活动，对许多计算机用户是习以为常的事情。网络上有各种丰富的电影、电视资源，有通过网络和计算机进行的游戏，甚至还有国际性的网络游戏组织和赛事。数字娱乐的另一个重要发展方向是计算机和电视的组合——"数字电视"走入家庭，使传统电视的单向播放进入交互模式。

（8）嵌入式系统

并不是所有的计算机都是通用的。有许多特殊的计算机用于不同的设备中，包括大量消费电子产品和工业制造系统，都是把处理器芯片嵌入其中，完成特定的处理任务，如数码相机、数码摄像机以及高档电动玩具等都使用了不同功能的处理器，这些系统称为嵌入式系统。

3．计算机的分类

在时间轴上，"分代"代表了计算机纵向的发展，而"分类"可用来说明计算机横向的发展。目前，大都是采用国际上沿用的分类方法，即根据美国电气和电子工程师协会（IEEE）的一个委员会于1989年11月提出的标准来划分，把计算机划分为巨型机、小巨型机、大型主机、小型机、工作站和个人计算机6类。

（1）巨型机（Super Computer）

巨型机也称为超级计算机，其体积最大，价格最贵，功能最强，浮点运算速度最快（1997年达1Tflops，2002年达10 Tflops，2005年达100 Tflops，2008年达1 Pflops，2012年达10 Pflops。1个 Tflops是指每秒1万亿次浮点运算，1个 Pflops是指每秒1千万亿次浮点运算）。目前，只有少数几个国家的少数几个公司（如美国的IBM 公司和Cray 公司、日本的 NEC和 Fujitsu 公司，中国的国防科技大学等）能够生产巨型机，目前多用于战略武器（如核武器和反导弹武器等）的设计、空间技术、石油勘探、中长期大范围天气预报以及社会模拟等领域。巨型机的研制水平、生产能力及其应用程度，已成为衡量一个国家经济实力与科技水平的重要标志。

（2）小巨型机（Mini Super Computer）

小巨型机是小型超级计算机或称桌上型超级计算机，出现于 20 世纪 80 年代中期。该类计算机的功能略低于巨型机，运算速度达 1 Gflop，即每秒 10 亿次浮点运算，而价格只有巨型机的十分之一，可满足一些有较高应用需求的用户。

（3）大型主机（Mainframe）

大型主机也称大型计算机，包括国内常说的大中型机。特点是大型、通用，具有很强的处理和管理能力，主要用于大银行、大公司、规模较大的高校和科研院所。在计算机向网络迈进的时代，仍有大型主机的生存空间。IBM 公司的 System/360 系列是最具代表性的大型机。

（4）小型机（Mini Computer 或 Minis）

小型机结构简单，可靠性高，成本较低，不需要经长期培训即可维护和使用，这对广大中小用户具有更大的吸引力。著名的小型机有 IBM 公司的 AS/400 系列，DCE 公司的 VAX 系列等。

（5）工作站（Workstation）

工作站是介于 PC 与小型机之间的一种高档微机，其运算速度比微机快，且有较强的联网功能。主要用于特殊的专业领域，如图像处理、计算机辅助设计等。

它与网络系统中的"工作站"在用词上相同，而含义不同。因为网络上"工作站"这个词常被用于泛指联网用户的节点，以区别于网络服务器。网络上的工作站常常只是一般的 PC。

（6）个人计算机（Personal Computer，PC）

平常人们所说的微机指的就是 PC。这是 20 世纪 70 年代出现的新机种，以其设计先进（总是率先采用高性能微处理器）、软件丰富、功能齐全、价格便宜等优势而拥有广大的用户，因而大大推动了计算机的普及应用。PC 在销售台数与金额上都居各类计算机的榜首。PC 的主流是 IBM 公司在 1981 年推出的 PC 系列及其众多的兼容机。另外，Apple 公司的 Macintosh 系列机在教育、美术设计等领域也有广泛的应用。目前，PC 无所不在，无所不用，其款式除了台式的，还有膝上型、笔记本型、掌上型、手表型等。

1.1.4　未来计算机的发展趋势

1．计算机的发展趋势

计算机的发展表现为巨（型化）、微（型化）、多（媒体化）、网（络化）和智（能化）5 种趋向。

（1）巨型化

巨型化是指发展高速、大存储容量和强功能的超大型计算机。这既可以满足诸如天文、气象、宇航、核反应等尖端科学以及进一步探索新兴科学（如基因工程、生物工程等）的需要，也可以使计算机具有人脑学习、推理的复杂功能。超大型计算机标志着一个国家的计算机水平。目前，运算速度达到每秒千万亿次的巨型机已经投入运行，并正在研制更高速的巨型机。

（2）微型化

20 世纪 80 年代以来，计算机微型化发展异常迅速。预计微型机的性能指标将持续提高，而价格则持续下降。当前，微型机的标志是运算部件和控制部件的集成，今后将逐步发展到对存储器、通道处理机、高速运算部件、图形卡、声卡的集成，进一步将系统的软件固化，从而达到整个微型机系统的集成。

（3）多媒体化

多媒体是以数字技术为核心的图像、声音与计算机、通信等融为一体的信息环境的总称。多媒体技术的目标是：无论在什么地方，只需要简单的设备，就能自由自在地以接近自然的交互方式收发所需要的各种媒体信息。

（4）网络化

计算机网络是计算机技术发展中崛起的又一重要分支，是现代通信技术与计算机技术结合的产物。从单机走向联网，是计算机应用发展的必然结果。所谓计算机网络，就是在一定的地理区域内，将分布在不同地点的不同机型的计算机和专门的外部设备由通信线路互连组成一个规模大、功能强的网络系统，以达到共享信息、共享资源的目的。

（5）智能化

智能化是指让计算机具有模拟人的感觉和思维过程的能力。它是让计算机来模拟人的感觉、行为、思维过程的机理，使计算机具备"视觉"、"听觉"、"语言"、"行为"、"思维"、"逻辑推理"、"学习"、"证明"等能力，形成智能型、超智能型计算机。

2．未来新型计算机

从 1946 年第一台存储程序的电子计算机诞生之后，在不长的时间里从电子管发展到晶体管再到大规模集成电路，计算机的进步突飞猛进。半个多世纪过去了，计算机的变化主要表现在 3 个方面，一是计算机速度，二是存储容量，三是通信速度。计算机的体积在不断变小，但性能、速度却在不断提高。但是，人类的追求是无止境的，人们还在不断研究更好、更快、功能更强的计算机。现在，几乎所有的计算机仍然采用冯·诺依曼体系结构，但从目前的研究情况看，未来新的计算机可能朝以下几个方面取得突破。

（1）量子计算机

量子计算机是一类遵循量子力学规律进行高速数学和逻辑运算、存储及处理的量子物理设备。当某个设备是由量子元件组装，处理和计算的是量子信息，运行的是量子算法时，它就是量子计算机。

（2）神经网络计算机

人脑有 140 亿神经元及 10 亿多神经键，人脑的运算能力相当于运算速度为每秒 1000 万亿次的计算机的运算能力，可把人的大脑神经网络看做一个大规模并行处理的、紧密耦合的、能自行重组的计算网络。从大脑工作的模型中抽取计算机设计模型，用许多处理机模仿人脑的神经元机构，将信息存储在神经元之间的联络中，并采用大量的并行分布式网络就构成了神经网络计算机。

（3）化学、生物计算机

在运行机理上，化学计算机以化学制品中的微观碳分子作信息载体，来实现信息的传输与存储。DNA 分子在酶的作用下可以从某基因代码通过生物化学反应转变为另一种基因代码，转变前的基因代码可以作为输入数据，反应后的基因代码可以作为运算结果，利用这一过程可以制成新型的生物计算机。生物计算机最大的优点是生物芯片的蛋白质具有生物活性，能够跟人体的组织结合在一起，特别是可以与人的大脑和神经系统有机地连接，使人机接口自然吻合，免除了烦琐的人机对话。这样，生物计算机就可以听人指挥，成为人脑的外延或扩充部分，还能够从人体的细胞中吸收营养来补充能量，而不需要任何外界的能源。由于生物计算机的蛋白质分子具有自我组合的能力，从而使生物计算机具有自调节能力、自修复能力和自再生能力，更易于模拟人类大脑的功能。现今，科学家已研制出了许多生物计算机的主要部件——生物芯片。

（4）光计算机

光计算机是用光子代替半导体芯片中的电子，以光互连来代替导线制成数字计算机。与电的特性相比，光具有无法比拟的各种优点：光计算机是"光"导计算机，光在光介质中以许多个波长不同或波长相同而振动方向不同的光波传输，不存在寄生电阻、电容、电感和电子相互作用问题，光器件又无电位差，因此光计算机的信息在传输中畸变或失真小，可在同一条狭窄的通道中传输数量大得令人难以置信的数据。

1.2　计算机中的信息表示

对人而言，数字、文字、声音、图像等都是不同的数据信息。众所周知，计算机可以处理这些信息。而实际上，计算机处理的是二进制数据。在计算机中，这些数据信息都是用"0"和"1"两个数字符号表示的，即需要把这些信息转换为二进制编码，计算机才能区别它们。

计算机内部把数据分为两类：数值数据和字符数据。数值数据是指可以进行数学运算的数据，用以表示量的大小、正负，如整数、小数等；字符数据也称非数值数据，是指不可以进行数学运算的数据，如文字、图像、声音等。

1.2.1　进位计数制

进位计数制是按进位方式实现计数的一种规则，简称进位制。对于任何一个数，都可以用不同的进位制来表示。进位制有多种，例如最常用的十进制、时间的六十进制（每分钟 60 秒、每小时 60 分钟）、年月的十二进制（一年 12 个月）等。

任何一种进位计数制都包含一组数码符号和两个基本要素（基数和位权）。

① 数码符号：在进位制中用来表示数码值的一组符号，如十进制中的 0、1、2、3、4、5、6、7、8、9。

② 基数：进位制所用的数码个数，用 R 表示，称 R 进制，其进位规律是"逢 R 进一"。例如，十进制的基数是 10，逢 10 进 1。

③ 位权：数码在不同数位上的权值。在某进位制中，处于不同数位的数码，代表不同的数值，某一个数位的数值是由这个数位的数码值乘上这个数位的固定常数构成的，这个固定常数称为"位权"。位权的大小是以基数为底、数码所在的数位的序号为指数的整数次幂，其中数位序号的排列规则为：小数点左边，从右到左分别为 0，1，2，…，小数点右边从左到右分别为–1，–2，–3，…。例如，十进制的个位的位权是"1"，百位的位权是"100"。

计算机中常用的几种进位计数制如表 1-2 所示。

表 1-2　计算机中常用的几种进位计数制

进位制	基数	数　码　符　号	位权	符号表示
二进制	2	0，1	2^n	B
八进制	8	0，1，2，3，4，5，6，7	8^n	O
十进制	10	0，1，2，3，4，5，6，7，8，9	10^n	D
十六进制	16	0，1，2，3，4，5，6，7，8，9，A，B，C，D，E，F	16^n	H

一般情况下，用$( )_R$来表示不同的进位制。例如，二进制用$( )_2$表示，十进制用$( )_{10}$表示。在计算机中，一般用数字后面的特定字母表示该数的进位制。例如，B 表示二进制（Binary）；O 表示八进制（Octal）；D 表示十进制（Decimal），D 可以省略；H 表示十六进制（Hexadecimal）。

在书写时，可用以下 3 种格式：

第 1 种：$11101101_{(2)}$，$331_{(8)}$，$35.81_{(10)}$，$FA5_{(16)}$。

第 2 种：$(10110.011)_2$，$(755)_8$，$(139)_{10}$，$(AD6)_{16}$。

第 3 种：10101.001B，761O，3762D，2CE6H。

1．十进制

十进制数的数码是用 10 个不同的数字符号 0、1、…9 来表示的。由于它有 10 个数码，因此基数为 10。数码处于不同的位置表示的大小是不同的。例如，3468.795 这个数中的 4 就表示 $4\times10^2=400$，这里把 10^n 称为位权，简称权。十进制数又可以表示成按权展开的多项式。例如：

$$3468.795=3\times10^3+4\times10^2+6\times10^1+8\times10^0+7\times10^{-1}+9\times10^{-2}+5\times10^{-3}$$

十进制数的运算规则是：逢 10 进 1。

2．二进制

计算机中的数据是以二进制形式存放的。二进制数的数码是用 0 和 1 来表示的。二进制的基数为 2，权为 2^n。二进制数的运算规则是：逢 2 进 1。

对于一个二进制数，也可以表示成按权展开的多项式。例如：

$$10110.101=1\times2^4+0\times2^3+1\times2^2+1\times2^1+0\times2^0+1\times2^{-1}+0\times2^{-2}+1\times2^{-3}$$

3．八进制

八进制数的数码是用 0、1、…7 来表示的。八进制数的基数为 8，权为 8^n。八进制数的运算规则是：逢 8 进 1。

对于一个八进制数，也可以表示成按权展开的多项式。例如：

$$1024.51=1\times8^3+0\times8^2+2\times8^1+4\times8^0+5\times8^{-1}+1\times8^{-2}$$

4．十六进制

十六进制数的数码是用 0、1、…9、A、B、C、D、E、F 来表示的。十六进制数的基数为 16，权为 16^n。十六进制数的运算规则是：逢 16 进 1。

其中符号 A 对应十进制中的 10，B 表示 11，…，F 表示十进制中的 15。

对于一个十六进制数，也可以表示成按权展开的多项式。例如：

$$ABCD.EF=A\times16^3+B\times16^2+C\times16^1+D\times16^0+E\times16^{-1}+F\times16^{-2}$$

计算机中常见的各种数制的对应关系如表 1-3 所示。

表 1-3　计算机中常见的各种数制的对应关系

十进制	二进制	八进制	十六进制
0	0000	0	0
1	0001	1	1
2	0010	2	2
3	0011	3	3
4	0100	4	4
5	0101	5	5
6	0110	6	6
7	0111	7	7
8	1000	10	8
9	1001	11	9
10	1010	12	A
11	1011	13	B
12	1100	14	C
13	1101	15	D
14	1110	16	E
15	1111	17	F

1.2.2　进位制转换

1．R 进制数转换为十进制数

R 进制数转换为十进制数的方法比较简单，只需要按权展开即可。

【例 1-1】　二进制数转换为十进制数。

$$(1011.101)_2 = 1 \times 2^3 + 0 \times 2^2 + 1 \times 2^1 + 1 \times 2^0 + 1 \times 2^{-1} + 0 \times 2^{-2} + 1 \times 2^{-3}$$
$$= 8 + 0 + 2 + 1 + 1/2 + 0 + 1/8$$
$$= (11.625)_{10}$$

【例 1-2】　八进制数转换为十进制数。

$$(2576)_8 = 2 \times 8^3 + 5 \times 8^2 + 7 \times 8^1 + 6 \times 8^0$$
$$= 1024 + 320 + 56 + 6$$
$$= (1406)_{10}$$

【例 1-3】　十六进制数转换为十进制数。

$$(A3B.E5)_{16} = 10 \times 16^2 + 3 \times 16^1 + 11 \times 16^0 + 14 \times 16^{-1} + 5 \times 16^{-2}$$
$$= 2560 + 48 + 11 + 0.875 + 0.01953125$$
$$= (2619.89453125)_{10}$$

2．十进制数转换为 R 进制数

十进制数转换为 R 进制数，要分别对整数部分和小数部分进行转换。

（1）整数部分的转换

整数部分的转换采用"除 R 取余法"，即整数部分不断除以 R 取余数，直到商为 0 为止，

最先得到的余数为最低位，最后得到的余数为最高位。

【例1-4】 将（163）$_{10}$转换成二进制数、八进制数、十六进制数。

		余数					余数				余数
2	163	…… 1	低位	8	163	…… 3		16	163	…… 3
2	81	…… 1	↑	8	20	…… 4		16	10	…… A
2	40	…… 0		8	2	…… 2			0	
2	20	…… 0			0					
2	10	…… 0								
2	5	…… 1								
2	2	…… 0								
2	1	…… 1	高位							
	0									

然后按由下到上的方向，把右侧的余数按从高位到低位的顺序排列，即得到这个十进制数所对应的二进制数、八进制数、十六进制数。

即（163）$_{10}$=（10100011）$_2$=（243）$_8$=（A3）$_{16}$

（2）小数部分的转换

小数部分的转换采用乘R取整法，即小数部分不断乘以R取整数，直到积为0或达到有效精度为止（小数部分可能永远得不到0），最先得到的整数为最高位（最靠近小数点），最后得到的整数为最低位（对于十六进制的数，当整数部分为两位数时，要把它转换成对应的字母，如11要写成"B"等）。

【例1-5】 将（0.6875）$_{10}$转换成二进制、八进制、十六进制小数。

取整			取整		整数
0.6875　高位			0.6875		0.6875
× 2			× 8		× 16
1.3750 …… 1			5.5000 …… 5		11.0000 …… B
× 2			× 8		
0.7500 …… 0			4.0000 …… 4		
× 2					
1.5000 …… 1					
× 2					
1.0000 …… 1					
0　低位					

当小数部分不为"0"时，再继续乘以进制数直到小数全为零或者达到要求的精度。按由上到下的顺序取出整数部分，然后按从高位到低位的顺序排列，即得到转换结果。

即（0.6875）$_{10}$=（0.1011）$_2$=（0.54）$_8$=（0.B）$_{16}$

3．非十进制数之间的转换

通常，两个非十进制数之间的转换方法是采用上述两种方法的组合，即先将被转换数转换为相应的十进制数，然后再将十进制数转换为其他进制数。由于二进制、八进制、十六进制之间存在特殊的对应关系（见表 1-3），即 $2^3=8^1$，$2^4=16^1$，因此转换方法比较容易。

（1）二进制数转换为八进制数

二进制数转换为八进制数是将二进制数的整数部分从右向左每三位一组，每一组为一位八进制整数。二进制小数转换成八进制小数是将小数部分从左至右每三位一组，每一组是一位八进制的小数。若整数和小数部分的最后一组不足三位时，则用 0 补足三位。

【例 1-6】　将二进制数$(11001111.0111)_2$转换成八进制数。

　　　　二进制数按每位分组：　　011 001 111 ． 011 100

　　　　转换成八进制数：　　　　　3　1　7　．　3　4

即$(11001111.0111)_2=(317.34)_8$

（2）八进制数转换为二进制数

八进制数转换为二进制数是将每位八进制数用三位二进制数表示。

【例 1-7】　将八进制数$(617.34)_8$转换成二进制数。

　　　　八进制数 1 位：　　6　1　7　．　3　4

　　　　二进制数 3 位：　　110　001　111　．　011　100

即$(617.34)_8=(110001111.0111)_2$

注意：整数前的高位零和小数后的低位零可以取消。

（3）二进制数转换为十六进制数

二进制数转换为十六进制数是将二进制数的整数部分从右向左每四位一组，每一组为一位十六进制整数；而二进制小数转换成十六进制小数是将二进制小数部分从左向右每四位一组，每一组为一位十六进制小数。最后一组不足四位时，应在后面用 0 补足四位。

【例 1-8】　将二进制数$(1010101011.0110)_2$转换成十六进制数。

　　　　二进制数按每 4 位分组：　　0010 1010 1011 ． 0110

　　　　转换成十六进制数：　　　　　2　A　B　．　6

即 $(10\ 1010\ 1011.0110)_2=(2AB.6)_{16}$

（4）十六进制数转换为二进制数

由于 $2^4=16^1$，所以每一位十六进制数要用四位二进制数来表示，也就是将每一位十六进制数表示成四位二进制数。

【例 1-9】　将十六进制数$(B6E.9)_{16}$转换成二进制数。

　　　　十六进制数 1 位：　　B　6　E　．　9

　　　　二进制数 4 位：　　1011 0110 1110 ． 1001

即 $(B6E.9)_{16}=(101101101110.1001)_2$

（5）八进制数与十六进制数的转换

八进制数转换为十六进制数的方法是：先将八进制数转换成二进制数，然后再将二进制数转换成十六进制数。反之亦然。

【例 1-10】　将八进制数(1024. 65)₈ 转换成十六进制数。

$(1024.65)_8 = (001\ 000\ 010\ 100.110\ 101)_2 = (0010\ 0001\ 0100.1101\ 0100)_2 = (214.D4)_{16}$

八进制数 1 位：	1	0	2	4	.	6	5
二进制数 3 位：	001	000	010	100	.	110	101
二进制数 4 位：	0000	0010	0001	0100	.	1101	0100
十六进制数 1 位：	0	2	1	4	.	D	4

即　$(1024.65)_8 = (214.D4)_{16}$

 小技巧

　　从上面可以看到，二进制数和八进制数、十六进制数之间的转换非常直观。因此，要把一个十进数转换成二进制数可以先转换为八进制数或十六进制数，然后再快速地转换成二进制数。

　　同样，若要将十进制数转换为八进制数和十六进制数时，也可以先把十进制数转换成二进制数，然后再转换为八进制数或十六进制数。

　　例如，将十进制数 673 转换为二进制数，可以先转换成八进制数（除以 8 求余法）得 1241，再按每位八进制数转为三位二进制数，求得 1010100001B，如还要转换成十六进制数，按四位一组很快就能得到 2A1H。

1.2.3　数值编码

　　数值数据在计算机中的二进制表示形式称为机器数。机器数所对应的实际数值称为机器数的真值。一个数值在计算机中可以有多种表示形式，即机器数可以有多种形式，但是其对应的真值只有一个。

　　任何一个数值数据最多包含 3 个部分：符号（正负）、小数点（.）和数值。因此，对一个数值数据进行编码，实际上就是对上述 3 部分分别编码，其规则如下。

　　① 符号编码：正数的"＋"号用"0"表示，负数的"－"号用"1"表示。

　　② 小数点编码：小数点在编码时是隐含约定的，不占一个数位。

　　③ 数值编码：数值的编码有多种方案，如原码、反码和补码。

　　④ 数值分类：根据编码时小数点位置是否固定可以分为定点数和浮点数；根据编码是否包含符号位可以分为无符号数和有符号数。

1. 定点数和浮点数的编码

小数点位置固定不变的数称为定点数；小数点位置变换的数称为浮点数。

（1）定点数的表示

在计算机中，通常用定点数来表示整数与纯小数，分别称为定点整数与定点小数。

　　① 定点整数：一个数的最高二进制位是数符位，用以表示数的符号；而小数点的位置默认为在最低（即最右边）的二进制位的后面，但小数点不单独占一个二进制位。

0	10010100100001010001	
数符位	数值位	小数位

因此，在一个定点整数中，数符位右边的所有二进制位数表示的是一个纯整数。

n 位字长的定点整数（用原码表示时）所能表示的数值范围为$-2^{n-1}-1 \sim 2^{n-1}-1$。

② 定点小数：一个数的最高二进制位是数符位，用来表示数的符号；而小数点的位置默认为在数符位后面，不单独占一个二进制位。

0　　　　　　　　　　　1001010010001010001

数符位|小数位　　　　　　　　数值位

因此，在一个定点小数中，数符位右边的所有二进制位数表示的是一个纯小数。

n 位字长的定点小数（用原码表示时）所能表示的数值范围为$-(1-2^{n-1}) \sim (1-2^{n-1})$。

（2）浮点数的表示

在计算机中，定点数通常只用于表示纯整数或纯小数。对于既有整数部分又有小数部分的数，由于其小数点的位置不固定，一般用浮点数表示。

采用浮点数的目的是为了扩大数的表示范围，类似于十进制的科学记数法。

对于任意给定的一个二进制数 N，均可以表示为$N = \pm M \times R^{\pm E}$。

- M 称为尾数，一般 M 为定点小数且 M 的真值的绝对值大于或等于$(0.1)_B$。
- M 前面的"±"表示数值的符号，称为数符或尾符。
- R 为底数，底数是事先约定的，机器中不需要表示，R 通常取值为 2。
- E 称为阶码，阶 E 为定点整数。
- E 前面的"±"表示阶码的符号，称为阶符。

由于底数 R 一般约定为 2，所以在计算机中浮点数的表示由阶码部分和尾数部分组成，其格式如图 1-3 所示。

阶符	阶码	数符	尾数

图 1-3　浮点数表示

例如，阶码为 2 位，尾数为 4 位（用原码表示），阶符和数符各 1 位，则二进制数为

$$N = (-10.11)_B = -0.1011_B \times 2^{+10}$$

在计算机中，N 的浮点表示形式如图 1-4 所示。

0	10	1	1011
阶符	阶码	数符	尾数

图 1-4　浮点表示形式

2．无符号数和有符号数的编码

（1）无符号数的表示

无符号数的表示方法：计算机字长的所有位都是用来表示数值的大小，没有符号位。

无符号数可以分为无符号整数和无符号小数。小数点在编码时是隐含的，不占数据位。无符号整数的小数点约定在最低位之后，无符号小数的小数点约定在最高位之前。

无符号整数的表示格式与定点整数的表示格式相似；无符号小数的表示格式与定点小数的表示格式相似，只是没有符号位。

设计算机字长为 n，则无符号数表示的范围为$0 \sim 2^{n}-1$。

无符号数在计算机中常用来表示地址。

（2）有符号数的表示

有符号数有 3 种编码方案：原码、反码和补码。

1）原码

最高位为符号位，正数的符号位用 0 表示，负数的符号位用 1 表示，有效值部分用二进制绝对值表示，这种表示法称为原码。一般用[X]原表示 X 的原码。原码表示与机器数表示形式一致。

例：

$$[+0]_原=0000\ 0000 \qquad [+3]_原=0000\ 0011 \qquad [+124]_原=0111\ 1100$$
$$[-0]_原=1000\ 0000 \qquad [-3]_原=1000\ 0011 \qquad [-124]_原=1111\ 1100$$

字长为 n 的原码所能表示的数值范围为$-2^{n-1}\sim2^{n-1}$。

原码表示简单直观，与真值转换方便，易于实现乘除运算。但原码进行加减运算时，与符号位不能同时和数值参与运算，故运算方便，速度慢。

2）反码

反码是真值的另一种机器数形式，它很容易从原码中转换出来，方法是：正数的反码与原码相同，负数的反码是符号位为 "1"，其余的二进制位全部由真值取反得出（即 0 变为 1，1 变为 0）。一般用[X]反表示 X 的反码。

例：

$$[+0]_反=0000\ 0000 \qquad [+3]_反=0000\ 0011 \qquad [+124]_反=0111\ 1100$$
$$[-0]_反=1111\ 1111 \qquad [-3]_反=0111\ 1100 \qquad [-124]_反=1000\ 0011$$

字长为 n 的反码所能表示的数值范围为$-2^{n-1}-1\sim2^{n-1}-1$。

3）补码

补码也是机器数的一种形式，它很容易从原码转换出来，方法是：正数的补码与原码相同，负数的补码可由反码的末位加 1 得出。一个数的补码的补码即是原码本身。一般用[X]补表示 X 的补码。

例：

$$[+0]_补=0000\ 0000 \qquad [+3]_补=0000\ 0011 \qquad [+124]_补=0111\ 1100$$
$$[-0]_补=0000\ 0000 \qquad [-3]_补=1111\ 1101 \qquad [-124]_补=1000\ 0100$$

字长为 n 的补码所能表示的数值范围为$-2^{n-1}\sim2^{n-1}-1$。

补码进行加减运算时，由于符号可以同时和数值参与运算，故运算方便。具体来说，就是加减运算都是用加法运算法则实现。

3．十进制数的二进制编码（BCD 码）

在一些数字系统中，如计算机和数字式仪器中，往往采用二进制码表示十进制数。通常，将用 4 位二进制码来表示 1 位十进制数的编码方法称为"二-十进制码"，又称 BCD（Binary-Coded Decimal）码。

由于十进制数有 0～9 共 10 个数码，因此至少需要 4 位二进制码来表示 1 位十进制数。4 位二进制码共有 2^4=16 种组合方式，在这 16 种组合方式中，可以任选 10 种来表示 10 个十进制数码，共有 16！/（16-10）！（约 2.9×10^{10}）种方案。这些编码大致可以分成有权码和无权码两种。常见的有权 BCD 码有 8421 码、5421 码、2421 码；常见的无权 BCD 码有余 3 码、格雷码。表 1-4 列出了这几种 BCD 码。

表 1-4 常见的 BCD 码

十进制	8421 码	5421 码	2421 码	余 3 码	格雷码
0	0000	0000	0000	0011	0000
1	0001	0001	0001	0100	0001
2	0010	0010	0010	0101	0011
3	0011	0011	0011	0110	0010
4	0100	0100	0100	0111	0110
5	0101	1000	0101	1000	1110
6	0110	1001	0110	1001	1010
7	0111	1010	0111	1010	1000
8	1000	1011	1110	1011	1100
9	1001	1100	1111	1100	0100
权	8421	5421	2421	无	无

 注意

十进制的 BCD 码表示与其所对应的二进制数是不同的。

1.2.4 字符编码

计算机除了处理数值数据外，还要处理大量非数值数据（如文字、图片等）。因此，在计算机内部需要采用统一的编码，并通过编码标准把这些数据转换成二进制数据进行处理。

1．ASCII 码

ASCII 码（American Standard Code for Information Interchange）是美国信息交换标准代码的简称。ASCII 码占 1 字节，有 7 位 ASCII 码和 8 位 ASCII 码两种。其中，7 位 ASCII 码称为标准 ASCII 码；8 位 ASCII 码称为扩充 ASCII 码。

7 位 ASCII 码称为基本 ASCII 码，是国际通用的，这是 7 位二进制字符编码，表示 128 种字符编码，包括 34 种控制字符，52 个英文大小写字母，10 个数字（0～9），32 个字符和运算符。用 1 字节（8 位二进制位）表示 7 位 ASCII 码时，最高位为 0，它的范围为 00000000B～01111111B。

8 位 ASCII 码称为扩充 ASCII 码。它是 8 位二进制字符编码，其最高位有些为 0，有些为 1，它的范围为 00000000B～11111111B，因此可以表示 256 种不同的字符。其中，00000000B～11111111B 为基本部分，范围为 0～127，共 128 种；10000000B～11111111B 为扩充部分，范围为 128～255，也有 128 种。尽管美国国家标准信息协会对扩充部分的 ASCII 码已给出定义，但多数国家都将 ASCII 码扩充部分规定为自己国家语言的字符代码，如中国把扩充 ASCII 码作为汉字的机内码。

表 1-5 对大小写英文字母、阿拉伯数字、标点符号及控制字符等特殊符号规定了编码，表

中每个字符都对应一个数值，称为该字符的 ASCII 编码。其数值次序为 b6b5b4b3b2b1b0，b6 为最高位，b0 为最低位。

表 1-5　七位基本 ASCII 码

b6b5b4 / 字符 / b3b2b1b0	0	1	2	3	4	5	6	7
0	NUL	DLE	SP	0	@	P	、	p
1	SOH	DC1	!	1	A	Q	a	q
2	STX	DC2	"	2	B	R	b	r
3	ETX	DC3	#	3	C	S	c	s
4	EOT	DC4	$	4	D	T	d	t
5	ENQ	NAK	%	5	E	U	e	u
6	ACK	SYN	&	6	F	V	f	v
7	BEL	ETB	'	7	G	W	g	w
8	BS	CAN	(	8	H	X	h	x
9	HT	EM	)	9	I	Y	i	y
A	LF	SUB	*	:	J	Z	j	z
B	VT	ESC	+	;	K	[	k	{
C	FF	FS	,	<	L	\	l	|
D	CR	GS	−	=	M	]	m	}
E	SO	RS	.	>	N	^	n	~
F	SI	US	/	?	O	—	o	DEL

在 ASCII 码表中有 34 个控制字符。部分控制字符的功能如表 1-6 所示。

表 1-6　部分 ASCII 控制字符的功能

编码	控制字符	说　明
000 0000	NUL	Null character（空字符）
000 0101	ENQ	Enquiry（请求）
000 0110	ACK	Acknowledgment（应答）
000 0111	BEL	Bell（响铃）
000 1000	BS	Backspace（退格）
000 1010	LF	Line feed（换行）
000 1100	FF	Form feed（换页）
000 1101	CR	Carriage return（回车）
001 1011	ESC	Escape（溢出）
001 1100	FS	File Separator（文件分割符）

另外，还有如下两个特殊字符。

① SP（Space），编码是 010 0000，表示"空格"。

② DEL（Delete），编码是 111 1111，表示"删除"。

2．汉字编码

ASCII 码只对英文、数字、标点等符号进行了编码。为了使用计算机处理汉字，同样也需要对汉字进行编码。汉字编码主要包括区位码、国标码、机内码和字型码等。

（1）区位码和国标码

常用的汉字字符集是 GB 2312—80，其全称为《国家标准信息交换用汉字编码字符集—基本集》，是 1980 年发布，1981 年 5 月 1 日实施的。

根据 GB 2312—80 的规定，全部国标汉字及符号组成 94×94 的矩阵，在这个矩阵中，每一行称为一个"区"，每一列称为一个"位"。这样，就组成了 94 个区（01～94 区），每个区内有 94 个位（01～94）的汉字字符集。区码和位码简单地组合在一起（即两位区码居高位，两位位码居低位）就形成了"区位码"。区位码可唯一确定某一个汉字或汉字符号，反之，一个汉字或汉字符号都对应唯一的区位码，如汉字"啊"位于二维表的第 16 行第 01 列，则区位码是 1601。

所有汉字及符号的 94 个区划分成如下 4 个组。

① 01～15 区为图形符号区，其中，01～09 区为标准区，10～15 区为自定义符号区。

② 16～55 区为一级常用汉字区，共有 3755 个汉字，该区的汉字按拼音排序。

③ 56～87 区为二级非常用汉字区，共有 3008 个汉字，该区的汉字按部首排序。

④ 88～94 区为用户自定义汉字区。

GB 2312—80 中的汉字代码除了十进制形式的区位码外，还有一种十六进制形式的编码，称为国标码。国标码是在不同汉字信息系统间进行汉字交换时所使用的编码，也称为汉字交换码。需要注意的是，在数值上区位码和国标码是不同的，国标码是在十进制区位码的基础上，首先将十进制区号和位号转换为十六进制，然后再分别加上 20H（即十进制的 32）。

例如，汉字"中"的区位码（5448D）和国标码（5650H）。

区位码：$(5448)_{10} = (00110110\ 00110000)_2 = (3630)_{16}$

国标码：$(3630)_{16} + (2020)_{16} = (5650)_{16}$

（2）机内码

机内码是在计算机内部进行存储、处理汉字所使用的代码，简称内码，它能满足存储、处理和传输的要求。每个汉字输入计算机后首先转换为内码，然后才能在计算机中处理和传输。

将国标码每字节的最高位由"0"变成"1"，就得到了汉字的内码。由此可见，一个内码占 2 字节，但每字节的最高位均为"1"，主要是避免与英文字符的基本 ASCII 码发生冲突。

内码与国标码的计算关系如下：

高位内码=国标码高字节＋80H

低位内码=国标码低字节＋80H

（3）输入码

为将汉字输入计算机而编制的代码称为汉字输入码，又称"外部码"，简称"外码"。 根据所采用输入方法的不同，外码大体可分为数字编码、字形编码、字音编码等几大类。

① 数字编码：常用的是区位码和电报码。此类编码的优点是无重码，可以实现盲打；缺点是记忆困难，一般用于输入特殊字符。

② 字形编码：字形编码是根据汉字的形状进行编码，常用的有五笔字型、郑码等。其中五笔字型编码的优点是容易学习；缺点是重码率高，不能实现盲打，输入速度慢。

③ 字音编码：字音编码以汉语拼音为基础的编码方案，常用的有全拼、双拼、智能 ABC 等。此类编码的优点是重码率低，基本实现盲打，输入速度快；缺点是需要专门学习。

（4）字型码

汉字字型码是表示汉字字型的字模数据，通常用点阵、矢量函数等方式表示。字型码也称字模码，它是汉字的输出形式。

用点阵表示字型时，汉字字型码一般指确定汉字字型的点阵代码。根据汉字字型点阵和格式的不同，汉字字型码也不同。常用的字型点阵有 16×16 点阵、24×24 点阵、48×48 点阵，等等。字型点阵的信息量是很大的，占用存储空间也很大。因此，字型点阵只能用来构成"字库"，而不能用于机内存储。字库中存储了每个汉字的点阵代码，当显示输出时才检索字库，输出字型点阵得到字型。

字库容量的大小取决于字型点阵的大小，如表 1-7 所示。

表 1-7 常用的汉字点阵库情况

类 型	点阵	每字所占字节数/B	字数	字库容量
简易型	16×16	32	8192	256KB
普及型	24×24	72	8192	576KB
提高型	32×32	128	8192	1MB
	48×48	288	8192	2.25MB
精密型	64×64	512	8192	4MB
	256×256	8192	8192	64MB

用矢量表示字型时，存储的是描述汉字字型的轮廓特征，输出汉字时才通过计算机计算生成所需要的大小和形状的汉字点阵。主要的矢量字型表示方法有 TrueType、PostScript 和 OpenType。

（5）地址码

汉字地址码是指汉字库中存储汉字字型信息的逻辑地址码。它与汉字内码有着简单的对应关系，以简化内码到地址码的转换。需要向输出设备输出汉字时，必须通过地址码。汉字库中，字形信息都是按一定顺序连续存放在存储介质上，所以汉字地址码也大多是连续有序的。

（6）各种汉字代码之间的关系

汉字的输入、处理和输出的过程实际上是汉字的各种代码之间的转换过程。图 1-5 所示为这些汉字代码在汉字信息处理系统中的位置及它们之间的关系。

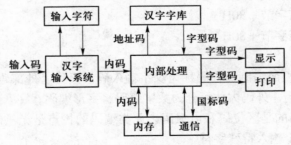

图 1-5 汉字代码之间的关系

1.2.5 信息单位

计算机中的所有信息单位都是基于二进制的。

1. 位（Bit）

位是计算机中度量数据的最小单位，用 b 或 bit 表示。计算机采用二进制，代码只有 0 和 1。无论 0 或 1 都是一个二进制位。

2. 字节（Byte）

简写为 B，通常每 8 个二进制位组成 1 字节，即 1 B=8 bit。字节的容量一般用 KB（KiloByte）、MB（MegaByte）、GB（GigaByte）、TB（Terabyte）来表示，是计算机中用来表示存储空间大小的最基本的容量单位。它们之间的换算关系如下：

1KB = 1024B	（KB——千字节）
1MB = 1024KB	（MB——兆字节）
1GB = 1024MB	（GB——吉字节）
1TB = 1024GB	（TB——太字节）

3. 字（Word）

在计算机中，作为一个整体被存取、传送、处理的二进制数字串叫做一个字或单元，每个字中二进制位数的长度称为字长。一个字由若干字节组成，不同计算机系统的字长是不同的，常见的有 8 位、16 位、32 位、64 位等，字长越长，存放数的范围越大，精度越高。字长是性能的一个重要指标。

1.2.6　基本运算

1. 二进制的算术运算

二进制数与十进制数一样，同样可以进行加、减、乘、除四则运算。其算法规则如下：

加运算：0+0=0，0+1=1，1+0=1，1+1=10，进位规则逢 2 进 1。

减运算：1−1=0，1−0=1，0−0=0，0−1=1，借位规则借 1 当 2。

乘运算：0×0=0，0×1=0，1×0=0，1×1=1，只有同时为"1"时结果才为"1"。

除运算：0÷1=0，1÷1=1。

2. 二进制的逻辑运算

逻辑变量之间的运算称为逻辑运算。二进制数 1 和 0 在逻辑上可以代表"真"与"假"、"是"与"否"、"有"与"无"。这种具有逻辑属性的变量就称为逻辑变量。一般用 1 或 T（True）表示真，用 0 或 F（Falsh）表示假。

计算机的逻辑运算与算术运算的主要区别是：逻辑运算是按位进行的，位与位之间不像加减运算那样有进位或借位的联系。

逻辑运算主要包括 3 种基本运算：逻辑加法（又称"或"运算）、逻辑乘法（又称"与"运算）和逻辑否定（又称"非"运算）。此外，"异或"运算也很有用。

（1）逻辑加法（"或"运算）

逻辑加法又称逻辑或运算，通常用"+"、OR、"∨"、"∪"等来表示。逻辑加法的运算规则如下：

$$0\lor0=0 \qquad 0\lor1=1 \qquad 1\lor0=1 \qquad 1\lor1=1$$

逻辑加法有"或"的意义。也就是说，在给定的逻辑变量中，A 或 B 只要有一个为 1，其逻辑加的结果为 1；两者都为 1，则逻辑加为 1。

（2）逻辑乘法（"与"运算）

逻辑乘法又称逻辑与运算，通常用 AND、"×"、"∧"、"∩"来表示。逻辑乘法的运算规则如下：

$$0\wedge0=0 \qquad 0\wedge1=0 \qquad 1\wedge0=0 \qquad 1\wedge1=1$$

逻辑乘法有"与"的意义。它表示只当参与运算的逻辑变量都同时取值为 1 时，其逻辑乘积才等于 1。

（3）逻辑否定（非运算）

逻辑非运算又称逻辑否运算，通常用 NOT、"!"等表示。逻辑非运算的规则如下：

$$!\,0=1 \text{ 即非 0 等于 1} \qquad !\,1=0 \text{ 即非 1 等于 0}$$

（4）异或逻辑运算（半加运算）

异或运算通常用 XOR、"⊕"等表示，其运算规则如下：

$$0\oplus0=0 \qquad 0\oplus1=1 \qquad 1\oplus0=1 \qquad 1\oplus1=0$$

即两个逻辑变量相异，输出才为 1。

1.3　计算机系统结构

一个完整的计算机系统主要由计算机硬件系统（Hardware）和计算机软件系统（Software）两部分组成。

计算机硬件是构成计算机系统的各种实体的总称，是指计算机系统中可以看得见，摸得着的物理设备，如，显示器、键盘和光驱等。

计算机软件是指计算机系统中的程序，以及开发、使用和维护程序所需要的所有文档的集合，分为系统软件与应用软件两大类。

计算机系统结构如图 1-6 所示。

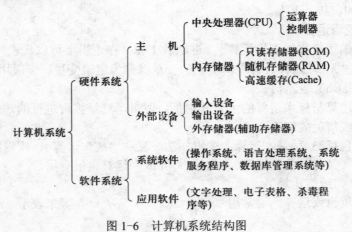

图 1-6　计算机系统结构图

1.3.1　计算机硬件系统

计算机硬件主要是由控制器、运算器、存储器、输入设备、输出设备等 5 个功能部件，以及实现各功能部件之间信息传输的系统总线所组成的，如图 1-7 所示。

1．运算器和控制器

运算器又称为算术逻辑单元（Arithmetic and Logic Unit，ALU），是数据处理部件，其主要功能是用来完成对数据的算术运算和逻辑运算。运算器是在控制器的控制之下完成运算的。

控制器是发布操作命令的部件，其主要功能是控制整个计算机自动执行，指挥和协调计算机各部件的工作。控制器是根据存放在内存储器中的程序来进行控制的。

运算器和控制器统称为中央处理器（CPU），其中控制器是 CPU 的大脑中枢。

2．存储器

存储器是计算机记忆信息的部件，其主要功能是保存程序和数据。存储器可分为内存储器和外存储器两大类。存储器的分类如图 1-8 所示。

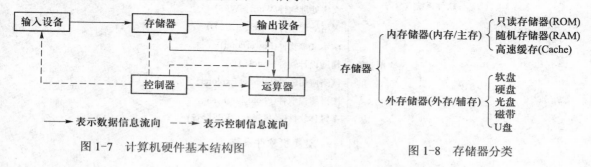

表示数据信息流向　— — ➤ 表示控制信息流向

图 1-7　计算机硬件基本结构图　　　　　　　　　图 1-8　存储器分类

内存储器又称内存或主存，是 CPU 通过系统总线可以直接访问的存储器。CPU 中正在使用的程序和数据都存储在内存中。存储器的读/写速度是它的主要性能指标。

外存储器又称辅助存储器，其容量一般比较大，且容易移动，便于不同计算机之间交换信息。容量是衡量外存储器性能的一个重要指标。

3．输入/输出设备

输入设备是用于把数据、程序和命令输入计算机的设备。常见的输入设备有键盘、鼠标、触摸屏、扫描仪、轨迹球等。

输出设备是用于把运算结果输出至计算机外部的设备。常见的输出设备有显示器、打印机等。

4．总线

总线是连接计算机中各个部件的一组物理信号线。总线在计算机的组成与发展过程中起着关键性的作用，因为总线不仅涉及各个部件之间的接口与信号交换规则，还涉及计算机扩展部件和增加各类设备时的基本约定。

计算机系统的总线有两种，即内部总线和外部总线。内部总线通常是指在 CPU 内部或 CPU 与存储器之间交换信息用的总线；外部总线是 CPU、存储器与各类 I/O 设备之间互相连接交换信息的总线。外部总线根据其中传送信息的种类分为地址总线、数据总线、控制总线 3 类。

在计算机系统中，总线使各个部件协调地执行 CPU 发出的指令。CPU 相当于总指挥部，各类存储器提供具体的机内信息（程序与数据），I/O 设备担任着计算机的"对外联络任务"（输入与输出信息），而由总线去沟通所有部件之间的信息流。

PC 的总线结构有 ISA、EISA、VESA、PCI 等几种，目前以 PCI 总线为主流。

1.3.2　计算机软件系统

计算机软件系统是为运行、管理和维护计算机而编制的程序、数据和文档的总称。

计算机软件按用途分为系统软件和应用软件，如图 1-9 所示。

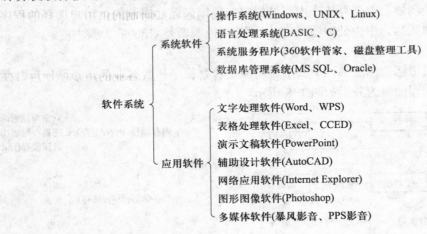

图 1-9　计算机软件系统

1．系统软件

系统软件是管理、监控和维护计算机资源的软件。系统软件用来扩大计算机的功能，提高计算机的工作效率。人们借助系统软件来使用计算机。系统软件是计算机正常运转不可缺少的，一般由计算机生产厂家或专门的软件开发公司研制，出厂时写入 ROM 芯片或存入磁盘供用户选购。任何用户都要用到系统软件，其他程序都要在系统软件的支持下编写和运行。常见的系统软件有操作系统、语言处理系统、系统服务程序、数据库管理系统等。

① 操作系统（Operating System，OS）是管理、监控和维护计算机全部硬件、软件资源的程序。它是计算机中最重要的软件。它的设计指导思想是充分利用计算机的资源，最大限度地发挥计算机系统各部分的作用。操作系统是所有计算机中必须配置的软件。操作系统的功能包括处理器管理、存储管理、文件管理、设备管理和作业管理。

② 语言处理系统是系统软件的另一类型，它是用于处理软件语言等的软件，如编译程序。语言处理系统把用户用软件语言书写的各种源程序转换成为可为计算机识别和运行的目标程序，从而获得预期结果。

③ 系统服务程序主要是指一些为计算机系统提供服务的工具软件和支撑软件，如编辑程序、调试程序、系统诊断程序等，这些程序主要是为了维护计算机系统的正常运行，方便用户在软件开发和实施过程中的应用。还有一些著名的工具软件，如 Norton Utility，它集成了系统维护的各种工具程序。实际上，Windows 和其他操作系统都附带着各种实用工具程序。

④ 数据库管理系统（Database Management System，DMBS）是应用最广泛的软件之一。数据库管理系统的主要目的是把各种不同性质的数据进行组织，以便能够有效地查询、检索并管理。各种信息系统，从小型的学校教务管理系统到证券、银行、保险、电子商务等大型的信息系统，都要使用数据库。需要说明的是，有观点认为数据库属于系统软件，尤其是在数据库

中起关键作用的数据库管理系统属于系统软件；也有观点认为数据库属于应用软件，它是构成应用系统的基础。

2．应用软件

应用软件是指为用户解决某个实际问题而编制的程序和有关资料。可分为应用软件包和用户程序。应用软件包是指软件公司为解决带有通用性的问题精心研制的供用户选择的程序。用户程序是指为特定用户解决特定问题而开发的软件，面向特定的用户，如银行、邮电等行业，具有专用性。

通用的应用软件，如文字处理软件、表格处理软件等，为各行各业的用户所使用。文字处理软件的功能包括文字的录入、编辑、保存、排版、制表和打印等，WPS 和 Microsoft Word 是目前流行的文字处理软件。表格处理软件则根据数据表自动制作图表，对数据进行管理和分析、制作分类汇总报表等，Lotus 1-2-3 和 Microsoft Excel 是目前在微机上流行的表格处理软件。

专用的应用软件，如财务管理系统、CAD 软件和本部门的应用数据库管理系统等。还有一类专业应用软件是供软件人员使用的，称为软件开发工具，也称支持软件。例如，计算机辅助软件工程（CASE）工具、Visual C++和 Visual Basic 等。CASE 工具中一般包括系统分析工具、系统设计工具、编码工具、测试工具和维护工具等；Visual C++和 Visual Basic 都是面向对象的软件开发工具。这类软件充分利用了图形用户界面（GUI）和软件部件的使用，使人工编程量大大降低。

1.3.3　硬件系统与软件系统的关系

计算机系统由硬件系统和软件系统组成，其硬件是计算机的物质基础，而软件则是计算机的灵魂。

现代的通用计算机系统是由硬件和软件组成的一种层次式结构，其最内层是硬件系统，最外层是使用计算机系统的人，人与硬件系统之间是软件系统，如图 1-10 所示。

离开软件的支持，硬件不能有效发挥作用；没有硬件，软件不能正确运行。只有硬件和软件相互结合，形成计算机系统，才能有效利用计算机完成预定任务。因此，硬件和软件是一个完整的计算机系统互相依存的两大部分，它们的关系主要体现在以下几个方面。

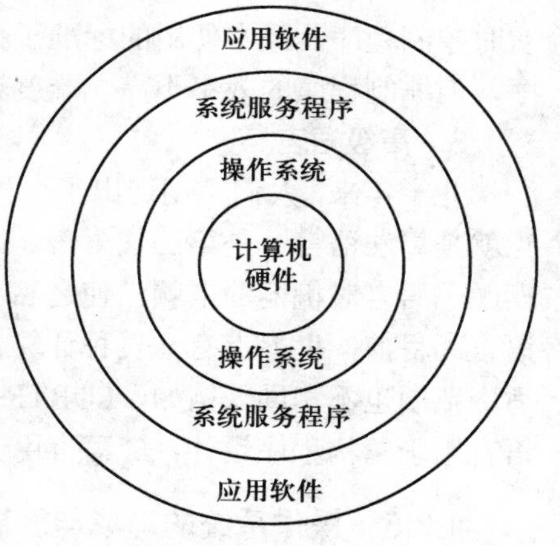

图 1-10　计算机系统的层次结构

1．硬件和软件互相依存

硬件是软件赖以工作的物质基础，软件的正常工作是硬件发挥作用的唯一途径。计算机系统必须配备完善的软件系统才能正常工作，且充分发挥其硬件的各种功能。

2．硬件和软件无严格界线

随着计算机技术的发展，在许多情况下，计算机的某些功能既可以由硬件实现，也可以由软件实现。因此，硬件与软件在一定意义上说没有绝对严格的界线。

3．硬件和软件协同发展

计算机软件随着硬件技术的迅速发展而发展，而软件的不断发展与完善又促进硬件的更新，两者密切地交织发展，缺一不可。

1.3.4　程序设计语言

语言是人们相互交流的工具，要使计算机按照人的意图去工作，就必须使计算机理解人的意图，接受人发出的指令和提供的信息。计算机就是通过程序设计语言来理解人的意图，并按照程序语言所描述的解题步骤而工作的。

计算机程序设计语言通常包括机器语言、汇编语言和高级语言三大类。

1．机器语言

硬件直接提供的一套指令系统就是机器语言。因此，机器语言也就是由 0 和 1 按一定规则排列组成的一个指令集，是计算机唯一能识别和执行的语言，机器语言程序就是机器指令代码序列。机器语言的主要优点是执行效率高、速度快；主要缺点是直观性差，可读性不强，给计算机的推广使用带来了极大的困难。机器语言是第一代语言。

2．汇编语言

要记住每台计算机的指令系统显然是不可能的。汇编语言为机器语言指令的操作性质安排了助记符号。用助记符来表示指令中的操作码和操作数的指令系统就是汇编语言。汇编语言比机器语言前进了一步，助记符比较容易记忆，可读性也好。但仍是一种面向机器的语言。汇编语言是第二代语言。

与高级语言相比，用机器语言或汇编语言编写的程序节省内存，执行速度快，并且可以直接利用和实现计算机的全部功能，完成一般高级语言难以做到的工作。它常用于编写系统软件、实时控制程序、经常使用的标准子程序、直接控制计算机的外部设备或端口数据输入输出的程序，但编制程序的效率不高，难度较大，维护较困难，属于低级语言。

3．高级语言

几十年来，人们又创造出了一种更接近于人类自然语言和数学语言的语言，称为高级语言，也就是算法语言，是第三代语言。高级语言的特点是：与计算机的指令系统无关。它从根本上摆脱了语言对机器的依赖，使之独立于机器，由面向机器改为面向过程，所以也称为面向过程语言。目前，世界上有几百种计算机高级语言，常用的和流传较广的有几十种，它们的特点和适应范围也不相同。例如，FORTRAN 语言用于科学计算；COBOL 语言用于商业事务；Pascal 语言用于结构程序设计；C 语言用于系统软件设计，等等。

1.3.5　操作系统的形成与发展

1．操作系统的概念

计算机系统是由硬件和软件组成的一个相当复杂的系统，它有着丰富的软件和硬件资源。为了合理地管理这些资源，并使各种资源得到充分利用，计算机系统中必须有一组专门的系统软件来对系统的各种资源进行管理，这种系统软件就是操作系统。

操作系统是一种系统软件，它管理计算机的一切硬件和软件资源，合理组织工作流程以使系统资源得到高效的利用，并为用户使用计算机创造良好的工作环境。操作系统是最重要且最基本的系统软件之一，是计算机系统的控制和管理中心。它有两个方面的功能：一方面是对系统进行管理；另一方面是为用户提供服务。操作系统是硬件的第一级扩充。它把人与硬件机器隔离开，用户使用计算机时，并不是直接操作硬件机器，而是通过操作系统来控制和使用计算机。正是因为有了操作系统，用户才有可能在不了解计算机内部结构及原理的情况下，仍能自如地使用计算机。例如，当用户向计算机输入一些信息时，根本不必考虑这些输入的信息放在机器的什么地方；当用户将信息存入磁盘时，也不必考虑到底放在磁盘的哪一段磁道上。用户要做的只是给出一个文件名，而具体的存储工作则完全由操作系统控制计算机来完成。以后，用户只要使用这个文件名就可方便地取出相应信息。如果没有操作系统，除非是计算机专家，普通用户是很难完成这个工作的。

2．操作系统的主要功能

从资源管理的角度来看，操作系统是一组资源管理模块的集合，每个模块完成一种特定的功能。操作系统具有五大主要功能：处理机管理、存储管理、设备管理、文件管理、用户接口。

（1）处理机管理

处理机（CPU）管理的目的是为了让 CPU 有条不紊地工作。由于系统内一般都有多道程序存在，这些程序都要在 CPU 上执行，而在同一时刻，CPU 只能执行其中一个程序，故需要把 CPU 的时间合理地、动态地分配给各道程序，使 CPU 得到充分利用，同时使得各道程序的需求也能够得到满足。需要强调的是，因为 CPU 是计算机系统中最重要的资源，所以，操作系统的 CPU 管理也是操作系统中最重要的管理。

处理机的分配和运行都是以进程为基本单位的，因而对处理机的管理可归结为对进程的管理。进程管理包括以下几个方面。

① 进程控制。为多道程序并发执行而创建进程，并为之分配必要的资源。当进程运行结束时，撤销该进程，回收该进程所占用的资源，同时控制进程在运行过程中的状态转换。

② 进程同步。为使系统中的进程有条不紊地运行，系统要设置进程同步机制，为多个进程的运行进行协调。

③ 进程通信。系统中的各进程之间有时需要合作，需要交换信息，为此需要进行进程通信。

④ 进程调度。从进程的就绪队列中按照一定的算法选择一个进程，把处理机分配给它，并为它设置运行现场，使之投入运行。

（2）存储管理

存储管理的主要任务是为多道程序的运行提供良好的环境，方便用户使用存储器，并提高内存的利用率。存储管理包括以下几个方面：

① 内存分配。为每道程序分配内存空间，并使内存得到充分利用，在作业结束时收回其所占用的内存空间。

② 内存保护。保证每道程序都在自己的内存空间运行，彼此互不侵犯，尤其是操作系统的数据和程序，绝不允许用户程序干扰。

③ 地址映射。在多道程序设计环境下，每个作业是动态装入内存的，作业的逻辑地址必须转换为内存的物理地址，这一转换称为地址映射。

④ 内存扩充。内存的容量是有限的，为满足用户的需要，通过建立虚拟存储系统来实现

内存容量逻辑上的扩充。

（3）设备管理

在计算机系统的硬件中，除了 CPU 和内存，其余几乎都属于外部设备。外部设备种类繁多，物理特性相差很大。因此，操作系统的设备管理往往很复杂。设备管理主要包括以下几个方面。

① 缓冲管理。由于 CPU 和 I/O 设备的速度相差很大，为缓和这一矛盾，通常在设备管理中建立 I/O 缓冲区，而对缓冲区的有效管理便是设备管理的一项任务。

② 设备分配。根据用户程序提出的 I/O 请求和系统中设备的使用情况，按照一定的策略，将所需设备分配给申请者，设备使用完毕后及时收回。

③ 设备处理。设备处理程序又称设备驱动程序。对于未设置通道的计算机系统其基本任务通常是实现 CPU 和设备控制器之间的通信，即由 CPU 向设备控制器发出 I/O 指令，要求它完成指定的 I/O 操作，并能接收由设备控制器发送的中断请求，给予及时的响应和相应的处理。对于设置了通道的计算机系统，设备处理程序还应能根据用户的 I/O 请求，自动构造通道程序。

④ 设备独立性和虚拟设备。设备独立性是指应用程序独立于具体的物理设备，使用户编程与实际使用的物理设备无关。虚拟设备的功能是将低速的独占设备改造为高速的共享设备。

（4）文件管理

处理机管理、存储管理和设备管理都属于硬件资源的管理。软件资源的管理称为信息管理，即文件管理。

现代计算机系统中，总是把程序和数据以文件的形式存储在文件存储器中（如磁盘、光盘、磁带等）供用户使用。为此，操作系统必须具有文件管理功能。文件管理的主要任务是对用户文件和系统文件进行管理，并保证文件的安全性。文件管理包括以下内容。

① 文件存储空间的管理。所有的系统文件和用户文件都存放在文件存储器上。文件存储空间管理的任务是为新建文件分配存储空间，在一个文件被删除后应及时释放所占用的空间。文件存储空间管理的目标是提高文件存储空间的利用率，并提高文件系统的工作速度。

② 目录管理。为方便用户在文件存储器中找到所需文件，通常由系统为每一文件建立一个目录项，包括文件名、属性以及存放位置等，由若干目录项又可构成一个目录文件。目录管理的任务是为每一文件建立其目录项，并对目录项加以有效的组织，以方便用户按名存取。

③ 文件读/写管理。文件读/写管理是文件管理最基本的功能。文件系统根据用户给出的文件名去查找文件目录，从中得到文件在文件存储器上的位置，然后利用文件读/写函数，对文件进行读/写操作。

④ 文件存取控制。为了防止系统中的文件被非法窃取或破坏，在文件系统中应建立有效的保护机制，以保证文件系统的安全性。

（5）用户接口

为方便用户使用操作系统，操作系统必须为用户或程序员提供相应的接口，通过使用这些接口达到方便地使用计算机的目的。操作系统为用户提供了以下接口。

① 命令接口。命令接口分为联机命令接口和脱机命令接口。

联机命令接口：联机命令接口是为联机用户提供的，它由一组键盘命令及其解释程序所组成。当用户在终端或控制台上输入一条命令后，系统便自动转入命令解释程序，对该命令进行解释并执行。在完成指定操作后，控制又返回到终端或控制台，等待接收用户输入的下一条命令。这样，用户可通过不断输入不同的命令，达到控制自己作业的目的。

脱机命令接口：脱机命令接口是为批处理系统的用户提供的。在批处理系统中，用户不直接与自己的作业进行交互，而是使用作业控制语言（JCL），将用户对其作业控制的意图写成作业说明书，然后将作业说明书连同作业一起提交给系统。当系统调度到该作业时，通过解释程序对作业说明书进行逐条解释并执行。这样，作业一直在作业说明书的控制下运行，直到遇到作业结束语句时，系统停止该作业的执行。

② 程序接口。程序接口是用户获取操作系统服务的唯一途径。程序接口由一组系统调用组成。每一个系统调用都是一个完成特定功能的子程序。早期的操作系统（如 UNIX、MS-DOS 等），系统调用都是用汇编语言写成的，因而只有在用汇编语言编写的应用程序中可以直接调用。近年来推出的操作系统中，如 UNIX System V、OS/2　2.x 版本中，系统调用是用 C 语言编写的，并以函数的形式提供，从而可在用 C 语言编写的程序中直接调用。而在其他高级语言中，往往提供与系统调用一一对应的库函数，应用程序通过调用库函数来使用系统调用。

③ 图形接口。以终端命令和命令语言方式来控制程序的运行固然有效，但给用户增加了不少负担，因为用户必须记住各种命令，并从键盘输入这些命令以及所需数据来控制程序的运行。大屏幕高分辨率图形显示和多种交互式输入/输出设备（如鼠标、光笔、触摸屏等）的出现，使得改变"记忆并键入"的操作方式为图形接口方式成为可能。图形用户接口的目标是通过出现在屏幕上的对象直接进行操作，以控制和操纵程序的运行。这种图形用户接口大大减轻或免除了用户记忆的工作量，其操作方式也使原来的"记忆并键入"改变为"选择并点取"，极大地方便了用户，并受到用户的普遍欢迎。

图形用户接口的主要构件是窗口、菜单和对话框。国际上为了促进图形用户接口（GUI）的发展，1988 年制定了 GUI 标准。到了 20 世纪 90 年代各种操作系统的图形用户接口普遍出现，如 Microsoft 公司的 Windows 系列产品。

3．操作系统的分类

不同的硬件结构，尤其是不同的应用环境，应有不同类型的操作系统，以实现不同的目标。通常把操作系统分为如下几类。

（1）单用户操作系统

单用户操作系统的基本特征是：在一个计算机系统内，一次只支持一个用户程序的运行，系统的全部资源都提供给该用户使用，用户对整个系统有绝对的控制权。它是针对一台机器、一个用户设计的操作系统。目前，微机上运行的大多数操作系统都属于这一种。

（2）批处理操作系统

批处理操作系统的基本特征是批量处理，它把提高系统的处理能力，即作业的吞吐量，作为主要设计目标，同时也兼顾作业的周转时间。所谓周转时间就是从作业提交给系统到用户作业完成并取得计算结果的运转时间。批处理系统分为单道批处理系统和多道批处理系统两大类。单道批处理系统较简单，类似于单用户操作系统。

（3）分时操作系统

分时操作系统往往用于连接几十甚至上百个终端的系统，每个用户在自己的终端上控制其作业的运行，而处理机则按固定时间片轮流地为各个终端服务。这种系统的特点就是对连接终端的轮流快速响应。在这种系统中，各终端用户可以独立地工作而互不干扰，宏观上每个终端好像独占处理机资源，而微观上则是各终端对处理机的分时共享。

分时操作系统侧重于及时性和交互性，一些比较典型的分时操作系统有 UNIX、XENIX、VAX/VMS 等。

（4）实时系统

实时系统大都具有专用性，种类多，而且用途各异。实时系统是很少需要人工干预的控制系统，它的一个基本特征是事件驱动设计，即当接收了某些外部信息后，由系统选择某一程序去执行，完成相应的实时任务。其目标是及时响应外部设备的请求，并在规定时间内完成有关处理。时间性强、响应快是这种系统的特点。实时系统多用于生产过程控制和事务处理。

（5）网络操作系统

网络操作系统是在计算机网络系统中管理一台或多台主机的软硬件资源，支持网络通信，提供网络服务的软件集合。

（6）分布式操作系统

分布式操作系统也是由多台计算机连接起来组成的计算机网络，系统中若干台计算机可以互相协作来完成一个共同任务。

把一个计算问题分成若干子计算，每个子计算可以分布在网络中的各台计算机上执行，并且使这些子计算能利用网络中特定的计算机的优势。这种用于管理分布式计算机系统中资源的操作系统称为分布式操作系统。

（7）多媒体操作系统

近年来计算机已不仅能处理文字信息，还能处理图形、声音、图像等其他媒体信息。为了能够对这类信息和资源进行处理和管理，从而出现了一种多媒体操作系统。

4．常用操作系统简介

操作系统介于计算机与用户之间。小型机、中型机以及更高档次的计算机为充分发挥计算机的效率，多采用复杂的多用户、多任务的分时操作系统，而微机上的操作系统则相对简单得多。近年来，微机硬件性能不断提高，微机上的操作系统逐步呈现多样化，功能也越来越强。以下是 IBM-PC 及其兼容机上常见的一些操作系统。

（1）DOS 操作系统

当 IBM 公司设计出 IBM-PC 时，Microsoft 公司为其设计了操作系统。随后，IBM 公司在此基础上开发了自己的 PC-DOS 操作系统，微软公司又开发出了 MS-DOS 操作系统。这两个操作系统的功能完全相同，使用方法也相同，下面统称为 DOS 操作系统。最初的 IBM-PC 的内存为 128KB，DOS 的寻址空间为 640KB 的常规内存，所以 DOS 用于 IBM-PC 是完全胜任的。但随着时间的推移，PC 的硬件有了惊人的发展，Intel 公司的 CPU 主频从 4.77MHz 的 8088 发展到 100MHz 的"奔腾（Pentium）"，再到 400MHz 的 Pentium Ⅱ，内存从开始的 128KB 发展到现在的 16MB、64MB 乃至 128MB，各种输入、输出和存储设备都有了极大的发展。自从 DOS 在 1981 年问世以来，版本就不断更新，从最初的 DOS 1.0 升级到了最新的 DOS 8.0（Windows ME 系统）。纯 DOS 的最高版本为 DOS 6.22，这以后的新版本 DOS 都是由 Windows

系统所提供的，并不单独存在。

（2）OS/2 操作系统

OS/2 系统是 IBM 公司在 PC-DOS 的基础上开发出来的。IBM 公司的想法是将 OS/2 作为 PC-DOS 的替代者而推出的，最初在公司内部被称为 286 DOS，在投放市场时被更名为 OS/2 系统。OS/2 是微机上的第一个多任务操作系统，也是最先采用图形界面的操作系统。从技术角度看，它无疑是一种先进的操作系统，在许多方面都要超过 Microsoft 公司的 MS-Windows 3.0。但由于 OS/2 是和 IBM PS/2 微机同时投放市场的，这使得很多用户以为 OS/2 只能在 PS/2 机器上运行，由于 IBM PS/2 微机最终没能像 IBM PC 一样成为一种标准，再加上其他方面的原因，使得 OS/2 系统没有能在微机上流行开来。

（3）Windows 操作系统

Windows 系统是由美国的 Microsoft 公司开发出来的一种图形用户界面的操作系统。它采用图形的方式替代了 DOS 系统中复杂的命令行形式，使用户能轻松地操作计算机，大大提高了人机交互能力。

Microsoft 公司于 1985 年推出了 Windows 1.0 版，1987 年又推出了 Windows 2.0 版，但由于设计思想和技术原因，效果非常不好。在 1990 年 5 月，Microsoft 公司推出了 Windows 3.0 版，获得了较大的成功，也标志着 Windows 时代的到来。但是严格地讲，Windows 3.x 还不能称为纯粹的操作系统，因为它必须在 DOS 上运行。但需要指出的是，Windows 3.x 可以完成 DOS 的所有功能，并且与 DOS 有着本质的区别。

1995 年，Microsoft 公司推出了 Windows 95，相对于 Windows 3.x 来说，它脱离了 DOS 平台，是完全采用图形界面的操作系统。Windows 95 一推出，全世界就掀起了 Windows 浪潮，Microsoft 公司也因此获得了巨大的利润，并奠定了其在 PC 操作系统领域的垄断地位。

1998 年，Microsoft 公司推出了 Windows 95 的改进版 Windows 98。Windows 98 的一个最大特点就是把微软的 Internet 浏览器技术整合到 Windows 中，使得访问 Internet 资源十分方便，从而更好地满足人们越来越多的访问 Internet 资源的需求。

20 世纪 90 年代初期，Microsoft 公司还推出了 Windows NT（NT 是 New Technology 即新技术的缩写）来争夺 Novell 公司的 NetWare 网络操作系统。相继推出 Windows NT 3.0、3.5、4.0 等版本。Windows NT 是真正的 32 位操作系统，与普通 Windows 系统不同，它主要面向商业用户，有服务器版和工作站版之分。

2000 年，Microsoft 公司推出了 Windows 2000 操作系统。它包括 4 个版本：Data Center Server 是功能最强大的服务器版本，只随服务器销售，不零售；Advanced Server 和 Server 版本是一般服务器版本；Professional 是工作站版本。

2001 年 10 月 25 日，Microsoft 公司发布了功能极其强大的 Windows XP。该系统采用 Windows NT/2000 内核，运行非常可靠、稳定，拥有新的用户图形界面，优化了与多媒体应用有关的功能，内建了严格的安全机制，逐渐成为主流的操作系统。

随后，Microsoft 公司又陆续推出了 Windows Server 2003、Windows Vista、Windows Server 2008、Windows 7、Windows 8，如表 1-8 所示。

表 1-8　Windows 操作系统发布时间

版本	发布日期	版本	发布日期
Windows 1.0	1985-11-20	Windows 98	1998-6-25
Windows 2.0	1987-11-1	Windows 98 SE	1999-6-10
Windows 3.0	1990-5-22	Windows XP	2001-10-25
Windows 3.1	1992-3-18	Windows Server 2003	2003-4-24
Windows 3.2	1994-4-14	Windows Vista	2007-1-30
Windows NT 3.1	1993-7-27	Windows Server 2008	2008-2-27
Windows NT 3.5	1995-11-20	Windows 7	2009-10-22
Windows 95	1995-8-24	Windows Server 2008 R2	2009-10-22
Windows NT 4.0	1996-7-29	Windows 8	2012-12-26

（4）UNIX 操作系统

UNIX 操作系统是一个多用户、多任务的分时操作系统。从 1969 年在美国的 AT&T 的 Bell 实验室问世以来，经过了一个长期的发展过程。它被广泛应用在小型机、超级计算机、大型机甚至巨型机上。

1980 年以来，UNIX 凭借其性能的完善和可移植性，在 PC 上也日益流行起来。1980 年 8 月，Microsoft 公司宣布它将为 16 位微机提供 UNIX 的变种 XENIX。XENIX 以其精练、灵活、高效、功能强、软件丰富等优点吸引了众多用户。但由于 UNIX 最初毕竟是为小型机设计的，相对于 DOS 而言它显得过于庞大，对硬件要求较高。现阶段的 UNIX 系统各版本之间兼容性不好，用户界面虽然有了相当大的改善，但与 Windows 等操作系统相比还有不小的差距，这些都限制了 UNIX 的进一步流行。

（5）Linux 操作系统

Linux 是一个多用户、多任务操作系统，是 Linus Torvalds 主持开发的遵循 POSIX 标准的操作系统，它提供 UNIX 的界面，但内部实现完全不同。它虽然于 1991 年才诞生，但由于它独特的发展过程所带来的诸多出色的优点，因而除了学生使用外，近几年还被许多企业和机构使用并进而得到了众多商业支持。

Linux 是一套类似 UNIX 的操作系统，它是一个自由软件，是免费的、源代码开放的，这是它与 UNIX 及其变种的不同之处。用户不用支付任何费用就可以获得它和它的源代码，并且可以根据自己的需要对它进行必要的修改，无偿对它使用，无约束地继续传播。Linux 以它的高效性和灵活性著称。它能够在 PC 上实现全部的 UNIX 特性，具有多任务、多用户的能力。而且还包括了文本编辑器、高级语言编译器等应用软件。它还包括带有多个窗口管理器的 X-Windows 图形用户界面，如同使用 Windows 一样，允许用户使用窗口、图标和菜单对系统进行操作。它是一个功能强大、性能出众、稳定可靠的操作系统。

1.3.6　计算机的主要技术指标

计算机的主要性能指标如下。

1．字长

字长指 CPU 一次能处理的二进制字符串的位数，字长越长，计算精度越高，处理能力越强。例如，目前有 32 位机、64 位机，这里的"32 位"、"64 位"均指计算机的字长。

2．主频

主频即 CPU 的时钟频率，指 CPU 在单位时间内发出的脉冲数。一般来说，主频越高，计算机的运算速度越快。主频在很大程度上决定着计算机的运算速度。例如，Intel Core 2 Duo E7400 的主频为 2.8 GHz，Intel Celeron E3200 的主频为 2.4 GHz。CPU 的主频=外频×倍频系数，其中外频是 CPU 的基准频率，通常所说的超频都是提升外频。

3．内存容量

内存容量指微机内存条（动态随机存储器）的容量。内存容量反映了内存储器存储数据的能力，存储容量越大，其处理数据的范围越广，运算速度越快。例如，金士顿（Kingston） DDR3 1333 2G，表示其容量为 2GB。

4．运算速度

运算速度指计算机平均每秒所能执行的指令条数，运算速度越高，运行越快。运算速度的单位为 MIPS（百万次/秒）。

5．外存容量

外存容量通常指硬盘容量（内置硬盘和移动硬盘）。外存容量越大，可存储的信息越多，可安装的应用软件越丰富。目前，硬盘容量一般是 100～500GB。

6．输入/输出数据传输率

输入/输出数据传输率决定了主机与外设交换数据的速度，通常这是妨碍整机速度提高的瓶颈。所以，提高输入/输出数据传输率可以显著提升计算机系统的整体速度。

必须说明的是，计算机的性能并不由某一部件的性能指标决定，而是由整机性能决定。

1.4　微型计算机的硬件组成

微型计算机简称微机（或 PC），它是以微型处理器为核心的计算机系统。微型计算机硬件是指微型计算机系统中看得见摸得着的物理部件。从外观上看，微型计算机硬件主要包括主机箱、显示器、鼠标、键盘以及其他外围辅助设备如打印机、扫描仪、音箱等。主机箱中安装着微型计算机的大部分重要硬件，如 CPU、主板、内存、硬盘、光驱、软驱、显卡、声卡、电源等。

1.4.1　CPU

CPU 是 Central Processing Unit（中央处理单元）的缩写，它是微型计算机最重要的部件。CPU 的性能决定了微型计算机的档次，CPU 的种类决定了用户使用的操作系统和相应的软件。CPU 主要由运算器、控制器、寄存器组和内部总线等构成，是个人计算机的核心设备。

1．CPU 的分类

按照 CPU 架构，分为 Slot 和 Socket 两种，如图 1-11 所示。

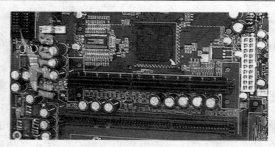
（a）Slot 架构方式

（b）Socket 架构方式

图 1-11　CPU 架构方式

按照 CPU 厂商分，主要有 Intel 和 AMD 等，如图 1-12 所示。

（a）Intel Core（Intel 公司）

（b）Intel Pentium D（Intel 公司）

（c）AMD Athlon64（AMD 公司）

（d）AMD Opteron（AMD 公司）

图 1-12　不同厂商的 CPU

按照产品分类：Intel 从以前的 8086、80286、80386、80486 发展到 Pentium、Pentium Ⅱ、Pentium Ⅲ、Pentium Ⅳ，以及现在的 64 位 Itanium；AMD 同样也有如 K6、K7、Athlon、Duron 等一系列产品。

2. CPU 的主要技术参数

（1）主频

主频也叫时钟频率，单位主要有 Hz、KHz、MHz、GHz 等，用来表示 CPU 的运算速度。

（2）外频

外频是 CPU 的基准频率，单位同主频。CPU 的外频决定着整块主板的运行速度。

（3）倍频系数

倍频系数是指 CPU 主频与外频之间的相对比例关系。CPU 的主频=外频×倍频系数。

（4）前端总线（FSB）频率

前端总线（FSB）频率（即总线频率）是直接影响 CPU 与内存直接数据交换速度。

（5）CPU 的位和字长

表示 CPU 在单位时间内处理字长为多少位的二进制数据。通常 CPU 分为 8 位 CPU、16 位 CPU、32 位 CPU、64 位 CPU 等。

（6）高速缓存（Cache）

它是 CPU 的重要指标之一，它的结构和大小直接影响 CPU 的速度，如今 CPU 对缓存采用分级设计，即 L1 Cache（一般采用回式静态存储器 SRAM）、L2 Cache、L3 Cache。

3. CPU 的工作电压

对于 CPU 来说，工作电压是指核心（英文称为 Die，又称内核）正常工作所需的电压，早期的 CPU 工作电压一般是 5V，现在的 P4 CPU 的工作电压为 1.5V 左右，笔记本 CPU 的工作电压更低。

1.4.2　主板

主板，又叫主机板（Mainboard）、系统板（Systemboard）或母板（Motherboard），它安装在机箱内，是微机最基本的也是最重要的部件之一。主板一般为矩形电路板，上面安装了组成计算机的主要电路系统，一般有 BIOS 芯片、I/O 控制芯片、键盘和面板控制开关接口、指示灯插接件、扩充插槽、主板及插卡的直流电源供电接插件等元件。主板的另一特点是采用了开放式结构。主板上大都有 6～8 个扩展插槽，供 PC 外围设备的控制卡（适配器）插接。通过更换这些插卡，可以对微机的相应子系统进行局部升级，使厂家和用户在配置机型方面有更大的灵活性。主板外观如图 1-13 所示。

主要插槽（插座）：CPU 插座（现在使用的大多是 Socket 架构，以前的 Solt 架构已经被淘汰，只有在以前很老的机器上才会见到）、内存插槽、AGP 插槽、PCI 插槽、电源插座、IDE 插槽（主要是用于连接硬盘和光驱等设备）等。

主要接口：PS/2（鼠标、键盘接口）、USB 接口、串口、并口等等。

1.4.3　内存

在计算机的组成结构中，存储器是用来存储程序和数据的部件，对于计算机来说，有了存储器，才有记忆功能，才能保证正常工作。存储器的种类很多，按其用途可分为主存储器和辅助存储器，主存储器又称内存储器，简称内存。

内存一般采用半导体存储单元，包括随机存储器（RAM）、只读存储器（ROM）以及高速缓存（Cache）。

1. 只读存储器（ROM）

ROM 表示只读存储器（Read Only Memory），在制造 ROM 的时候，信息（数据或程序）

就被存入并永久保存。这些信息只能读出，一般不能写入，即使机器掉电，这些数据也不会丢失。ROM 一般用于存放计算机的基本程序和数据，如 BIOS ROM。

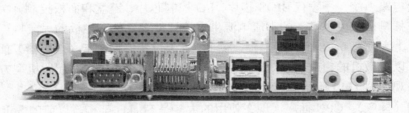

图 1-13　主板

2．随机存储器（RAM）

随机存储器（Random Access Memory）表示既可以从中读取数据，也可以写入数据。当机器电源关闭时，存于其中的数据就会丢失。

3．高速缓冲存储器（Cache）

Cache 位于 CPU 与内存之间，是一个读/写速度比内存更快的存储器。分为一级缓存（L1 Cache）、二级缓存（L2 Cache）、三级缓存（L3 Cache）。

存储器容量的基本单位是字节（Byte，简称 B），比字节更大的单位有千字节（KB）、兆字节（MB）、吉字节（GB）等。目前主流计算机的内存容量一般是 1GB 或 2GB。不同种类的内存的存取数据时速也不同，现在常见的内存有 DDR、DDR2、DDR3 等种类。内存以内存条的形式使用，其外观如图 1-14 所示。

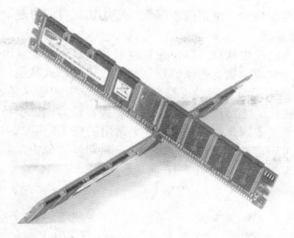

图 1-14　内存

1.4.4　外存

在计算机系统中，除了主存储器外还有辅助存储器，辅助存储器又称外存储器，简称外存，用于存储暂时不用的程序和数据。常用的有硬盘、软盘、光盘和 U 盘。它们和内存一样，存储容量也是以字节为基本单位。外存储器与内存储器之间交换信息，而不能被计算机系统的其他部件直接访问。

1. 硬盘

硬盘（Hard Disc Drive，HDD）是计算机主要的存储媒介之一，由一个或者多个铝制或者玻璃制的碟片组成。这些碟片外覆盖有铁磁性材料。绝大多数硬盘都是固定硬盘，被永久性地密封固定在硬盘驱动器中。常见硬盘接口有 IDE、SATA、SATA2、SCSI、SAS，外观如图 1-15 所示。

硬盘作为微机系统的外存储器成为微机的主要配置，它由硬盘片、硬盘驱动电机和读/写磁头等组装并封装在一起成为温彻斯特驱动器。硬盘工作时，固定在同一个转轴上的数张盘片以 7200r/min 甚至更高的速度旋转，磁头在驱动马达的带动下在磁盘上做径向移动，寻找定位点，完成写入或读出数据工作。

硬盘使用前要经过低级格式化、分区及高级格式化后才可使用。硬盘的低级格式化出厂前已完成。存储容量上目前有 40GB、60GB、80GB、120GB 以及更高等，如图 1-15 所示。

作为计算机系统的数据存储器，容量是硬盘最主要的参数。硬盘的容量以兆字节（MB）或千兆字节（GB）为单位，1GB=1024MB。但硬盘厂商在标称硬盘容量时通常取 1GB=1000MB，因此在 BIOS 中或在格式化硬盘时看到的容量会比厂家的标称值要小。硬盘的容量指标还包括硬盘的单碟容量。所谓单碟容量是指硬盘单

图 1-15　硬盘

片盘片的容量，单碟容量越大，单位成本越低，平均访问时间也越短。

2．软盘和软盘驱动器

完整的软盘存储系统是由软盘（Floppy Disk）和软盘驱动器（Floppy Disk Drive）组成。软盘驱动器也成为软驱，软盘驱动器设计能接收可移动式软盘。

软盘是个人计算机中最早使用的可移介质，软盘记录的信息是通过软盘驱动器进行读/写的。软盘只有经过格式化后才可以使用。格式化是为存储数据做准备，在此过程中，软盘被划分为若干个磁道，磁道又被划分为若干个扇区。常用的有 3.5 英寸、1.44MB 软盘。软盘存取速度慢，容量也小，但可装可卸、携带方便。作为一种可移存储方法，它是以前用于那些需要被物理移动的小文件的理想选择，如图 1-16 所示。

（a）软盘　　　　　　　　　　　　　　　　　（b）软驱

图 1-16　软盘和软驱

3．光盘和光盘驱动器

光盘是用激光扫描方式记录信息和读出信息的一种介质。目前常见的光盘类型有 CD-ROM、CD-R、CD-RW、DVD、DVD-R 等。CD-ROM（只读光盘）是生产厂商在制造时将数据信息写到盘上，不允许用户修改，只能通过光盘驱动器读出信息，其容量为 650MB。CD-R（一次性写入光盘）可由用户通过光盘刻录机写入信息，但只能写一次。CD-RW（可擦写光盘）可由用户反复写入。DVD 光盘的特点是容量更大，一般一张光盘的存储容量在 4GB 以上。

光盘驱动器也称为光驱，它是专门用来读取光盘上的信息和数据的设备，它已经成为计算机上的标准配置。与光盘的类型相对应，CD-ROM 光驱读取 CD-ROM 光盘，DVD 光驱读取 CD-ROM、DVD 光盘。要向光盘上写信息，必须配置 CD 或 DVD 刻录机，刻录机既可以写入也可以读取光盘信息，如图 1-17 所示。

（a）光盘　　　　　　　　　　　　　　　　　（b）光驱

图 1-17　光盘和光驱

4．U 盘

U 盘又称优盘，中文全称为"USB（通用串行总线）接口的闪存盘"，英文名"USB Flash Disk"，是一种小型的硬盘。U 盘目前十分流行，已经逐渐取代软盘。

U 盘是采用 USB 接口和非易失随机访问存储器技术结合的方便携带的移动存储器。特点是断电后数据不消失，因此可以作为外部存储器使用。具有可多次擦写、速度快而且防磁、防震、防潮的优点。U 盘采用流行的 USB 接口，无须外接电源，即插即用，实现在不同计算机之间进行文件交流，存储容量从 16MB～32GB 不等，如图 1-18 所示。

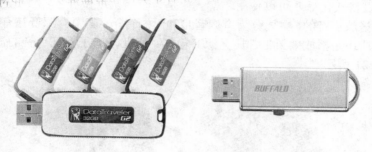

图 1-18　U 盘

1.4.5　显卡

显卡也称显示适配器，是计算机中主要的板卡之一，它是连接显示器的桥梁。它分担了 CPU 图形处理方面的工作，CPU 处理后的数据信号只有经过显卡翻译成显示器能够显示的模拟信号以后，才能在显示器上看到图像。如今的显卡不仅具有处理二维（2D）图像功能，而且可以处理三维（3D）图像，这就是人们通常所说的 3D 显卡。显卡芯片是显卡上起决定作用的部分，所以，在选购显卡时要注意选择显示芯片的类型，也要选择显卡厂商。显卡外观如图 1-19 所示。

图 1-19　显卡

除了显卡芯片类型以外，显卡内存（简称显存）的大小决定了显卡处理图形的速度，目前主流显卡的显存容量一般为 512MB 和 1GB。

1.4.6　声卡和音箱

1. 声卡

声卡（Sound Card）也叫音频卡，是多媒体技术中最基本的组成部分，是实现声波／数字信号相互转换的一种硬件。声卡的基本功能是把来自话筒、磁带、光盘的原始声音信号加以转换，输出到耳机、扬声器、扩音机、录音机等声响设备，或通过音乐设备数字接口（MIDI）使乐器发出美妙的声音，其外观如图 1-20 所示。

目前，大部分主板上都集成了声卡，一般不需要另外配备独立的声卡，但是，如果对音质有比较高的要求，最好还是使用独立声卡。

2. 音箱

音箱是用来播放声音的，主要分为有源音箱和无源音箱。其中有源音箱有自己独立的电源，无论在音量、音质还是播放效果上都比无源音箱好。因此，为了保证声音的质量，最好使用有源音箱，如图 1-21 所示。

图 1-20　声卡　　　　　　　　　　　　　　图 1-21　音箱

1.4.7　机箱和电源

机箱用于固定和保护机箱内的各个计算机部件，电源用于为计算机所有部件提供电力，其质量好坏决定计算机能否稳定运转，如图 1-22 所示。

（a）机箱　　　　　　　　　　　　　　（b）电源

图 1-22　机箱和电源

1. 机箱

机箱是计算机内部部件安装的一个介质，起到固定、散热、保护零部件等作用。此外，计算机机箱具有屏蔽电磁辐射的重要作用。

机箱一般包括外壳、支架、面板上的各种开关、指示灯等。外壳用钢板和塑料结合制成，硬度高，主要起保护机箱内部元件的作用；支架主要用于固定主板、电源和各种驱动器。

　　机箱有很多种类型，现在市场比较普遍的是 AT、ATX、Micro ATX 以及最新的 BTX。AT 机箱的全称应该是 BaBy AT，主要应用到只能支持安装 AT 主板的早期机器中。ATX 机箱是目前最常见的机箱，支持现在绝大部分类型的主板。Micro ATX 机箱是在 ATX 机箱的基础之上建立的，为了进一步节省桌面空间，因而比 ATX 机箱体积要小一些。各个类型的机箱只能安装其支持的类型的主板，一般是不能混用的，而且电源也有所差别。

2．电源

　　电源主要是为计算机提供电力，把 220V 交流电经过整流和变压，变成计算机所需要的低压直流电，供主板、硬盘、光驱等部件使用。

　　电源主要分为 AT 电源和 ATX 电源，它们最大的区别是使用 ATX 电源的计算机可以使用软关机，即通过执行操作系统的关机命令来切断电源，实现关机；而 AT 电源则必须手动关机。现在大部分计算机是使用 ATX 电源。

1.4.8　键盘和鼠标

　　计算机中常用的输入设备是键盘和鼠标，如图 1-23 所示。键盘的作用是向计算机输入字符和数据，或向计算机发指令。鼠标用于发出指令，让用户操作计算机。

（a）键盘

（b）鼠标

图 1-23　键盘与鼠标

1．键盘

　　键盘是计算机系统中最基本的输入设备，它用来输入命令、程序、数据。按键的开关类型分类，一般可分为：机械式、电容式、薄膜式和导电胶皮 4 种。

　　键盘通过一根五芯电缆连接到主机的键盘插座内，其内部有专门的微处理器和控制电路，当按下任一键时，键盘内部的控制电路产生一个代表这个键的二进制代码，然后将此代码送入主机内部，操作系统知道用户按下了哪个键并进行相应处理。

　　键盘通常有 101 键键盘和 104 键键盘两种，目前较常用的是 104 键键盘。

2．鼠标

　　鼠标也叫鼠标器（Mouse），是一种"指点"设备（Pointing Device），多用于视窗操作系统环境下，可以取代键盘上的光标移动键移动光标，定位光标于菜单处或按钮处，完成菜单系统特定的命令操作或按钮的功能操作。鼠标器操作简便、高效。

目前按照按键的数目，可分为两键鼠标、三键鼠标及滚轮鼠标等。按照鼠标接口类型，可分为 PS/2 接口的鼠标、串行接口的鼠标、USB 接口的鼠标。鼠标按其工作原理，可分为机电式鼠标、光电式鼠标、无线遥控式鼠标等。

① 机械式鼠标。其底部有一个橡胶小球，当鼠标在水平面上滚动时，小球与平面发生相对转动而控制光标移动。

② 光电式鼠标。其对光标进行控制的是鼠标底部的两个平行光源，当鼠标在特殊的光电板上移动时，光源发出的光经反射后转换为移动信号，控制光标移动。

③ 无线遥控式鼠标。也称无线鼠标，它不使用电缆来传输数据，而是在鼠标中内置发射器，将数据传输到接收器上，再由接收器传给计算机。

鼠标的主要性能指标是其分辨率（指每移动 1 英寸所能检出的点数，单位是 ppi），目前鼠标的分辨率为 200～400ppi。传送速率一般为 1200bit/s，最高可达 9600bit/s。

1.4.9　显示器

显示器也称监视器，是计算机的主要输出设备。显示器接插在显卡的接口上，在屏幕上反映用户操作计算机的情况、运行程序的结果，以及播放的影像，等等。

目前常用的显示器主要有 3 类：CRT 显示器、LCD 显示器、LED 显示器，显示器的大小一般可分为 14 英寸、15 英寸、17 英寸、19 英寸、20 英寸、21 英寸等规格。

1. CRT（Cathode Ray Tube）显示器

根据显像管的规格不同，CRT 显示器还细分为球面显示器和纯平显示器，如图 1-24（a）所示。主要技术指标有：点距、最高分辨率、刷新频率、带宽、显示面积和色温等。

2. LCD（Liquid Crystal Display）显示器

即液晶显示器，它使用包括了 TFT、UFB、TFD、STN 等类型的液晶显示屏。它由一定数量的彩色或黑白像素组成，放置于光源或者反射面前方。它的主要原理是以电流刺激液晶分子产生点、线、面配合背部灯管构成画面。LCD 显示器优点是体积小，节省空间；耗电少，节省资源；无辐射，绿色健康，如图 1-24（b）所示。

（a）CRT 显示器　　　　　（b）LCD 显示器

图 1-24　显示器

3. LED（Light Emitting Diode）显示器

即发光二极管显示器，LED 是发光二极管的英文缩写，它是一种通过控制半导体发光二极管的显示方式。与 LCD 显示器相比，LED 显示器亮度更亮、功耗更低，在可视角度和刷新速率等方面都更具优势。

不管是 CRT 显示器还是 LCD 显示器，显示器所显示的图形和文字是由许许多多的"点"组成的，这些点称为像素。点距是屏幕上相邻两个像素之间的距离，点距越小，图像越清晰，细节越清楚。常见的点距有 0.21、0.25、0.28 等。分辨率是指显示器屏幕在水平和垂直方向上最多可以显示的"点"数（像素数），分辨率越高，屏幕可以显示的内容越丰富，图像也越清晰。目前的显示器一般都能支持 800×600、1024×768、1280×1024、1600×1200 等规格的分辨率。

显示器还应配备相应的显示适配器（又称显卡）才能工作。显卡一般被插在主板的扩展槽内，通过总线与 CPU 相连。当 CPU 有运算结果或图形要显示的时，首先将信号送显示，由显卡的图形处理芯片把它们翻译成显示器能够识别的数据格式，并通过显卡后面的一根 15 芯 VGA 接口和显示电缆传给显示器。

显示器的显示方式是由显示卡来控制的。显示卡必须有显示存储器（VRAM），显存容量越大，显示卡所能显示的色彩越丰富，分辨率就越高。例如，显示存储器用 8bit 可以显示 256 种颜色；用 24bit 则可以显示 16.7M 种颜色。显卡的颜色设置有：16 色、256 色、增强色（16位）和真彩色（32 位）。

1.4.10　打印机

在计算机系统中，打印机是传统的重要输出设备，随着集成电路技术和精密机电技术的发展，打印机技术也得到了突飞猛进的发展。在市场上可以看到种类繁多，各具特色的产品。印字质量通常用分辨率 DPI（点数/英寸）来衡量。

1. 针式打印机

曾经是使用最多、最普遍的一种打印机。它的工作原理是根据字符的点阵图或图像的点阵图形数据，利用电磁铁驱动钢针，击打色带，在纸上打印出一个个墨点，从而形成字符或图像。它可以使用连续纸，也可以用分页纸。主要技术指标：打印机寿命、打印速度、打印宽度、走纸速度、字符集、噪声等。针式打印机的打印质量、速度、噪声最差，但打印成本最低。

2. 喷墨打印机

利用喷墨印字技术，即从细小的喷嘴喷出墨水滴，在纸上形成点阵字符或图形的技术，按喷墨技术的不同，分为喷泡式和压电式两种。主要技术指标：分辨率（DPI）、色彩调和能力、打印速度。目前大部分喷墨打印机都可以进行彩色打印。喷墨打印机的打印质量、速度、噪声以及成本中等，如图 1-25（a）所示。

3. 激光打印机

激光打印机是一种高精度、低噪声的非击打式打印机。它是利用激光扫描技术与电子照相技术共同来完成整个打印过程的。主要技术指标：分辨率（dpi）、打印速度。打印质量，以激光打印机最好，一般可达 1200dpi 左右。打印速度，激光打印机最快，高档机一般为 20ppm 以上。噪声，激光打印最低。打印机价格及打印成本，激光打印机价格最高，如图 1-25（b）

所示。

（a）喷墨打印机　　　　　　　　　（b）激光打印机

图 1-25　打印机

1.4.11　扫描仪

扫描仪（Scanner）是利用光电技术和数字处理技术，以扫描方式将图形或图像信息转换为数字信号的装置，如图 1-26 所示。

扫描仪是一种计算机外部仪器设备，照片、文本、图纸、照相底片等都可作为它的扫描对象，通过捕获图像并将之转换成计算机可以显示、编辑、存储和输出的数字化信息。

按色彩来分，扫描仪可分为单色和彩色两种；按操作方式分，可分为手持式和台式扫描仪。扫描仪的主要技术指标有分辨率、灰度层次、扫描速度等。

扫描仪是计算机输入图片使用的主要设备。

（a）平板式扫描仪　　　　　　　　（b）滚筒式扫描仪

图 1-26　扫描仪

思考与练习

一、选择题（单选）

1. 下列叙述中，正确的是（　　　）。

  A. 计算机的体积越大，其功能越强　　　B. CD-ROM 的容量比硬盘的容量大

  C. 存储器具有记忆功能，信息任何时候不丢失　　D. CPU 是中央处理器的简称

2. 下列字符中，其 ASCII 码值最小的一个是（　　　）。

  A. 控制符　　　　　　　B. 9　　　　　　　　C. A　　　　　　　D. a

3. 微机上广泛使用的 Windows 2000 是（　　　）。

  A. 多用户多任务操作系统　　　　　　　B. 单用户多任务操作系统

  C. 实时操作系统　　　　　　　　　　　D. 多用户分时操作系统

4. CPU 能够直接访问的存储器是（　　　）。

  A. 软盘　　　　　　　　　　　　　　　B. 硬盘

  C. RAM　　　　　　　　　　　　　　　D. CD-ROM

5. 影响一台计算机性能的关键部件是（　　　）。

  A. CD-ROM　　　　　B. 硬盘　　　　　　　C. CPU　　　　　　D. 显示器

6. 在计算机硬件技术指标中，度量存储器空间大小的基本单位是（　　　）。

  A. 字节（Byte）　　　　　　　　　　　B. 二进位（bit）

  C. 字（Word）　　　　　　　　　　　　D. 双字（Double Word）

7. 操作系统的主要功能是（　　　）。

  A. 对用户的数据文件进行管理，为用户管理文件提供方便

  B. 对计算机的所有资源进行统一控制和管理，为用户使用计算机提供方便

  C. 对源程序进行编译和运行

  D. 对汇编语言程序进行翻译

8. 下列各组软件中，全部属于系统软件的一组是（　　　）。

  A. 程序语言处理程序、操作系统、数据库管理系统

  B. 文字处理程序、编辑程序、操作系统

  C. 财务处理软件、金融软件、网络系统

  D. WPS Office 2003、　Excel 2000、　Windows 98

9. 一个汉字的国标码需用（　　　）。

  A. 1 个字节　　　　　　B. 2 个字节　　　　　C. 4 个字节　　　　D. 8 个字节

10. 计算机的技术性能指标主要是指（　　　）。

  A. 计算机所配备语言、操作系统、外围设备

  B. 硬盘的容量和内存的容量

  C. 显示器的分辨率、打印机的性能等配置

  D. 字长、运算速度、内外存容量和 CPU 的时钟频率

11. 字符比较大小实际是比较它们的 ASCII 码值，下列正确的比较是（　　　）。

  A. "A" 比 "B" 大　　　　　　　　　　B. "H" 比 "h" 小

  C. "F" 比 "D" 小　　　　　　　　　　D. "9" 比 "D" 大

12. 构成 CPU 的主要部件是（　　　）。

  A. 内存和控制器　　　　　　　　　　　B. 内存、控制器和运算器

  C. 高速缓存和运算器　　　　　　　　　D. 控制器和运算器

13. 下列设备组中，完全属于输入设备的一组是（　　　）。

  A. CD-ROM 驱动器、键盘、显示器　　　B. 绘图仪、键盘、鼠标器

  C. 键盘、鼠标器、扫描仪　　　　　　　D. 打印机、硬盘、条码阅读器

14. 下列各存储器中，存取速度最快的是（　　　）。

  A. CD-ROM　　　　　B. 内存储器　　　　　C. 软盘　　　　　　D. 硬盘

15. 计算机之所以能按人们的意图自动进行工作，最直接的原因是采用了（　　　）。

    A．二进制　　　　　　　　　　　　B．高速电子元件

    C．程序设计语言　　　　　　　　　D．存储程序控制

16．1GB 的准确值是（　　　）。

    A．1024×1024 Bytes　　　　　　　B．1024 KB

    C．1024 MB　　　　　　　　　　　D．1000×1000KB

二、选择题（多选）

1．关于世界上第一台电子计算机，哪几个说法是正确的？（　　　）

    A．世界上第一台电子计算机诞生于 1946 年

    B．世界上第一台电子计算机是由德国研制的

    C．世界上第一台电子计算机使用的是晶体管逻辑部件

    D．世界上第一台电子计算机的名字叫埃尼阿克（ENIAC）

2．关于计算机系统，下列哪几个说法是正确的？（　　　）

    A．计算机硬件系统由主机、键盘、显示器组成

    B．计算机软件系统由操作系统和应用软件组成

    C．硬件系统在程序控制下，负责实现数据输入、处理与输出等任务

    D．软件系统除了保证硬件功能的发挥之外，还为用户提供一个宽松的工作环境

3．关于磁盘使用知识，下面哪一个说法是正确的？（　　　）。

    A．软盘的数据存储容量远较硬盘小

    B．软盘可以是好几张磁盘合成一个磁盘组

    C．硬盘存储密度较软盘大

    D．读取硬盘数据所需的时间较软盘多

4．关于计算机硬件系统，哪些说法是正确的？（　　　）

    A．软盘驱动器属于主机，软磁盘本身属于外围设备

    B．硬盘和显示器都是计算机的外围设备

    C．键盘和鼠标器均为输入设备

    D．"裸机"指不含外部设备的主机，若不安装软件系统则无法运行

5．可以作为输入设备的是（　　　）。

    A．光驱　　　　B．扫描仪　　　C．绘图仪　　　D．显示器　　　E．鼠标

6．常用鼠标器类型有（　　　）

    A．光电式　　　　B．击打式　　　　C．机械式　　　　D．喷墨式

7．关于计算机系统组成的知识，正确的说法是（　　　）。

    A．硬盘的容量比软盘大得多，因此读/写速度会较慢

    B．键盘和显示器属于主机，软盘属于外设

    C．键盘和鼠标均为输入设备

    D．软盘存储器由软盘、软盘驱动器和软盘驱动卡三部分组成

8．关于微型计算机的知识，正确的有（　　　）。

    A．外存储器中的信息不能直接进入 CPU 进行处理

    B．系统总线是 CPU 与各部件之间传送各种信息的公共通道

    C．光盘驱动器属于主机，光盘属于外围设备

    D．家用计算机不属于微机

9．关于外存储器，正确的有（　　　）。

    A．硬盘、软盘、光盘存储器都要通过接口电路接入主机

    B．CD-ROM 是一种可重写型光盘，目前已成为多媒体微机的重要组成部分

    C．软盘和光盘都便于携带，但光盘的存储容量更大

　D．硬盘虽然不如软盘存储容量大，但存取速度更快

10．下列部件中属于存储器的有（　　　）。

　A．RAM　　　　　　　B．硬盘　　　　　　C．绘图仪　　　　　D．打印机

三、填空题

1．操作系统的主要功能包括处理机管理、存储管理、_____、设备管理和用户接口。

2．用_____语言编写的程序可由计算机直接执行。

3．CPU 的_____实际上是指运算器进行一次基本运算所能处理的数据位数。

4．系统软件通常由_____、_____、数据库管理程序和服务程序等组成。

5．微型计算机中存储数据的最小单位是_____。

6．CPU 的主要组成：运算器和_____。

7．将微机分为大型机、超级机、小型机、微型机和_____。

8．微型计算机中，普遍使用的字符编码是_____。

9．二进制数 01100101 转换成十进制数是_____，转换成十六进制数是_____。

四、简答题

1．什么是计算机？计算机的主要特点是什么？

2．简述微型计算机发展的 6 个阶段。

3．冯·诺依曼计算机体系的特点是什么？

4．计算机主机的主要组成部分有哪些？

5．什么是 CPU？CPU 有哪些作用？

6．什么是 ASCII 码？什么是国标码？

第 2 章　计算机网络基础

计算机网络是通信技术和计算机技术相结合的产物，是信息社会最重要的基础设施，并构筑了人类社会的信息高速公路。通过本章的学习，能够了解计算机网络的概念、形成、分类以及网络的功能，了解计算机网络的拓扑结构和组成。

2.1　计算机网络的概念

计算机网络是将若干台独立的计算机通过传输介质相互物理连接，并按照共同协议，通过网络软件逻辑地相互联系到一起而实现资源共享的一种计算机系统。计算机网络建立在通信网络的基础上，以资源共享和在线通信为目的。网络中的各台计算机是独立的，能够独立地使用网络中的各种资源，称为网络节点。

2.2　计算机网络的形成

计算机网络技术从诞生之日起，就以惊人的速度不断发展，其应用范围非常广泛。世界上公认的、最成功的第一个远程计算机网络是在 1969 年由美国高级研究计划署（Advanced Research Projects Agency，ARPA）组织研制成功的。该网络称为 ARPANET，是现在 Internet 的前身。纵观计算机网络的发展，计算机网络大致经历了 4 个阶段，即计算机终端网络、计算机网络阶段、计算机网络互联阶段和信息高速公路阶段。

1. 计算机终端网络

计算机终端网络产生在以主机为中心面向终端的 20 世纪 50 年代，其特征是计算机与远程终端的数据通信。

计算机终端网络又称分时多用户联机系统或具有通信功能的多机系统，是网络的雏形。它将远程终端通过通信线路与大型主机连接，构成以单个计算机为主的远程通信系统。该系统中除了一台中心计算机外，其余终端没有自主处理能力，系统的主要功能是完成中心计算机与各终端之间的通信。

其特点是主计算机具有独立的数据处理功能，终端无独立处理数据能力，不能实现资源共享，网络以数据通信为主。

2. 计算机网络阶段

计算机通信网络产生在以通信子网为中心的 20 世纪六七十年代，其特征是计算机网络发展成为以公用通信子网为中心的计算机到计算机的通信。

随着计算机的普及，一些企、事业单位往往拥有多台计算机且分布在不同的地方，需要将分布在不同地方的多台计算机用通信线路连接起来，彼此交换数据、传递信息，而每台相连的计算机都具有独立的功能。

其特点是网络以资源共享为主，多机互连，通信双方都具有独立处理功能。

这一阶段的典型代表是 ARPA 网（ARPANET）。

3．计算机网络互连阶段

计算机网络互连阶段产生在 20 世纪七八十年代，其特征是网络体系结构和网络协议的国际标准化。

1984 年，国际标准化组织公布了开放系统互连参考模型（OSI），将计算机网络分成 7 个层次，促进了网络互连技术的发展。它使各种不同网络之间的互连、互相通信成为现实，实现了全球范围内的计算机之间的通信和资源共享。

其特点是计算机网络体系结构的标准化。

4．信息高速公路阶段

该阶段产生于 20 世纪 80 年代末期，网络互连技术、光纤通信和卫星通信技术的发展，促进了网络之间更大范围的互连。所谓信息高速公路，是以光纤为传输媒体，数据传输速率极高，集电话、数据、电报、有线电视、计算机网络等所有网络为一体的信息高速公路网。计算机的发展已经完全与网络融为一体，体现了"网络就是计算机"的理念。

其特点是全球网络互连，以异步传输模式技术为代表。

目前，计算机网络的发展正处在第 4 阶段。Internet 是覆盖世界范围的信息基础设施，对广大用户来说，它好像是一个庞大的广域计算机网络，用户可以利用它的电子邮件、信息查询与浏览、视频点播、远程教育、电子商务、网络游戏、文件传输、网上聊天、语音和图像通信等服务。Internet 是一个用路由器实现的多个广域网和局域网互联的大型国际网，对推动世界科学、文化、经济和社会的发展起着不可估量的作用。在 Internet 飞速发展与广泛应用的同时，高速网络的发展也引起了人们越来越多的注意，并得到了长足的发展。

2.3　计算机网络的分类

计算机网络的分类方式有很多种，可以按地理范围、数据传输速率、传输介质和拓扑结构等进行分类。

1．按地理范围分类

（1）局域网（Local Area Network，LAN）

局域网的地理范围一般几百米到 10km 之内，属于小范围内的连网。如一个建筑物内、一个学校内、一个工厂的厂区内等。局域网的组建简单、灵活，使用方便。

（2）城域网（Metropolitan Area Network，MAN）

城域网的地理范围可从几十千米到上百千米，可覆盖一个城市或地区，是一种中等形式的网络。

（3）广域网 WAN（Wide Area Network，WAN）

广域网的地理范围一般在几千千米左右，属于大范围连网。如几个城市，一个或几个国家，是网络系统中的最大型的网络，能实现大范围的资源共享，如国际性的 Internet 网络。

2．按数据传输速率分类

网络的数据传输速率有快有慢，数据传输速率快的称为高速网，数据传输速率慢的称为低速网。数据传输速率的单位是 bit/s（每秒比特数，也可写为 b/s）。一般将数据传输速率在 kbit/s~Mbit/s 范围的网络称为低速网，在 Mbit/s~Gbit/s 范围的网称为高速网。也可以将 kbit/s 网称为低速网，将 Mbit/s 网称为中速网，将 Gbit/s 网称为高速网。

网络的数据传输速率与网络的带宽有直接关系。带宽是指传输信道的宽度，单位是 Hz（赫兹）。按照传输信道的宽度可分为窄带网和宽带网。一般将 kHz~MHz 带宽的网称为窄带网，将 MHz~GHz 的网称为宽带网。同样，也可以将 kHz 带宽的网称为窄带网，将 MHz 带宽的网称为中带网，将 GHz 带宽的网称为宽带网。通常情况下，高速网就是宽带网，低速网就是窄带网。

3．按传输介质分类

传输介质是指数据传输系统中发送装置和接收装置间的物理媒体，按其物理形态可以划分为有线和无线两大类。

（1）有线网

传输介质采用有线介质连接的网络称为有线网，常用的有线传输介质有双绞线、同轴电缆和光缆。

① 双绞线由两根绝缘金属线互相缠绕而成，这样的一对线作为一条通信线路，由 4 对双绞线构成双绞线电缆。双绞线点到点的通信距离一般不能超过 100m。目前，计算机网络上使用的双绞线按其数据传输速率分为三类线、五类线、六类线、七类线，数据传输速率在 10～600Mbit/s 之间。双绞线电缆的连接器一般为 RJ-45。

② 同轴电缆由内、外两个导体组成，内导体可以由单股或多股线组成，外导体一般由金属编织网组成。内、外导体之间有绝缘材料，其阻抗为 50Ω。同轴电缆分为粗缆和细缆，粗缆用 DB-15 连接器，细缆用 BNC 和 T 连接器。

③ 光缆由两层折射率不同的材料组成。内层由具有高折射率的玻璃单根纤维体组成，外层是一层折射率较低的材料。光缆的传输形式分为单模传输和多模传输。单模传输性能优于多模传输。所以，光缆也分为单模光缆和多模光缆，单模光缆传送距离为几十千米，多模光缆为几千米。光缆的数据传输速率可达到每秒几百兆位。光缆用 ST 或 SC 连接器。光缆的优点是不会受到电磁的干扰，传输的距离也比电缆远，数据传输速率高。光缆的安装和维护比较困难，需要专用的设备。

（2）无线网

采用无线介质连接的网络称为无线网。目前无线网主要采用三种技术：微波通信、红外线通信和激光通信。它们都以大气为介质。其中微波通信的用途最广，目前的卫星网就是一种特殊形式的微波通信，它利用地球同步卫星作中继站来转发微波信号，一个同步卫星可以覆盖地球的三分之一以上的表面，3 个同步卫星就可以覆盖地球上全部通信区域。

4．按拓扑结构分类

计算机网络中常用的拓扑结构有总线型、星型和环型等（详见 2.5 节）。

2.4 计算机网络的功能

计算机网络的功能主要体现在 3 个方面，即信息交换、资源共享和分布式处理。

1．信息交换

这是计算机网络最基本的功能，主要完成计算机网络中各个节点之间的系统通信。用户可以在网上传送电子邮件，发布新闻消息，进行电子购物、电子贸易、远程电子教育等。

2．资源共享

所谓资源是指构成系统的所有要素，包括软、硬件资源，如计算处理能力、大容量磁盘、高速打印机、绘图仪、通信线路、数据库、文件和其他计算机上的有关信息。由于受经济和其他因素的制约，这些资源并非（也不可能）所有用户都能独立拥有。通过网络，计算机不仅可以使用自身的资源，也可以共享网络上的资源，因而增强了网络上计算机的处理能力，提高了计算机软硬件的利用率。

3．分布式处理

一项复杂的任务可以划分成许多部分，由网络内的各计算机分别协作并行完成，从而使整个系统的性能大为增强。

2.5 计算机网络的拓扑结构

网络的拓扑结构是指网络的物理连接形式，从拓扑学的观点出发，不考虑实际网络的地理位置，把网络看成由一组节点（计算机、打印机等）和连线组成的网络。网络的物理拓扑决定了局域网的工作原理和数据传输方式。目前，常用的拓扑结构有总线型拓扑结构、星型拓扑结构、环型拓扑结构、树型拓扑结构和网状拓扑结构。

1．总线型拓扑结构

总线型拓扑结构是一种共享通路的物理结构。这种结构中总线具有信息的双向传输功能，普遍用于局域网的连接，总线一般采用同轴电缆或双绞线，如图 2-1 所示。

总线型拓扑结构的优点是安装容易，扩充或删除一个节点很容易，不需停止网络的正常工作，节点的故障不会殃及系统。由于各个节点共用一个总线作为数据通路，信道的利用率高。但总线型拓扑结构也有其缺点：由于信道共享，连接的节点不宜过多，并且总线自身的故障可以导致系统的崩溃。

2．星型拓扑结构

星型拓扑结构是一种以中央节点为中心，把若干外围节点连接起来的辐射式互联结构。这种结构适用于局域网，近年来的局域网大都采用这种连接方式。这种连接方式以双绞线或同轴电缆作连接线路，如图 2-2 所示。

星型拓扑结构的特点是安装容易，结构简单，费用低，通常以集线器（Hub）作为中央节点，便于维护和管理。中央节点的正常运行对网络系统来说是至关重要的。

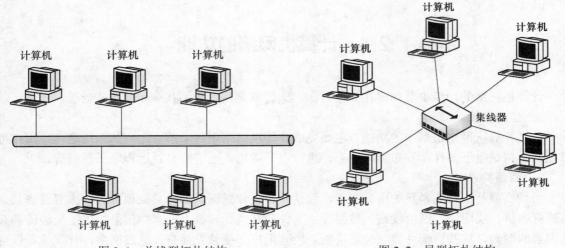

图 2-1　总线型拓扑结构　　　　　　　　　图 2-2　星型拓扑结构

3．环型拓扑结构

环型拓扑结构是将网络节点连接成闭合结构。信号顺着一个方向从一台设备传到另一台设备，每一台设备都配有一个收发器，信息在每台设备上的延时时间是固定的。这种结构特别适用于实时控制的局域网系统，如图 2-3 所示。

环型拓扑结构的特点是安装容易，费用较低，电缆故障容易查找和排除。有些网络系统为了提高通信效率和可靠性，采用了双环结构，即在原有的单环上再套一个环，使每个节点都具有两个接收通道。环型网络的弱点是，当节点发生故障时，整个网络就不能正常工作。

4．树型拓扑结构

树型拓扑结构就像一棵"根"朝上的树，与总线型拓扑结构相比，主要区别在于总线型拓扑结构中没有"根"。这种拓扑结构的网络一般采用同轴电缆，主要用于军事单位、政府部门等上、下界限相当严格和层次分明的部门，如图 2-4 所示。

树型拓扑结构的优点是容易扩展，故障也容易分离处理。缺点是整个网络对根的依赖性很大，一旦网络的根发生故障，整个系统就不能正常工作。

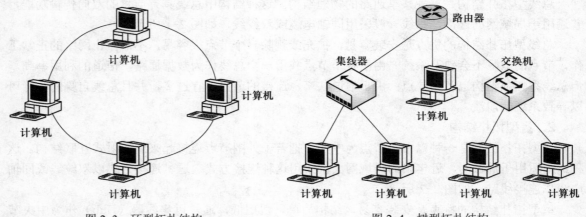

图 2-3　环型拓扑结构　　　　　　　　　图 2-4　树型拓扑结构

5．网状拓扑结构

网状拓扑结构是一种不规则连接，节点的连接是任意的，没有规律的，如图 2-5 所示。

网状拓扑结构的优点是系统可靠。弱点是结构复杂，必须使用路由协议、流量控制等方法。在广域网中，基本都采用网状拓扑结构。

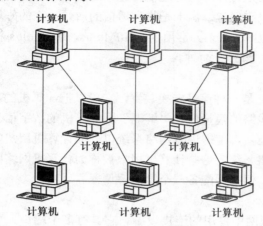

图 2-5　网状拓扑结构

2.6　计算机网络组成

与计算机系统类似，计算机网络系统也由硬件系统和软件系统两部分组成。

2.6.1　计算机网络硬件系统

硬件系统是计算机网络的基础，主要包括计算机、网络连接设备和传输介质。硬件系统中设备的组合形式决定了计算机网络的类型。

1．计算机

根据作用不同，网络中的计算机可分为服务器和工作站。

服务器是速度快、存储量大的计算机，是网络系统的核心设备，负责网络资源管理和用户服务。服务器可分为文件服务器、远程访问服务器、数据库服务器和打印服务器等，是一台专用或多用途的计算机。在互联网中，服务器之间互通信息、相互提供服务，每台服务器的地位是同等的。服务器需要专门的技术人员对其进行管理和维护，以保证整个网络的正常运行。

工作站是具有独立处理能力的计算机，是用户向服务器申请服务的终端设备。用户可以在工作站上处理日常工作，并随时向服务器索取各种信息及数据，请求服务器提供各种服务（如传输文件、打印文件等）。

2．网络连接设备

网络中的连接设备很多，主要用于互连计算机之间的数据通信，负责控制数据的接收、发送或转发。常用的网络设备有网卡、集线器、交换机和路由器等。

（1）网卡

网卡又称为网络接口卡（Network Interface Card，NIC），是计算机和计算机之间直接或间接传输介质互相通信的接口，插在计算机的扩展槽中。一般情况下，无论是服务器还是工作站都应安装网卡。网卡的作用是将计算机与通信设施相连接，将计算机的数字信号转换成通信线路能够传送的电子信号或电磁信号。网卡是物理通信的瓶颈，它的好坏直接影响用户将来的软件使用效果和物理功能的发挥。目前，常用的有 10Mbit/s、100Mbit/s 和 10 /100Mbit/s 自适应网卡。网卡的总线形式有 ISA 和 PCI 两种。

（2）调制解调器

调制解调器（Modem）是一种信号转换装置，它可以把计算机的数字信号"调制"成通信线路的模拟信号，将通信线路的模拟信号"解调"回计算机的数字信号。调制解调器的作用是将计算机与公用电话线相连接，使得现有网络系统以外的计算机用户能够通过拨号的方式利用公用电话网访问计算机网络系统。这些计算机用户被称为计算机网络的增值用户。增值用户的计算机上可以不安装网卡，但必须配备一个调制解调器。

（3）集线器

集线器（Hub）是局域网中使用的连接设备。它具有多个端口，可连接多台计算机。在局域网中常以集线器为中心，用双绞线将所有分散的工作站与服务器连接在一起，形成星型拓扑结构的局域网系统。这样的网络连接，在网上的某个节点发生故障时，不会影响其他节点的正常工作。

集线器分为普通型和交换型（Switch），交换型的传输效率比较高，目前用得较多。集线器的数据传输速率有 10Mbit/s、100Mbit/s 和 10/100Mbit/s 等。

（4）交换机

交换机（Switch）又称交换式集线器，作用与集线器基本相同。但是两者在工作方式和性能上有很大区别：集线器采用共享带宽的工作方式；而交换机采用的是独享带宽，从而在性能上有很多提升。

（5）中继器

中继器（Repeater）是对信号进行再生和还原的网络设备，适用于完全相同的两类网络的互连。中继器的主要功能是通过对数据信号的重新发送或者转发，来扩大网络传输的距离。

（6）网桥

网桥（Bridge）也是局域网使用的连接设备。网桥的作用是扩展网络的距离，减轻网络的负载。在局域网中每条通信线路的长度和连接的设备数都是有最大限度的，如果超载就会降低网络的工作性能。对于较大的局域网可以采用网桥将负担过重的网络分成多个网络段，当信号通过网桥时，网桥会将非本网段的信号排除掉（即过滤），使网络信号能够更有效地使用信道，从而达到减轻网络负担的目的。由网桥隔开的网络段仍属于同一局域网，网络地址相同，但分段地址不同。

（7）路由器

路由器（Router）是互联网中使用的连接设备。它可以将两个网络连接在一起，组成更大的网络。被连接的网络可以是局域网，也可以是互联网，连接后的网络都可以称为互联网。路由器不仅有网桥的全部功能，还具有路径的选择功能。路由器可根据网络上信息拥挤的程度，自动地选择适当的线路来传递信息。

在互联网中，两台计算机之间传送数据的通路会有很多条，数据包（或分组）从一台计算机出发，中途要经过多个站点才能到达另一台计算机。这些中间站点通常是由路由器组成的，路由器的作用就是为数据包（或分组）选择一条合适的传送路径。用路由器隔开的网络属于不同的局域网地址。

（8）网关

网关（Gateway）又称网间连接器、协议转换器。网关通过使用适当的硬件和软件，实现不同协议网络之间的转换功能。硬件用来提供不同网络的接口，软件则用来实现不同互连协议之间的转换。

（9）无线 AP

无线 AP 也称无线接入点（Access Point，AP），主要是提供无线工作站对有线局域网和从有线局域网对无线工作站的访问，在访问接入点覆盖范围内的无线工作站可以通过它进行相互通信。无线 AP 相当于一个无线交换机，接在有线交换机或路由器上，它是无线网络的核心。

无线 AP 是一个包含很广的名称，不仅包含单纯性无线接入点（即通常意义的无线 AP），也同样是无线路由器（含无线网关、无线网桥）等设备的统称。

3．传输介质

传输介质是通信网络中传送信息的物理通道。传输介质的质量好坏直接影响数据传输的质量，如速度、数据丢失等。常见的网络传输介质分为两大类：一类是有线介质，另一类是无线介质。有线介质常用的有双绞线、同轴电缆和光缆。无线介质主要有无限电波、微波、激光和红外线等。

2.6.2 计算机网络软件系统

计算机网络中的软件按其功能可以划分为网络操作系统、网络通信协议和网络应用软件。

1．网络操作系统

网络操作系统是指具有网络功能的操作系统，是能够控制和管理网络资源的软件。网络操作系统的功能作用在两个级别上：在服务器机器上，为在服务器上的任务提供资源管理；在每个工作站机器上，向用户和应用软件提供一个网络环境的"窗口"。网络服务器操作系统要完成目录管理、文件管理、安全性、网络打印、存储管理、通信管理等主要服务。工作站的操作系统软件主要完成工作站任务的识别和与网络的连接。常用的网络操作系统有 Windows 系统、UNIX 系统和 Linux 系统等。

2．网络通信协议

计算机网络中，计算机的类型可能不相同，使用的操作系统也可能不同，但彼此之间的通信必须遵守统一的规则，这种规则就称为网络协议。网络协议对通信时信息必须采用的格式和这些格式的意义、使用怎样的控制信息、事件实现的顺序做出规定。计算机必须使用某种通信协议才能进行通信，常见的协议有TCP/IP 协议、IPX/SPX 协议、NetBEUI 协议等。

网络通信协议是指按照网络协议的要求，完成通信功能的软件。

3．网络应用软件

网络应用软件是指网络为用户提供各种服务的软件，如浏览查询软件、传输软件、远程登录软件和电子邮件等。

思考与练习

一、选择题

1. 下面哪个设备不是网络设备（　　）。
    A．网卡   B．集线器
    C．交换机   D．计算机

2. 计算机网络的主要功能是（　　）。
    A．信息交换   B．资源共享
    C．安全保障   D．分布式处理

3. 分布在一座大楼中的网络可称为（　　）。
    A．LAN   B．WAN
    C．公用网   D．INTERNET

4. 下面不属于网络拓扑结构的是（　　）。
    A．环形结构   B．总线结构
    C．层次结构   D．网状结构

5. 在局域网中，最常见的、成本最低的传输介质是（　　）。
    A．双绞线   B．同轴电缆
    C．光缆   D．无线通信

6. 最早出现的计算机网是（　　）。
    A．Internet   B．Bitnet
    C．Arpnet   D．Ethernet

二、填空题

1. 计算机网络中的各台计算机称为_____。
2. 计算机网络的发展经历的 4 个阶段：_____、_____、_____、_____。
3. 按地理范围分类，计算机网络可以分为：_____、_____、_____。
4. 常用的有线传输介质有：_____、_____、_____。
5. 目前无线网主要采用的 3 种通信技术：_____、_____、_____。
6. 常用的网络操作系统有：_____、_____、_____。
7. 常见的网络通信协议有：_____、_____、_____。

三、简答题

1. 什么是计算机网络？
2. 简述计算机网络的分类。
3. 计算机网络的功能是什么？
4. 简述计算机网络的常见拓扑结构。

第3章 多媒体技术基础

20世纪80年代，随着计算机技术、通信技术和数字化声像技术的飞速发展，多媒体技术应运而生。多媒体技术使计算机具有综合处理声音、文字、图像和视频的能力，以形象丰富的声、文、图信息和方便的交互性，极大地改善了人机界面，改变了使用计算机的方式。多媒体技术成为现代计算机应用的一个重要领域。通过本章的学习，可以了解多媒体的有关概念，了解多媒体计算机的系统结构，以及常见的多媒体格式。

3.1 多媒体的基本概念

3.1.1 媒体的概念及类型

媒体（Medium）是信息表示和传播的载体。媒体在计算机领域有两种含义：一种是指信息的物理载体，即存储信息的实体，也称为媒质，如书本、挂图、磁盘、光盘、磁带以及相关的播放设备等；二是指表现信息的载体，也称媒介，如数字、文字、声音、图形、图像视频、动画等。多媒体技术中的媒体，是指后者而言。

国际电话电报咨询委员会 CCITT（Consultative Committee on International Telephone and Telegraph，国际电信联盟 ITU 的一个分会）把媒体分成如下 5 类。

1. 感觉媒体（Perception Medium）

感觉媒体指能直接作用于人的感官，使人直接产生感觉的媒体。如人类的语言、音乐、声音、图形、图像，计算机系统中的文字、数据和文件等都是感觉媒体。

2. 表示媒体（Representation Medium）

表示媒体指传输感觉媒体的中介媒体，即用于数据交换的编码。它是为加工、处理和传输感觉媒体而人为研究，构造出来的一种媒体。以便能够更有效地加工、处理和传送感觉媒体。表示媒体包括各种编码方式，如语言编码、文本编码、图像编码和声音编码等。

3. 表现媒体（Presentation Medium）

表现媒体指进行信息输入和输出的媒体。如键盘、鼠标、扫描仪、话筒、摄像机等为输入媒体；显示器、打印机、扬声器等为输出媒体。

4. 存储媒体（Storage Medium）

存储媒体指用于存储表示媒体的物理介质。如硬盘、软盘、磁盘、光盘、ROM 及 RAM 等。

5. 传输媒体（Transmission Medium）

传输媒体指传输表示媒体的物理介质。传输媒体是通信中的信息载体，如双绞线、同轴电缆、光纤等。

3.1.2　多媒体技术

1．多媒体

关于多媒体（Multimedia）的定义，现在有各种说法，不尽一致。通常所说的多媒体就是多种媒体的综合，而且多种媒体有机结合成一种人机交互的信息媒体，这些媒体包括文字、声音、图形、图像、动画与视频等。不仅如此，多媒体事实上还应包含处理这些信息媒体的程序和过程，即包含"多媒体技术"。从狭义角度来看，多媒体是指用计算机和相关设备交互处理多种媒体信息的方法和手段；从广义来看，则指一个领域，即涉及信息处理的所有技术和方法，包括广播、电视、电话、电子出版物和家用电器等。

2．多媒体技术

多媒体技术是指用计算机综合处理多媒体信息，使多种形式的信息建立逻辑连接，集成为一个系统并具有交互性的技术。多媒体不仅是信息的集成，也是设备的集成和软件的集成，并通过逻辑连接形成有机整体，可实现交互控制。集成和交互可以说是多媒体的精髓。

3.1.3　多媒体技术的主要特征

根据多媒体技术的定义，它具有如下显著特征：多样性、集成性、交互性、数字化和实时性。

1．多样性

多样性是指信息载体的多样化，即计算机能够处理的信息的范围呈现多样性。多种信息载体使信息的交换更加灵活、直观。多种信息载体的应用也使得计算机更容易操作和控制。

2．集成性

集成性是指处理多种信息载体的能力，也称为综合性。集成性体现在两个方面：一方面是多种媒体信息，即声音、文字、图形图像和音视频等的集成；另一方面是媒体信息处理设备的集成性，计算机多媒体系统不仅包括计算机本身，还包括处理媒体信息的有关设备。集成性是多媒体的一个重要特性。

3．交互性

交互性是指用户与计算机之间在完成信息交换和控制权交换时的一种特性，是多媒体的一个关键特性。人可以通过多媒体计算机系统对多媒体信息进行加工、处理并控制多媒体信息的输入、输出和播放。简单的交互对象是数据流，较复杂的交互对象是多样化的信息，如文字、图像、动画以及语言等。

4．数字化

数字化指多媒体系统中的各种媒体信息都以数字形式存储在计算机中。多媒体技术是一种"全数字"技术。其中的每一媒体信息，无论是文字、声音、图形、图像或视频，都以数字技术为基础进行生成、存储、处理和传送。

5．实时性

实时性是指在计算机多媒体系统中声音及活动的视频图像是实时的、同步的。计算机必须提供对这类媒体的实时同步处理能力。

3.1.4　多媒体的关键技术

1．大容量多媒体数据存储技术

高效快速的存储设备是多媒体系统的基本部件之一，光盘系统是目前较好的多媒体数据存储设备，它又分为只读光盘（CD-ROM）、一次写多次读光盘（WORM）、可擦写光盘。目前流行的移动设备包括"优盘"和移动硬盘，主要用于多媒体数据文件的转移存储。

2．多媒体数据压缩与编码技术

在多媒体计算机系统中要表示、传输和处理声音、图像等信息，特别是数字化图像和视频要占用大量的存储空间，所以，为了解决存储和传输问题，高效的压缩和解压缩算法是多媒体系统运行的关键。

3.2　多媒体计算机系统

多媒体计算机系统是一个能够综合处理声音、图像、视频等多媒体信息的系统，由多媒体计算机硬件系统和多媒体计算机软件系统组成。多媒体计算机一般指多媒体个人计算机（Multimedia Personal Computer，MPC）。多媒体计算机硬件系统的核心是一台高性能的计算机系统，外部设备主要由音频、视频和存储设备组成。多媒体计算机软件系统主要包括多媒体操作系统、多媒体创作工具软件和多媒体应用系统。

3.2.1　多媒体计算机的层次结构

多媒体计算机结构同样是基于冯·诺依曼式的计算机结构，只是因为多媒体计算机要处理多媒体数据，在通常 PC 结构上，专门增加了一些特殊功能，从处理的逻辑层次看，多媒体计算机采用的层次结构主要包括：应用系统层、创作系统层、多媒体核心系统层、输入/输出控制接口层、实时压缩和解压缩层、计算机硬件层等。前 3 层为硬件系统层，后 3 层为软件系统层。

第一层为计算机硬件层，指多媒体计算机中的硬件设备，也包括各种媒体、视听输入/输出设备。

第二层为实时压缩和解压缩层，主要负责多媒体实时压缩和解压，视频和音频信号快速实时的压缩和解压。因此，压缩比、压缩与解压速度和压缩质量是这个层次的主要技术指标。

第三层为输入/输出控制接口层，是多媒体硬件和高层软件之间的桥梁，直接作用于硬件对其进行驱动、控制等操作。除与硬件设备打交道（驱动、控制这些设备）外，还要提供输入/输出控制界面程序，即 I/O 接口程序。

第四层为多媒体核心系统层，主要负责控制、分配、调度多媒体系统的资源，实质就是多媒体操作系统，提供对多媒体计算机的硬件、软件控制与管理。

第五层为创作系统层，是多媒体创作与编辑环境，负责多媒体应用系统的创作与编辑制作。通常除编辑功能外，还具有控制外设播放多媒体的功能。

第六层为多媒体应用系统层，是多媒体应用系统的运行平台，即多媒体播放系统。

3.2.2　多媒体计算机硬件系统

多媒体计算机硬件系统是多媒体计算机实现多媒体功能的物质基础，任何多媒体信息的采集、处理和播放都离不开多媒体硬件系统的支持。多媒体计算机硬件系统由主机、多媒体接口卡、多媒体外部设备等组成。

1．主机

主机是多媒体计算机硬件系统的核心。多媒体计算机主机可以是中、大型机，也可以是工作站，目前更普遍的是多媒体个人计算机。

2．多媒体接口卡

多媒体接口卡是根据多媒体系统获取、编辑音频或视频的需要插接在计算机上，以解决各种媒体数据的输入输出的问题。常用的接口卡有声卡、显示卡、视频卡、光盘接口卡等。

3．多媒体外部设备

多媒体外部设备工作方式一般为输入和输出，按其功能又可分如下 5 类。

① 视频、音频输入设备（摄像机、录像机，扫描仪，传真机、数字相机、话筒等）。

② 视频、音频播放设备（电视机、投影电视、大屏幕投影仪、音响等）。

③ 人机交互设备（键盘、鼠标、触摸屏、绘图板、光笔及手写输入设备等）。

④ 存储设备（磁盘、光盘等）。

⑤ 网络接口。通过网络接口相接的设备包括视频电话机、传真机、LAN 和 ISDN。

需要指出的是，开发多媒体应用程序比运行多媒体应用程序需要的硬件环境更高。

3.2.3　多媒体计算机软件系统

多媒体计算机的软件系统包括多媒体操作系统和多媒体应用软件系统两大部分。多媒体应用系统又可以细分为多媒体数据处理软件、多媒体创作工具软件和多媒体应用软件。

1．多媒体操作系统

多媒体操作系统也称为多媒体核心系统，具有实时任务调度、多媒体数据转换和同步控制对多媒体设备的驱动和控制，以及图形用户界面管理等。多媒体计算机的软件系统是以操作系统为基础的。

2．多媒体应用软件系统

（1）多媒体数据处理软件

多媒体数据处理软件是指能通过各种媒体的接口采集和转换外部的图像、音频和视频等模拟信号，转换成计算机可以加工处理的数字信号，并可以进行编辑加工的软件。如常见的图形图像编辑软件 Photoshop、Illustrator 和 CorelDRAW 等；动画处理软件 Animator Studio、3D Studio Max 等；音频编辑软件 Sound Edit、Cool Edit 等，非线性视频编辑软件 Premiere、会声会影和 Movie Maker 等。

（2）多媒体创作工具软件

多媒体创作工具软件是能够对文本、图像、声音和视频等多媒体信息进行控制和管理，并按要求完成连接的多媒体软件。如 Authorware、Director 和 Flash 等。

（3）多媒体应用软件

多媒体应用软件指面向专业领域用户需求开发的大型多媒体应用系统。多媒体应用设计的领域主要有远程教育、影视点播、电视会议、电子出版和多媒体信息检索等。

3.3 常用多媒体及其格式

3.3.1 多媒体的信息种类

下面简单介绍常用多媒体的信息种类。

① 文本：包括数字、字母、符号和汉字等。

② 声音：包括语音、歌曲、音乐和各种发声等。

③ 图形：由点、线、面、体组合而成的几何图形。

④ 图像：主要指静态图像，如照片、画片等。

⑤ 视频：指录像、电视、视频光盘（VCD）播放的连续动态图像。

⑥ 动画：由多幅静态画片组合而成，它们在形体动作方面有连续性，从而产生动态效果。包括二维动画（2D、平面效果）、三维动画（3D、立体效果）。

⑦ 流媒体：指采用流式传输的方式在 Internet 播放的媒体格式，又称流式媒体。

3.3.2 多媒体的常见格式

下面通过特征扩展名说明常见的多媒体文件格式。

1. 图像文件格式

（1）BMP 格式

BMP（Bit Map Picture）是计算机上最常用的位图格式，有压缩和不压缩两种形式，该格式可表现从 2 位到 24 位的色彩，分辨率也可从 480×320 至 1024×768。该格式在 Windows 环境下相当稳定，在文件大小没有限制的场合中运用极为广泛。

（2）CDR 格式

CDR 是 CorelDRAW 的文件格式。

（3）DIF 格式

DIF（Drawing Interchange Format）是 AutoCAD 中的图形文件，它以 ASCII 方式存储图形，表现图形在尺寸大小方面十分精确，可以被 CorelDRAW、3ds 等大型软件调用编辑。

（4）EPS 格式

EPS（Encapsulated PostScript）是用 PostScript 语言描述的 ASCII 图形文件，在 PostScript 图形打印机上能打印出高品质的图形（图像），最高能表示 32 位图形（图像）。

（5）GIF 格式

GIF（Graphics Interchange Format）是在各种平台的各种图形处理软件上均可处理的经过压缩的图形格式。支持多图像文件和动画文件。缺点是存储色彩最高只能达到 256 种。

（6）JPEG 格式

JPEG（Joint Photographics Expert Group）是一种可以大幅度地压缩图形文件的图形格式。对于同一幅画面以 JPEG 格式存储的文件的大小是其他类型图形文件的 1/10 到 1/20，而且色彩数最高可达到 24 位，所以被广泛应用于 Internet 上。

（7）PCP 格式

PCP（PC Paintbrush）是由 Zsoft 公司创建的一种经过压缩且节约磁盘空间的 PC 位图格式，最高可表现 24 位图形（图像）。

（8）PNG 格式

PNG（Portable Network Graphics，便携式网络图形），是一种无损压缩的位图图形格式，支持索引、灰度、RGB[A]三种颜色方案以及 Alpha 通道等特性，最高支持 48 位真彩色图像以及 16 位灰度图像。较旧的浏览器和程序可能不支持 PNG 文件。

（9）PSD 格式

PSD（Photoshop Standard）是 Photoshop 中的标准文件格式，是专门为 Photoshop 而优化的格式。

（10）TIF 格式

TIF 格式（Tagged Image File Format）文件体积庞大，但存储信息量也巨大，细微层次的信息较多，有利于原稿阶调与色彩的复制。该格式有压缩和非压缩两种形式，最高支持的色彩数可达 16M。

（11）WMF 格式

WMF（Windows Metafile Format）是 Microsoft Windows 图元文件，具有文件短小、图案造型化的特点。该类图形比较粗糙，并只能在 Microsoft Office 中调用编辑。

2．音频文件格式

（1）CDA 格式

CDA 是 CD 唱片所采用的音乐格式，它的音质比较高，记录的是波形流。但缺点是无法编辑，文件长度太大。另外，不能直接复制 CD 格式的*.cda 文件到硬盘上播放，需要使用像 EAC 这样的抓音轨软件把 CD 格式的文件转换成 WAV 等格式的文件。

（2）MIDI 格式

MIDI（Musical Instrument Digital Interface）又称作乐器数字接口，是数字音乐/电子合成乐器的统一国际标准。MIDI 文件本身记录的不是乐曲，而是一些描述乐曲演奏过程的指令，文件非常小。

（3）MP3 格式

MP3（MPEG Audio Layer3）是现在最流行的声音文件格式。MP3 能够以高音质、低采样率对数字音频文件进行压缩，能够在音质丢失很小的情况下把文件压缩到更小的程度。

（4）WAV 格式

WAV（Waveform Audio Format）是微软公司开发的一种声音文件格式，也叫波形声音文件，是最早的数字音频格式，被 Windows 平台及其应用程序广泛支持。该格式记录的声音文件能够和原声基本一致，质量非常高，但文件体积较大。

3. 视频文件格式

（1）MPEG 格式

MPEG 是 Motion Picture Experts Group 的缩写，是运动图像压缩算法的国际标准，该标准已成为国际上影响最大的多媒体技术标准。MPEG 标准包括 MPEG 视频、MPEG 音频和 MPEG 系统（视频、音频同步）三个部分，前文介绍的 MP3 音频文件就是 MPEG 音频的一个典型应用，而 Video CD（VCD）、Super VCD（SVCD）、DVD（Digital Versatile Disk）则是全面采用 MPEG 技术所产生出来的新型消费类电子产品。MPEG 标准包括 MPEG-1，MPEG-2 和 MPEG-4 在内的多种视频格式。

MPEG-1 格式被广泛应用在 VCD 的制作上，大部分的 VCD 都是用 MPEG-1 格式压缩的。使用 MPEG-1 的压缩算法，可以把一部 120 分钟长的电影压缩到 1.2 GB 左右大小。

MPEG-2 则是应用在 DVD 的制作方面，同时在一些 HDTV（高清晰电视广播）和一些高要求视频编辑、处理方面也有相当多的应用。使用 MPEG-2 的压缩算法压缩一部 120 分钟长的电影可以压缩到 5～8 GB 的大小（MPEG-2 的图像质量是 MPEG-1 无法比拟的）。

MPEG-4（ISO/IEC 14496）是基于第二代压缩编码技术制定的国际标准，它以视听媒体对象为基本单元，采用基于内容的压缩编码，以实现数字视音频、图形合成应用及交互式多媒体的集成。

（2）AVI 格式

AVI（Audio Video Interleaved）是音频视频交错的英文缩写，它是 Microsoft 公司开发的一种符合 RIFF 文件规范的数字音频与视频文件格式，最早用于 VFW（Microsoft Video For Windows）环境。AVI 格式调用方便、图像质量好，压缩标准可任意选择，是应用最广泛的格式。

（3）DAT 格式

DAT 格式是 VCD 中使用的文件格式。DAT 格式文件使用 MPEG-1 压缩算法进行压缩。

（4）DivX 格式

DivX 由 DivXNetworks 公司发明的，是一种将影片的音频由 MP3 来压缩、视频由 MPEG-4 技术来压缩的数字多媒体压缩格式。DivX 基于 MPEG-4 标准，可以把 MPEG-2 格式的多媒体文件压缩至原来的 10% 。

（5）MOV 格式

MOV 是 Apple 公司的 QuickTime 视频文件格式。Quick-Time 提供的视频格式有两种，基于 Indeo 压缩法的*.MOV 和基于 MPEG 压缩法的*.MPG 视频格式。

（6）n AVI 格式

n AVI 是 new AVI 的缩写，是一个名为 ShadowRealm 的组织开发的一种新视频格式。它是由 Microsoft ASF 压缩算法的修改而来的（与 AVI 没有太多联系），但与 ASF 视频格式有所区别。nAV 牺牲了 ASF 的视频流特性，追求压缩率和图像质量，让 nAVI 可以拥有更高的帧率（frame rate）。概括来说，nAVI 就是一种去掉视频流特性的改良型 ASF 格式，也可以被视为是非网络版本的 ASF。

（7）VOB 格式

VOB（Video Object）格式是 DVD 光盘上的关键文件，内含实际的数据。VOB 文件是采用

MPEG-2 压缩算法的数据流。

（8）FLV 格式

FLV 是 Flash Video 的简称，FLV 流媒体格式是一种新的视频格式，它是随着 Flash MX 的推出发展而来的。由于它形成的文件极小、加载速度极快，使得网络观看视频文件成为可能。

4．流媒体文件格式

流媒体文件的常见格式如表 3-1 所示。

表 3-1 常见流媒体文件格式

公 司	文件格式	分 类
Microsoft	ASF（Advanced Stream Format）	流式视频
	WMV（Windows Media Video）	流式视频
	WMA（Windows Media Audio）	流式音频
RealNetworks	RM（Real Video）	流式视频
	RMVB（Real Video Variable Bit Rate）	流式视频
	RA（Real Audio）	流式音频
	RP（Real Pix）	流式图像
	RT（Real Text）	流式文本
Apple	MOV（QuickTime Movie）	流式视频
	QT（QuickTime Movie）	流式视频

（1）Microsoft 流媒体格式——ASF/WMV/WMA

ASF（Advanced Streaming Format，高级流格式）是 Microsoft 公司推出的在 Internet 上实时传播多媒体的技术标准。是 Microsoft 公司为了与 Real player、QuickTime 竞争而发展出来的一种可以直接在网上观看视频节目的文件压缩格式。ASF 使用了 MPEG-4 的压缩算法，压缩率和图像的质量都很不错。

WMV（Windows Media Vudio）也是 Microsoft 公司推出的一种采用独立于编码方式并且在 Internet 上实时传播多媒体的技术标准，是 ASF 格式的升级和延伸。在同等视频质量下，WMV 格式的体积非常小，因此很适合在网上播放和传输。

WMA（Windows Media Audio）是微软的音频文件格式。WMA 格式是以减少数据流量但保持音质的方法来达到更高的压缩率目的，主要用于互联网音频领域，对应的视频文件格式为WMV（Windows Media Vudio）。

（2）QuickTime 流媒体格式——MOV/QT

QuickTime 是 Apple 计算机公司开发的一种音频、视频文件格式，用于保存音频和视频信息，具有先进的视频和音频功能，被包括 Apple Mac OS、Microsoft Windows 95/98/NT 在内的所有主流计算机平台支持。QuickTime 文件格式支持 25 位彩色，支持 RLE、JPEG 等领先的集成压缩技术，提供 150 多种视频效果，并配有提供了 200 多种 MIDI 兼容音响和设备的声音装置。新版的 QuickTime 进一步扩展了原有功能，包含了基于 Internet 应用的关键特性，能够通过 Internet 提供实时的数字化信息流、工作流与文件回放功能。QuickTime 具有领先的多媒体技术和跨平台特性、较小的存储空间要求、技术细节的独立性以及系统的高度开放性等优点，目前已成为数字媒体软件技术领域的事实上的工业标准。

（3）Real 流媒体格式——RA/RM/RMVB

Real 文件是 RealNetworks 公司开发的一种流式视频文件格式，它包含在 RealNetworks 公司所制定的音频视频压缩规范 RealMedia 中，主要用来在低速率的广域网上实时传输活动视频影像，可以根据网络数据传输速率的不同而采用不同的压缩比率，从而实现影像数据的实时传送和实时播放。

RA 格式是一种流式音频文件格式，主要适用于在网络上的在线音乐欣赏。

RM 是一种流媒体视频文件格式，可以根据网络数据传输的不同速率制定不同的压缩比率，从而实现低速率的 Internet 上进行视频文件的实时传送和播放。

RMVB 影片格式比原先的 RM 多了 VB 两字，在这里 VB 是 VBR（Variable Bit Rate，可变比特率）的缩写。在保证了平均采样率的基础上，设定了一般为平均采样率两倍的最大采样率值，在处理较复杂的动态影像时也能得到比较良好的效果，处理一般静止画面时则灵活地转换至较低的采样率，也有效地缩减了文件的大小。

3.4　多媒体技术的应用

多媒体技术的应用主要表现在以下几个方面。

1．休闲娱乐

多媒体在娱乐中的应用包括音乐 CD、VCD、DVD、数字音乐 MIDI，还包括三维等。

2．教育与培训

世界各国的教育学家们正努力研究用先进的多媒体技术改进教学与培训。以多媒体计算机为核心的现代教育技术使教学手段丰富多彩，使计算机辅助教学（CAI）如虎添翼。

3．桌面出版与办公自动化

桌面出版物主要包括印刷品、表格、布告、广告、宣传品、海报、市场图表、蓝图及商品图等。多媒体技术为办公室增加了控制信息的能力和充分表达思想的机会，许多应用程序都是为提高工作人员的工作效率而设计的，从而产生了许多新型的办公自动化系统。由于采用了先进的数字影像和多媒体计算机技术，把文件扫描仪、图文传真机、文件资料微缩系统和通信网络等现代化办公设备综合管理起来，将构成全新的办公自动化系统。

4．多媒体电子出版物

电子出版物的定义为"以数字代码方式将图、文、声、像等信息存储在磁、光、电介质上，通过计算机或类似设备阅读使用，并可复制发行的大众传播媒体。"该定义明确了电子出版物的重要特点。电子出版物的内容可分为电子图书、辞书手册、文档资料、报纸杂志、教育培训、娱乐游戏、宣传广告、信息咨询、简报等，许多作品是多种类型的混合。电子出版物的特点表现为：集成性和交互性，即使用媒体种类多，表现力强，信息的检索和使用方式更加灵活方便，特别是信息的交互性不仅能向读者提供信息，而且能接受读者的反馈。电子出版物的出版形式有电子网络出版和单行电子书刊两大类。电子网络出版是以数据库和通信网络为基础的新出版形式，在计算机管理和控制下，向读者提供网络联机服务、传真出版、电子报刊、电子邮件、教学及影视等多种服务。而单行电子书刊载体有软磁盘（FD）、只读光盘（CD-ROM）、交互式光盘（CD-I）、图文光盘（CD-G）、照片光盘（Photo-D），集成电路卡（IC）以及新闻出版者认定的其他载体。

5. 多媒体通信

在通信工程中的多媒体终端和多媒体通信也是多媒体技术的重要应用领域之一。多媒体通信有着极其广泛的内容，对人类生活、学习和工作将产生深刻影响的有信息点播（Information Demand）和计算机协同工作 CSCW 系统（Computer Supported Cooperative Work）。

信息点播有桌面多媒体通信系统和交互电视 ITV。通过桌面多媒体信息系统，人们可以远距离点播所需信息，如视频点播系统。而交互式电视和传统电视不同之处在于用户在电视机前可对电视台节目库中的信息按需选取，即用户主动与电视进行交互式获取信息。

计算机协同工作 CSCW 是指在计算机支持的环境中，一个群体协同工作以完成一项共同的任务，其应用于工业产品的协同设计制造、远程会诊、不同地域位置的同行们进行学术交流以及师生间的协同式学习等。

多媒体通信技术不仅改变了信息传递的面貌，带来通信技术的大变革，而且计算机的交互性、通信的分布性和多媒体的现实性相结合，将构成继电报、电话、传真之后的第 4 代通信手段，向社会提供全新的信息服务。

6. 多媒体作品创作

多媒体作品创作包括影片剪接、文本编排、音响、画面等特殊效果的制作等。人们可以通过多媒体系统的帮助增进其作品的品质，MIDI 的数字乐器合成接口可以让设计者利用音乐器材、键盘等合成音响输入，然后进行剪接、编辑、制作出许多特殊效果。电视工作者可以用媒体系统制作电视节目，美术工作者可以制作卡通和动画的特殊效果。

思考与练习

一、选择题

1. 多媒体计算机中的媒体信息指（　　　）。
　　A. 数字、文字　　　　　　　　B. 声音、图形、图像
　　C. 动画、视频　　　　　　　　D. 以上全部

2. 多媒体技术的主要特征有（　　　）。
　　A. 多样性、数字化　　　　　　B. 集成性、交互性
　　C. 数字化、实时性　　　　　　D. 以上全部

3. 多媒体计算机硬件系统包括（　　　）。
　　A. 主机　　　　　　　　　　　B. 多媒体接口卡
　　C. 多媒体外部设备　　　　　　D. 网络

4. 常见的图形图像编辑软件是（　　　）。
　　A. Photoshop　　　　　　　　B. Illustrator
　　C. CorelDRAW　　　　　　　　D. PowerPoint

5. 常见的视频编辑软件是（　　　）。
　　A. Premiere　　　　　　　　　B. 会声会影
　　C. Movie Maker　　　　　　　D. Cool Edit

6. 以下文件哪种不是动画格式文件（　　　）。

A．*.GIF　　　　　　　　　　　　B．*.MIDI

C．*.SWF　　　　　　　　　　　　D．*.MOV

7．以下文件哪种不是视频文件（　　　）。

A．*.MOV　　　　　　　　　　　　B．*.AVI

C．*.JPEG　　　　　　　　　　　　D．*.RM

8．以下几种软件哪种不能播放视频文件（　　　）。

A．Windows Media Player.　　　　B．Flash MX

C．Adobe Potoshop　　　　　　　D．Real Player

9．下列哪一种设备不是多媒体计算机的主要配件（　　　）。

A．主机　　　　　　　　　　　　B．声卡

C．CD-ROM　　　　　　　　　　　D．打印机

二、填空题

1．国际电话电报咨询委员会 CCITT 把媒体分成 5 类：＿＿＿＿＿＿、＿＿＿＿＿＿、＿＿＿＿＿＿、＿＿＿＿＿＿、＿＿＿＿＿＿。

2．多媒体技术的主要特征：＿＿＿＿＿、＿＿＿＿＿、＿＿＿＿＿、＿＿＿＿＿、＿＿＿＿＿。

3．＿＿＿＿＿＿＿ 是多媒体计算机硬件系统的核心。

4．多媒体计算机的软件系统包括＿＿＿＿＿＿＿＿＿和＿＿＿＿＿＿＿＿两大部分。

5．多媒体计算机采用 6 层的层次结构，前 3 层为＿＿＿＿层，后 3 层为＿＿＿＿层。

三、简答题

1．什么是媒体？媒体是如何分类的？

2．什么是多媒体技术？它有哪些主要特征？

3．简述多媒体计算机的组成。

4．简述多媒体设计的关键技术。

5．多媒体技术应用领域主要有哪些？

6．常见的图像文件格式有哪些？试列出 3 种。

7．常见的音频文件格式有哪些？试列出 3 种。

8．常见的视频文件格式有哪些？试列出 3 种。

第 4 章　计算机安全

随着计算机技术的发展，计算机的应用领域越来越广泛，计算机安全已经成为全社会越来越关注的问题。计算机病毒等对计算机系统构成严重的威胁、产生极大的破坏，所造成的损失也越来越大。通过本章的学习，可以了解计算机安全的基础知识，了解我国计算机安全的相关法律法规，重点掌握计算机病毒的特征、危害、表现症状、传播途径以及计算机病毒的防治措施。

4.1　计算机安全概述

4.1.1　计算机安全的定义

国际标准化组织（ISO）对计算机安全的定义为："为数据处理系统建立和采取的技术的和管理的安全保护，保护计算机硬件、软件、数据不因偶然的或恶意的原因而遭到破坏、更改、泄露"。

我国国务院于 1994 年颁布的《中华人民共和国计算机信息系统安全保护条例》第一章第三条的定义是："计算机信息系统的安全保护，应当保障计算机及其相关的和配套的设备、设施（含网络）的安全，运行环境的安全，保障信息的安全，保障计算机功能的正常发挥，以维护计算机信息系统的安全运行。"

从上面的定义可以看出，计算机安全涉及硬件安全、软件安全、数据安全。硬件安全是指计算机系统设备及相关设备受到保护，免于被破坏、丢失等；软件安全是指保护计算机操作系统、网络操作系统、数据库系统、应用软件等免受攻击、破坏，能够正常运行；数据安全则指保障计算机信息系统的安全，即保障计算机中处理信息的可用性、完整性、保密性、可控性和可审查性。

安全保护的最终目的是维护计算机信息系统的安全运行。保护的手段既包括技术方面的，也包括管理方面的。技术手段是指所采用的安全技术措施和采用的安全技术产品；管理手段是指所采用的各类安全规范和管理制度，具体包括法律法规、安全策略、安全制度等。

 说明

信息安全的属性如下。

可用性：保证信息及信息系统确实为授权使用者所用，防止由于计算机病毒或其他人为因素造成的系统拒绝服务或为敌手所用。

完整性：防止信息被未经授权的人（实体）篡改，保证真实的信息从真实的信源无失真地到达真实的信宿。

保密性：又称机密性。保证信息不泄露给未经授权的人。

可控性：对信息及信息系统实施安全监控督管理。

可审查性：也称不可否认性。当出现安全问题时，能够提供调查的依据和手段，保证信息行为人不能否认自己的行为。

4.1.2　计算机面临的威胁

1．物理安全威胁

物理安全威胁主要是指对计算机、外部设备、网络线路及设备的威胁和攻击，如自然灾害（雷电、地震、火灾、水灾等）、物理损坏（硬盘损坏、设备使用寿命到期、外力破损等）、设备故障（如停电断电、电磁干扰等）、人为破坏（如删除文件、格式化硬盘、线路拆除等）。

2．软件安全威胁

软件安全威胁主要是指通过对计算机操作系统、网络操作系统、数据库系统、应用软件等的攻击，以达到破坏系统正常运行、非法控制系统的目的。

3．数据安全威胁

数据安全即信息安全，主要是指通过对计算机信息系统的攻击，以达到对信息的窃取、篡改、破坏的目的。

对软件安全和数据安全构成威胁的常见方式有：病毒、黑客、蠕虫、木马等。

4.1.3　计算机的安全措施

1．物理安全方面的措施

① 对自然灾害加强防护：如防火、防水、防雷击等。

② 计算机设备防盗：如添加安装警铃、购置机柜等。

③ 环境控制：如消除静电、系统接地、防电磁干扰、配不间断电源等。

2．管理方面的措施

① 建立健全法律、政策，规范和制约人们的思想和行为。

② 建立和落实安全管理制度，是实现计算机安全的重要保证。

③ 进行安全教育和安全训练，提高人们的安全意识。

3．技术方面的措施

① 操作系统的安全设置：充分利用操作系统的安全保护功能，如访问控制、密码认证。经常更新系统补丁。

② 数据库的安全措施：使用安全性能高的数据库产品，采用存取控制策略，对数据库进行加密，实现数据库的安全性、完整性和保密性。

③ 网络的安全措施：如防火墙技术，它用来阻挡外部不安全因素影响的网络屏障，其目的就是防止外部网络用户未经授权的访问。

④ 防病毒措施：如采取病毒预防措施、安装防病毒软件等。防病毒软件可以检测、诊断、清除病毒，保障系统正常运行和数据安全。

⑤ 网络站点的安全措施：为了保障计算机系统中的网络通信和所有站点的安全而采取的

技术措施，包括数字签名、访问控制、密钥管理、证书服务、数据加密、流量控制等。

4.2　计算机病毒

4.2.1　计算机病毒的定义

在 1994 年 2 月 18 日颁布的《中华人民共和国计算机信息系统安全保护条例》中，计算机病毒（Computer Virus）被明确定义为："计算机病毒，是指编制或者在计算机程序中插入的破坏计算机功能或者毁坏数据，影响计算机使用，并能自我复制的一组计算机指令或者程序代码"。

计算机病毒是一种特殊的计算机程序，这种程序具有自我复制能力，可非法入侵和隐藏在存储媒体的引导部分、可执行文件和数据中。计算机病毒是当前对计算机安全的最大威胁，它借助于系统运行和资源共享而进行繁殖、传播。病毒发作时会篡改和破坏系统和用户的数据及程序，严重干扰计算机的正常运行。

无论何种病毒，其本质都是一样的，都是人为设计的程序，其本质特点就是程序的无限重复执行、复制、传播。

4.2.2　计算机病毒的特征

计算机病毒种类繁多，表现出来的特征可能不尽相同，但概括起来主要有以下特征。

1．寄生性

一般计算机病毒都不是独立存在的，而是寄生在其他程序之中，当执行这个程序时，病毒代码就会被执行。在正常程序未启动之前，病毒一般是不易被人发觉的。

2．破坏性

计算机病毒入侵系统后，都会对系统和数据产生不同程度的影响。有的病毒占用系统资源，降低计算机工作效率；有的病毒会篡改数据、删除文件、使正常的程序无法运行甚至导致系统崩溃。由此特征可以将病毒分为良性病毒和恶性病毒。

3．传染性

计算机病毒的传染性是指病毒具有自身复制到其他程序的能力。传染性是计算机病毒的最基本特征，是否具有传染性是判别一个程序是否为计算机病毒的最重要条件之一。

4．潜伏性

大部分计算机病毒感染系统后一般不会马上发作，它潜伏在系统中，像定时炸弹一样，只有在满足特定条件时才启动。比如黑色星期五病毒，不到预定时间一点都觉察不出来，每逢既是 13 号又是星期五的时候就爆炸开来，对系统进行破坏。

5．隐蔽性

计算机病毒具有很强的隐蔽性，它通常附在正常程序中或隐藏在磁盘的隐秘地方。有的可以通过病毒软件检查出来，有的根本就查不出来，有的时隐时现、变化无常。通常情况下，普通用户是无法发现病毒的。

6．触发性

病毒因某个事件或数值的出现，诱使病毒实施感染或进行攻击的特性称为可触发性。为了隐蔽自己，病毒必须潜伏，少做动作。如果完全不动，一直潜伏的话，病毒既不能感染也不能进行破坏，便失去了杀伤力。病毒既要隐蔽又要维持杀伤力，它必须具有可触发性。病毒的触发机制就是用来控制感染和破坏动作的频率的。病毒具有预定的触发条件，这些条件可能是时间、日期、文件类型或某些特定数据等。病毒运行时，触发机制检查预定条件是否满足，如果满足，将启动感染或破坏动作，使病毒进行感染或攻击；如果不满足，使病毒继续潜伏。

4.2.3　计算机病毒的类型

计算机病毒种类繁多，比较常见的病毒有如下几种。

1. 引导区病毒

引导区病毒隐藏在硬盘或软盘的引导区，当计算机从感染了引导区病毒的硬盘或软盘启动，或当计算机从受感染的软盘中读取数据时，引导区病毒就开始发作。一旦它们将自己复制到机器的内存中，马上就会感染其他磁盘的引导区，或通过网络传播到其他计算机上。引导区病毒在进入操作系统之前运行，以获得对计算机的最大控制权，它拥有极大地传染能力和破坏能力。

2. 文件型病毒

文件型病毒是最常见的计算机病毒。它寄生在其他文件中，常常通过对它们的编码加密或使用其他技术来隐藏自己。文件型病毒劫夺用来启动主程序的可执行命令，用做它自身的运行命令。同时还经常将控制权还给主程序，伪装计算机系统正常运行。当我们复制、运行被感染的文件时，病毒会一同被复制、运行。

文件型病毒主要感染扩展名为 COM、EXE、DRV、BIN、OVL、SYS 等可执行文件。文件型病毒种类繁多，大多在 DOS 环境执行，也有在 Windows 环境执行。

3. 复合型病毒

复合型病毒兼有引导区病毒和文件型病毒的特点，它既可以感染引导区，也可以感染正常文件。

4. 宏病毒

宏病毒是利用软件本身所提供的宏功能而设计的病毒，所以凡是具有创建宏的软件都可能被宏病毒感染。常见的宏操作软件有 Word、Excel、Access 等。宏病毒是一种特殊的文件型病毒，它与上述其他病毒不同，不感染程序，只感染宏操作软件。

5. 蠕虫病毒

蠕虫病毒是一种通过间接方式复制自身的非感染型病毒。它利用网络进行复制和传播，传染途径是通过网络和电子邮件。

有些网络蠕虫拦截 E-mail 系统向世界各地发送自己的复制品；有些则出现在高速下载站点中同时使用两种方法与其他技术传播自身。它的传播速度相当惊人，成千上万的病毒感染造成众多邮件服务器先后崩溃，给人们带来难以弥补的损失。

6. 木马病毒

"木马"全称是"特洛伊木马（Trojan Horse）"，原指古希腊士兵藏在木马内进入敌方城市从而占领敌方城市的故事。在 Internet 上，"特洛伊木马"病毒指一些程序设计人员在其可从网络上下载（Download）的应用程序或游戏中，包含了可以控制用户的计算机系统的程序，可能造成用户的系统被破坏甚至瘫痪。

"特洛伊木马"病毒是非感染型病毒，它通常伪装成合法软件，但不进行自我复制。有些木马可以模仿运行环境，收集所需的信息，最常见的木马便是试图窃取用户名和密码的登录窗口，或者试图从众多的 Internet 服务器提供商（ISP）盗窃用户的注册信息和账号信息。

4.2.4　计算机病毒的危害

计算机病毒的主要危害如下。

1．对计算机数据信息的直接破坏作用

大部分病毒在激发的时候直接破坏计算机的重要信息数据，所利用的手段有格式化磁盘、改写文件分配表和目录区、删除重要文件或者用无意义的"垃圾"数据改写文件、破坏 CMO5 设置等。

2．占用磁盘空间

寄生在磁盘上的病毒总要非法占用一部分磁盘空间。一些计算机病毒在传染过程中，虽然不破坏磁盘上的原有数据，但非法侵占了磁盘空间。

3．抢占系统资源

除少数病毒外，大多数病毒在动态下都是常驻内存的，这就必然抢占一部分系统资源。病毒抢占内存，导致内存减少，一部分软件不能运行。除占用内存外，病毒还抢占中断，干扰系统运行。

4．影响计算机运行速度

病毒进驻内存后不但干扰系统运行，还影响计算机速度。因为计算机病毒要在后台对计算机的工作状态进行监、不断地复制和传播自身、执行其他操作任务等，这将导致系统变得缓慢。

5．计算机病毒错误与不可预见的危害

计算机病毒与其他计算机软件的一大差别是病毒的无责任性。编制一个完善的计算机软件需要耗费大量的人力、物力，经过长时间调试完善，软件才能推出。但在病毒编制者看来既没有必要这样做，也不可能这样做。很多计算机病毒都是个别人在一台计算机上匆匆编制调试后就向外抛出。错误病毒的另一个主要来源是变种病毒。有些初学计算机者尚不具备独立编制软件的能力，出于好奇或其他原因修改别人的病毒，造成错误。计算机病毒错误所产生的后果往往是不可预见的。

6．计算机病毒的兼容性对系统运行的影响

兼容性是计算机软件的一项重要指标，兼容性好的软件可以在各种计算机环境下运行，反之兼容性差的软件则对运行条件"挑肥拣瘦"，要求机型和操作系统版本等。病毒的编制者一般不会在各种计算机环境下对病毒进行测试，因此病毒的兼容性较差，常常导致死机。

7．计算机病毒给用户造成严重的心理压力

正是由于计算机可能产生严重的危害，因此，计算机病毒像"幽灵"一样笼罩在广大计算机用户心头，给人们造成巨大的心理压力，极大地影响了现代计算机的使用效率，由此带来的无形损失是难以估量的。

4.2.5　计算机病毒的症状

计算机在感染病毒之后通常表现出一些症状，主要表现在以下几个方面。

1．计算机系统运行速度减慢

因为计算机病毒要在后台不断地复制、传播，或执行其他操作任务，这将极大地占用系统资源，导致系统变得异常缓慢。

2．计算机系统不稳定

当一些文件感染病毒之后，系统变得非常不稳定，会经常出现一些错误提示、自动打开一些程序或网页，异常死机和无故自动重启等。

3．文件异常

文件异常主要是指文件的长度改变、时间和日期变化或消失、文件数目变化、文件扩展名变化、文件属性变化等。

4．磁盘异常

有些病毒会在本地磁盘中不断复制自己，从而导致磁盘容量被大量消耗。在用户没有存取文件或打开程序时，硬盘的指示灯一直亮着或快速闪烁，这也可能是病毒在后台进行磁盘操作。

5．网络异常

用户在没有执行任何网络程序的情况下，如果右下角的网络连接指示灯不断闪烁，或者一直亮着，则有可能感染木马病毒。当网络时好时坏、时断时连，则可能感染了 ARP 病毒或受到 ARP 攻击。计算机自动打开和连接到一些陌生的网站，也可能是感染了病毒。

6．其他症状

当计算机感染病毒后，除了可能出现上面介绍的几种常见症状外，还可能出现：引导速度减慢；计算机屏幕出现异常显示；出现异常声响；磁盘卷标发生变化，或系统不识别硬盘；键盘输入异常，或鼠标操作异常；异常要求输入用户名、密码；Word 和 Excel 等软件提示执行"宏"；一些外部设备工作异常等症状。

4.2.6　计算机病毒的传播途径

计算机病毒的传染性是计算机病毒的最基本特征，是病毒赖以生存和繁殖的条件。计算机病毒的传播主要通过复制文件、文件传送、运行程序等方式进行。复制文件和文件传送需要传输媒介，运行程序则是病毒感染的必然途径，因此，病毒传播与文件传播介质有着密切关系。

计算机病毒一般通过以下 4 种途径进行传播。

1．通过计算机硬件设备和硬盘进行传播

这些设备通常有计算机的专用集成芯片和硬盘等。这种病毒虽然很少，但破坏力很强。另外，带病毒的硬盘可能会移到其他地方使用，硬盘在维修时也可能被病毒传染，因而会造成病毒的传播扩散。

2．通过移动存储设备进行传播

移动存储设备包括光盘、软盘、磁带、U 盘、移动硬盘，等等。光盘和 U 盘是目前使用最广泛的、移动最频繁的移动存储介质。

3．通过网络进行传播

在计算机日益普及的今天，人们通过计算机网络相互传递文件、收发信件、共享资源、下载软件等，这为病毒的传播提出了一条便捷的途径，使病毒通过网络从一个系统快速进入另一个系统，大大加快了病毒传播速度。

目前，网络传播已经成为病毒最主要的传播途径，主要包括电子邮件、网页浏览、BBS 论坛、FTP 文件传输、网络下载、网络聊天工具等。

4．通过无线移动通信系统传播

目前，这种途径还不十分广泛，但随着无线网络的普及，随着手机和其他无线通信设备的日益广泛应用，这种传播将会变得越来越广泛。

4.2.7　计算机病毒的防治

1．计算机病毒的清除

发现计算机感染病毒后，首先要做的就是清除病毒，因为如果继续使用，会使更多的文件遭受破坏。清除感染文件中的病毒代码，使之恢复为可以正常运行的无病毒文件，这个过程称为病毒清除。清除的方法可以是使用简单工具的手工清除，也可以是使用专用工具的自动化清除。手工清除对病毒清除人员的专业素质要求较高，而且清除效率比较低。目前，在大多数情况下，都是使用专用工具病毒清除。

反病毒软件就是流行的专用病毒清除工具，使用它既安全又方便，一般不会破坏系统中的正常数据。优秀的反病毒软件都有友好的使用界面和提示，使用相当方便。通常，反病毒软件只能检测和清除已知的病毒，不能检测出新的病毒或变种的病毒。所以，使用反病毒软件必须不断升级，以便能查杀不断出现的新病毒及变种病毒。另外，较为著名的反病毒软件其实都是检测系统驻留内存，可以随时检测是否有病毒入侵。

目前流行的反病毒软件产品很多，国外的有 Kaspersky（卡巴斯基）、Norton（诺顿）、NOD32、McAfee（迈克菲）、BitDefender（比特梵德）、PC-cillin（趋势 PC 西林）、Avira（小红伞）、AVK、AVG、Avast! 等。国内的有奇虎 360、金山毒霸、江民、瑞星、微点、可牛等。

2．计算机病毒的预防

发现计算机感染病毒后，使用反病毒软件检测和清除病毒是被迫的处理方法，况且有的病毒会永久性地破坏被感染的程序、删除系统文件和用户数据，有时很难恢复。因此，一般来讲，对计算机病毒应该采取"预防为主"的方针，合理、有效地预防计算机病毒对系统的入侵。只要培养良好的预防病毒意识，并充分发挥杀毒软件的防护能力，就完全可以将大部分病毒拒之门外。

对计算机病毒的预防可归纳为以下措施。

① 建立良好的安全习惯。不要轻易打开陌生的电子邮件附件，如果要打开的话，应以纯文本方式阅读信件，收到电子邮件时要先进行病毒扫描，不要随便打开不明电子邮件里携带的附件；不要打开通过 QQ 等传来的陌生文件和网址；不要上一些不了解的网站；不要执行下载后未经杀毒处理的软件。这些必要的习惯会使计算机系统少受病毒攻击更加安全。

② 及时更新系统漏洞补丁。补丁程序能自动修复操作系统存在的安全与漏洞。

③ 安装安全监控软件。实时监控系统运行，随时检测病毒入侵并进行拦截。

④ 安装杀毒软件。安装知名的、正版的、最新的杀毒软件，并及时对杀毒软件升级，能

使计算机受到持续的保护。

　　⑤ 安装防火墙。防火墙能有效地预防木马、黑客攻击以及间谍软件攻击。

　　⑥ 先杀毒、后使用。使用移动存储器（U 盘、移动硬盘等）时要先杀毒、后使用，以防其携带病毒传染计算机。从网上下载任何文件后，一定要先扫描杀毒再运行。

　　⑦ 建立数据备份。对重要的数据要做备份，以免遭到病毒侵害时不能立即恢复，造成不必要的损失。

　　⑧ 定期检查。定期使用杀毒软件对系统进行检查，发现病毒及时进行清理。

　　⑨ 准备系统启动盘，以防治计算机系统被病毒攻击后无法正常启动。

4.3　计算机黑客

4.3.1　黑客

　　"黑客"是英文 Hacker 的音译，原意是指专门研究、发现计算机和网络漏洞的计算机爱好者。他们伴随着计算机和网络的发展而产生、成长。黑客对计算机有着狂热的兴趣和执着的追求，他们不断地研究计算机和网络知识，发现计算机和网络中存在的漏洞，喜欢挑战高难度的网络系统并从中找到漏洞，然后提出解决和修补漏洞的方法。从某种意义上说，他们的出现推动了计算机和网络的发展与完善。

　　但是到了今天，黑客一词已被用于泛指对计算机系统的非法入侵者。对这些人的正确英文叫法是 Cracker，有人也翻译成"骇客"或是"入侵者"，也正是由于入侵者的出现玷污了黑客的声誉，使人们把黑客和入侵者混为一谈。

　　从信息安全的角度来说，多数黑客是非法闯入信息禁区，有可能窃取信息、破坏数据，给网络和计算机系统造成巨大威胁。

4.3.2　攻击手段分类

　　黑客的攻击手段非常多，大致有两种分类方法：第一类分为主动攻击和被动攻击，第二类分为破坏性攻击和非破坏性攻击。

1．主动攻击和被动攻击

　　主动攻击包含攻击者访问他们所需信息的故意行为，攻击者是在主动地做一些不利于计算机系统和网络的事情，主动进行非法数据访问。主动攻击包括拒绝服务攻击、信息篡改、资源使用、欺骗等攻击方法。被动攻击主要是收集信息而不是进行访问。被动攻击包括嗅探、信息收集等攻击方法。主动攻击相对较容易发现，而被动攻击不易察觉。

2．破坏性攻击和非破坏性攻击

　　破坏性攻击是以侵入他人计算机系统、盗窃系统保密信息、破坏目标系统的数据为目的。非破坏性攻击一般是为了扰乱系统的运行，并不盗窃系统资料，通常采用拒绝服务攻击或信息炸弹。

4.3.3　典型的攻击手段

　　为了尽可能地避免受到黑客的攻击，有必要对黑客常用的攻击手段和方法有所认识，这样才能有针对性地加以预防。下面列举几种典型的攻击手段。

1. 密码破解

通过各种手段获取用户的账号和密码，从而取得对系统的控制权。

（1）登录界面攻击法

在被攻击主机上启动一个可执行程序，该程序显示一个伪造的登录界面。当用户在这个伪装的界面上输入登录信息（用户名、密码等）后，程序将用户输入的信息传送到攻击者主机，然后关闭界面给出提示信息"系统故障"，要求用户重新登录。此后，才会出现真正的登录界面。

（2）字典攻击法

这是一种被动攻击。黑客获得系统的口令文件，然后使用暴力破解程序，对照字典中的单词一个一个地进行匹配比较。由于计算机速度很快，匹配的速度也很快，如果用户使用弱口令，可能会在很短的时间破解密码。

2. 网络监听

网络监听又称网络嗅探（Sniffing），是一种被动式攻击手段。网络监听是主机的一种工作模式，在这种模式下，主机可以接受到本网段在同一条物理通道上传输的所有信息，而不管这些信息的发送方和接受方是谁。此时，如果两台主机进行通信的信息没有加密，只要使用某些网络监听工具，就可以轻而易举地截取包括口令和账号在内的信息资料。网络监听黑客使用最多的方法。虽然网络监听获得的用户账号和口令具有一定的局限性，但监听者往往能够获得其所在网段的所有用户账号及口令。

3. 欺骗攻击

欺骗（Spoofing）是一种主动式攻击手段。欺骗攻击是将网络上的某台计算机伪装成另一台不同的主机，目的是欺骗网络中的其他计算机向它发送数据和允许它修改数据。常用的欺骗方式有 IP 欺骗、路由欺骗、DNS 欺骗、ARP 欺骗以及 Web 欺骗。

4. 端口扫描

由于计算机与外界通信都必须通过某个端口才能进行，黑客可以利用一些专门的端口扫描软件对被攻击的计算机进行端口扫描，查看该计算机哪些端口是开放的，由此可以知道该计算机开启了哪些通信服务。例如，FTP 服务使用 21 号端口，Web 服务一般使用 80 端口，25 号端口发送邮件。了解了目标计算机开放的端口以后，黑客一般会通过这些开放的端口发送木马程序，利用木马程序来控制计算机。

5. 寻找系统漏洞

（1）安全漏洞

许多系统都有这样或那样的安全漏洞，其中某些是操作系统或应用软件本身具有的，这些漏洞在补丁未被开发出来之前一般很难防御黑客的破坏。还有一些漏洞是由于系统管理员配置错误引起的。

（2）后门程序

有些程序员设计一些功能复杂的程序时，一般采用模块化的程序设计思想，将整个项目分割为多个功能模块，分别进行设计、调试，这时的后门就是一个模块的秘密入口。在程序开发阶段，后门便于测试、更改和增强模块功能。正常情况下，完成设计之后需要去掉各个模块的后门，不过有时由于疏忽或者其他原因（如将其留在程序中，便于日后访问、测试或维护）后门没有去掉，一些别有用心的人会利用专门的扫描工具发现并利用这些后门，然后进入系统并发动攻击。

4.4　计算机职业道德和安全法规

4.4.1　计算机职业道德规范

在现代信息化社会，计算机的普及和应用改变着人们的行为方式、思维方式。信息可以快速进行传播、信息资源能够广泛共享，信息在给人们的生活带来了极大便利的同时，也引发一些新的问题，比如计算机犯罪、病毒与黑客、知识产权等问题。对于这些问题，除了制定相关法律法规来加强管理，还应该加强计算机职业道德建设。

归纳起来，应注意的道德规范主要有以下几个方面。

1．有关知识产权

1990 年 9 月我国颁布了《中华人民共和国著作权法》，把计算机软件列为享有著作权保护的作品。2001 年 10 月进行了第一次修正，2010 年 2 月进行了第二次修正。

1991 年 6 月我国颁布了《计算机软件保护条例》，2001 年 12 月颁布了新的《计算机软件保护条例》，同时废止原条例，2011 年 1 月进行了第一次修订，2013 年 1 月进行了第二次修订。规定计算机软件是个人或者团体的智力产品，同专利、著作一样受法律的保护任何未经授权的使用、复制都是非法的，按规定要受到法律的制裁。

人们在使用计算机软件或数据时，应遵照国家有关法律规定，尊重其作品的版权，这是使用计算机的基本道德规范。建议人们养成良好的道德规范，具体做到如下几点。

① 使用正版软件，坚决抵制盗版，尊重软件作者的知识产权。

② 不对软件进行非法复制。

③ 不要为了保护自己的软件资源而制造病毒保护程序。

④ 不要擅自篡改他人计算机内的系统信息资源。

2．有关计算机安全

为维护计算机系统的安全，防止病毒的入侵，应该注意以下几点。

① 不要蓄意破坏和损伤他人的计算机系统设备及资源。

② 不要制造病毒程序，不要使用带病毒的软件，更不要有意传播病毒给其他计算机系统（传播带有病毒的软件）。

③ 要采取预防措施，在计算机内安装防病毒软件；要定期检查计算机系统内文件是否有病毒，如发现病毒，应及时用杀毒软件清除。

④ 维护计算机的正常运行，保护计算机系统数据的安全。

⑤ 被授权者对自己享用的资源负有保护责任，口令密码不得泄露给外人。

3．有关网络行为规范

计算机网络对于信息资源的共享起到了巨大的作用，并且蕴藏着无尽的潜能。但是网络的作用不是单一的，在它广泛的积极作用背后，也有使人堕落的陷阱，这些陷阱产生着巨大的反作用。其主要表现在：网络文化的误导，传播暴力、色情内容；网络诱发着不道德和犯罪行为；网络的神秘性"培养"了计算机"黑客"，等等。

各个国家都制定了相应的法律法规，以约束人们使用计算机以及在计算机网络上的行为，我国也制定了一系列相关法律法规。但是，仅仅靠制定法律来制约人们的所有行为是不可能的，也是不实用的。相反，社会依靠道德来规定人们普遍认可的行为规范。在使用计算机时应该抱着诚实的态度、无恶意的行为，并要求自身在智力和道德意识方面取得进步。具体应做到如下几点。

① 不能利用电子邮件作广播型的宣传，这种强加于人的做法会造成别人的信箱充斥无用的信息而影响正常工作。

② 不应该使用他人的计算机资源，除非得到了准许或者做出了补偿。

③ 不应该利用计算机去伤害别人。

④ 不能私自阅读他人的通信文件（如电子邮件），不得私自复制不属于自己的软件资源。

⑤ 不应该到他人的计算机里去窥探，不得蓄意破译别人口令。

4.4.2　国家有关计算机安全的法律法规

为了加强计算机计算机系统的安全保护和国际互联网的管理安全，依法打击即违法犯罪活动，我国在近几年先后制定了一系列有关计算机安全管理面的法律法规和部门规章制度等。经过多年的探索与实践，已经形成了比较完善的行政法规和法律体系，但是随着计算机技术和计算机网络的不断发展与进步，这些法律法规也必须在实践中不断地加以完善和改进。目前，有关计算机信息安全管理的法律法规主要有：

1994 年 2 月 18 日，国务院颁布《中华人民共和国计算机信息系统安全保护条例》。

1996 年 2 月 1 日，国务院颁布《中华人民共和国计算机信息网络国际联网管理暂行规定》（1997 年 5 月 20 日修正）。

1996 年 4 月 9 日，原邮电部颁布《中国公用计算机互联网国际联网管理办法》。

1997 年 12 月 8 日，国务院信息化工作领导小组发布《中华人民共和国计算机信息网络国际联网管理暂行规定实施办法》。

1997 年 12 月 16 日，公安部颁布《计算机信息网络国际联网安全保护管理办法》。

1998 年 2 月 26 日，国家保密局发布《计算机信息系统保密管理暂行规定》。

2000 年 4 月 26 日，公安部颁布《计算机病毒防治管理办法》。

2000 年 12 月 28 日，第九届全国人民代表大会常务委员会第十九次会议通过《全国人大代表大会常务委员会关于维护互联网安全的决定》。

2001 年 12 月 20 日，国务院颁布《计算机软件保护条例》（2011 年 1 月 8 日第一次修订，2013 年 1 月 30 日第二次修订）。

另外，于 1997 年 3 月 14 日第八届全国人民代表大会第五次会议通过的《中华人民共和国刑法》中，针对计算机犯罪给出了相应的规定和处罚。

第二百八十五条　违反国家规定，侵入国家事务、国防建设、尖端科学技术领域的计算机信息系统的，处三年以下有期徒刑或者拘役。

第二百八十六条　违反国家规定，对计算机信息系统功能进行删除、修改、增加、干扰，造成计算机信息系统不能正常运行，后果严重的，处五年以下有期徒刑或者拘役；后果特别严重的，处五年以上有期徒刑。

违反国家规定，对计算机信息系统中存储、处理或者传输的数据和应用程序进行删除、修改、增加的操作，后果严重的，依照前款的规定处罚。

故意制作、传播计算机病毒等破坏性程序，影响计算机系统正常运行，后果严重的，依照第一款的规定处罚。

第二百八十七条　利用计算机实施金融诈骗、盗窃、贪污、挪用公款、窃取国家秘密或者其他犯罪的，依照本法有关规定定罪处罚。

思考与练习

一、选择题

1. 计算机安全不包括以下哪个方面（　　　）。
   - A. 硬件安全
   - B. 软件安全
   - C. 数据安全
   - D. 内存安全

2. 计算机病毒是可以造成计算机故障的（　　　）。
   - A. 一块计算机芯片
   - B. 一种计算机设备
   - C. 一种计算机部件
   - D. 一种计算机程序

3. 计算机病毒的特点是（　　　）。
   - A. 传染性、安全性、易读性
   - B. 传染性、潜伏性、破坏性
   - C. 传染性、易读性、破坏性
   - D. 传染性、安全性、潜伏性

4. 下列说法错误的是（　　　）。
   - A. 计算机病毒会破坏硬件
   - B. 计算机病毒会占用系统资源
   - C. 计算机病毒会破坏网络
   - D. 用杀毒软件可以将计算机病毒彻底清除干净

5. 计算机病毒是计算机系统中一类隐藏在（　　　）上蓄意进行破坏的程序。
   - A. 内存
   - B. 外存
   - C. 传输介质
   - D. 网络

二、填空题

1. 从计算机安全定义可看出，计算机安全涉及_____、_____、数据安全。
2. 信息安全的 5 个基本属性是：_____、_____、_____、可控性、可审查性。
3. 计算机面临的威胁包括：_____、_____、数据安全威胁。
4. 感染扩展名为 COM、EXE 文件的病毒是_____型病毒。
5. 感染 Word、Excel 的病毒是_____病毒。

三、简答题

1. 计算机安全的定义。
2. 什么是计算机病毒？
3. 比较常见的计算机病毒有哪些类型？
4. 如何防治计算机病毒？
5. 目前流行的反病毒软件产品都有哪些功能？有何特点？
6. 黑客有哪些常用攻击手段？
7. 我国颁布了哪几部有关软件保护的法律法规？
8. 我国颁布了哪几部有关计算机信息安全管理的法律法规？

四、操作题

1. 在计算机上安装一款杀毒软件。
2. 用杀毒软件在计算机上查毒。
3. 依据《计算机软件保护条例》，查找软件著作权人享有哪些权利。

下篇　实践操作篇

第 5 章　Windows 7 操作系统

　　操作系统是现代计算机必不可少的系统软件，是计算机正常运行的指挥中心。实际上，操作系统是一组程序，用于统一管理计算机系统中的各种软件资源和硬件资源，合理地组织计算机的工作流程，协调计算机系统的各部分工作，为用户提供操作界面。

　　Windows 7 是 Microsoft 公司继 Windows XP、Vista 之后的操作系统，它比 Vista 性能更高、启动更快、兼容性更强，具有很多新特性和优点，比如提高了屏幕触控支持和手写识别，支持虚拟硬盘，改善了多内核处理器，改善了开机速度和内核等。本章将通过 3 个典型案例介绍 Windows 7 的桌面定制、文件管理以及管理与控制，加深读者对 Windows 7 的认识，使读者在使用 Windows 7 的过程中更加得心应手，效率更高。

5.1　Windows 7 入门操作——桌面定制

5.1.1　"桌面定制"案例分析

1. 任务的提出

　　小宋在使用了一段时间计算机后，觉得计算机上的桌面背景过于单调，而且和其他人的计算机桌面背景是一样的，于是想修改自己的桌面背景，定制个性化的桌面。

2. 解决方案

　　小宋所遇到的问题很普遍。为了能够更好地使用 Windows 7，用户可以根据自己的使用习惯和工作需要对运行环境进行设置。小宋的想法可以借助于 Windows 7 所提供的更换桌面背景和自定义桌面功能来实现。

5.1.2　相关知识点

　　桌面是 Windows 操作系统的主界面，如图 5-1 所示。

1. 桌面背景

　　桌面背景就像办公桌上的桌布。Windows 7 提供了许多好看的图片，用户可以将自己喜欢的图片设置为背景画面。

2. 桌面图标

　　桌面上的图标类似于图书馆中的图书标签。通过图书标签读者可以方便地找到并打开自己需要的图书。每个图标代表一个程序、文件或文件夹。双击某个图标，即可启动相应的程序或打开相应的文件或文件夹。这些图标并不是一开始就有的，第一次登录系统时，只在桌面右下角显示"回收站"图标，其他图标是用户手动添加或在程序安装时自动生成的。

图 5-1　Windows 7 的桌面

3．任务栏

任务栏位于桌面的最底端，在系统运行期间总是可见的，也可以将其隐藏。通过任务栏可以启动和切换系统中所打开的应用程序，观察系统的各种状态，使用系统提供的各种输入法等。任务栏主要由"开始"按钮、快速启动区、任务按钮区、语言栏和通知区域 5 部分组成，如图 5-2 所示。

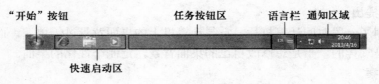

图 5-2　任务栏

（1）"开始"按钮

"开始"按钮的结构由以下部分组成：左窗格、右窗格、用户图标、搜索框、系统关闭工具。通过"开始"按钮可以启动系统提供的所有功能。

（2）快速启动区

快速启动区位于"开始"按钮右侧，用于放置常用程序的快捷方式图标，以方便快速启动常用程序。

（3）任务按钮区

在 Windows 7 中每打开一个窗口，在任务按钮区中都将显示一个对应的任务按钮，当在 Windows 7 中打开多个窗口时，单击相应的任务按钮可进行当前显示窗口的切换。

（4）语言栏

语言栏是一个浮动的工具栏，默认情况下位于任务栏的上方，最小化后位于任务栏的通知区域左侧，它总是位于当前所有窗口的最前面，以便用户快速选择所需的输入法。其默认状态为图标，表示目前正处于英文输入法状态，单击图标，在弹出的菜单中可选择其他输入法。单击语言栏右侧的最小化按钮■，可将其嵌入到任务栏中。

（5）通知区域

通知区域位于任务栏的最右侧，包括时钟、输入法、音量以及一些告知特定程序和计算机设置状态的图标。为了减少混乱，在一段时间内没有使用的图标，Windows 7 会将其隐藏在通知区域中，如果想要查看被隐藏的图标，可以单击"显示隐藏的图标"按钮临时显示隐藏的图标，如图 5-3 所示。

图 5-3　显示隐藏的图标

任务 5-1　桌面定制

在 Windows 7 中，用户可以根据自己的喜好改变桌面的设置，如桌面背景、屏幕保护、窗口颜色屏幕分辨率等。

1．设置桌面背景

用户可以选择单一的颜色作为桌面的背景，也可以选择 BMP、JPG 等格式的文件作为桌面的背景图片。设置桌面背景的操作步骤如下。

① 在桌面空白处右击，在弹出的快捷菜单中选择"个性化"命令，打开"个性化"窗口，单击"桌面背景"按钮，打开"桌面背景"窗口，如图 5-4 所示。

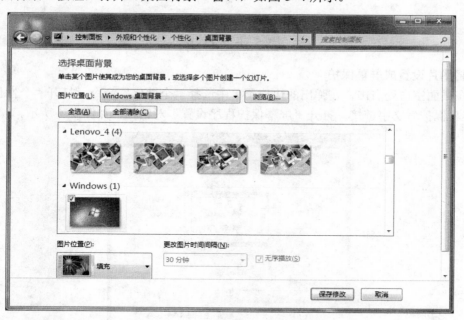

图 5-4　"桌面背景"窗口

② 单击上方的"图片位置"下拉按钮，在弹出的下拉列表框中列出了 4 个系统默认的图片存放位置。选择"Windows 桌面背景"选项，在列表框中选择一幅图片作为背景图片即可。单击下方的"图片位置"下拉按钮，在下拉列表框中提供了 5 种显示方式，从中选择适合自己的选项，这里选择"填充"选项。

③ 完成背景的设置，单击"保存修改"按钮，系统会自动返回到"个性化"窗口，在"我的主题"列表框中会出现一个未保存的主题，单击"保存主题"链接，弹出"将主题另存为"对话框，在"主题名称"文本框中输入主题名称，如图 5-5 所示，单击"保存"按钮。关闭"个性化"窗口，此时可以看到桌面背景已经更改为刚才设置的图片。

图 5-5　保存主题窗口

2. 将图片设置成屏幕保护

① 在桌面空白处右击，在弹出的快捷菜单中选择"个性化"命令，打开"个性化"窗口，单击"屏幕保护"文字链接，打开"屏幕保护程序设置"对话框，如图 5-6 所示。

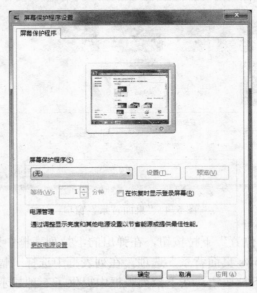

图 5-6　"屏幕保护程序设置"对话框

② 在"屏幕保护程序"下拉列表框中选中"照片"选项，然后单击"预览"按钮，查看预览效果。

③ 除了放在"照片"文件夹下的图片可以作为屏幕保护外，还可以指定其他目录下的图片作为屏幕保护。在"屏幕保护程序"下拉列表框中选中"照片"选项，单击"设置"按钮，打开"照片屏幕保护程序设置"对话框，如图 5-7 所示；单击"浏览"按钮，在弹出的"浏览文件夹"对话框中选择另外一个存放图片的目录，如图 5-8 所示；单击"确定"按钮，最后单击"保存"按钮返回"屏幕保护程序设置"对话框。

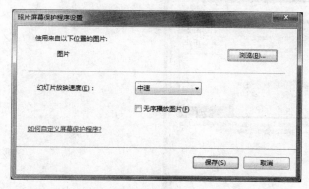

图 5-7　"照片屏幕保护程序设置"对话框

图 5-8　"浏览文件夹"对话框

④ 在"屏幕保护程序设置"对话框中的"等待"数值框中设置等待时间为 10 分钟。

⑤ 若选中"在恢复时显示登录屏幕"复选框，当过了等待的时间不触动鼠标和键盘时，屏幕保护程序会自动启动，此时必须输入正确的用户密码才能解除锁定。

⑥ 设置完毕后，单击"确定"按钮。

3．设置窗口颜色

① 在桌面空白处右击，在弹出的快捷菜单中选择"个性化"命令，弹出"个性化"窗口，单击"窗口颜色"文字链接，打开"窗口颜色和外观"窗口，如图 5-9 所示。

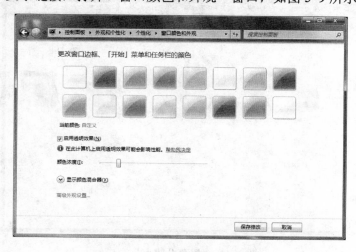

图 5-9　"窗口颜色和外观"窗口

② 在"窗口颜色和外观"窗口中选择需要设置的颜色，并选中"启用透明效果"复选框。

③ 如果需要对"窗口"、"边框填充"和"标题和按钮"等项目单独进行设置，可以单击"高级外观设置"文字链接，弹出"窗口颜色和外观"对话框，如图5-10所示，用户可以在"项目"下拉列表框中选择需要设置的项目，在"颜色"下拉列表框中选择需要设置的颜色，单击"确定"按钮返回"窗口颜色和外观"对话框，并单击"保存修改"按钮。

图 5-10　"窗口颜色和外观"对话框

4. 设置屏幕分辨率

合理设置屏幕分辨率，有利于提高显示效果。设置分辨率的方法如下：

① 在桌面空白处右击，在弹出的快捷菜单中选择"个性化"命令，弹出"个性化"窗口，单击"屏幕分辨率"文字链接，弹出"屏幕分辨率"窗口，如图5-11所示。

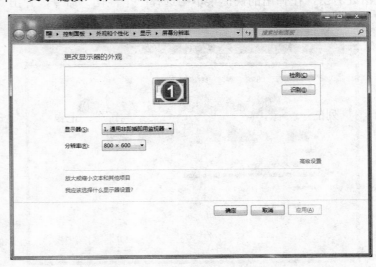

图 5-11　"屏幕分辨率"窗口

②　在"屏幕分辨率"窗口的"分辨率"下拉列表框中通过拖动滑块可以调整分辨率，分辨率越高，在屏幕上显示的信息越多，画面就越逼真。单击"高级设置"文字链接，弹出"通用非即插即用监视器"对话框，选择"监视器"选项卡，如图 5-12 所示。

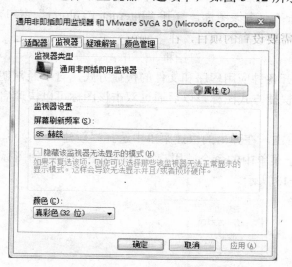

图 5-12　"监视器"选项卡

③　在"屏幕刷新频率"下拉列表框中选择需要设置的刷新频率。在"颜色"下拉列表框中有"增强色（16 位）"和"真彩色（32 位）"两种选择。显卡所支持的颜色质量位数越高，显示画面的质量越好。用户在进行调整时，要注意自己的显卡配置是否支持高分辨率，如果盲目调整，可能会导致系统无法正常运行。

④　在"适配器"选项卡中，显示了显示适配器的类型及其他相关信息，包括芯片类型、内存大小等。单击"属性"按钮，弹出"适配器属性"对话框，用户可以在此查看适配器的使用情况，还可以进行驱动程序的更新。

⑤　在"通用非即插即用监视器"对话框中单击"确定"按钮，返回"屏幕分辨率"窗口，单击"确定"按钮。

任务 5-2　定制桌面项目

图标是在桌面上排列的小图像，包含图形、说明文字两部分，把鼠标放在图标上停留片刻，就会出现对图标所表示内容的说明或者是文件存放的路径，双击图标就可以打开相应的内容。下面列出了一些桌面上常用的图标。

①　我的文档：双击该图标，可打开"我的文档"窗口，可以保存信件、报告和其他文档。它是系统默认的文档保存位置。

②　计算机：双击该图标，打开"计算机"窗口，在此可以实现对计算机硬盘驱动器、文件夹和文件的管理，用户可以访问连接到计算机的硬盘驱动器、照相机、扫描仪和其他硬件以及相关信息。

③　网络：双击该图标，打开"网络"窗口，在其中可以设置网络连接或访问网络上其他

计算机中的共享文件夹。

④ 回收站：双击该图标，打开"回收站"窗口，其中暂时存放着用户已经删除的文件或文件夹等信息。如果没有清空回收站，可以从中还原删除的文件或文件夹。

⑤ Internet Explorer：双击该图标，打开"Internet Explorer"窗口，在此可以浏览 Internet 上的信息，访问 Internet 的网络资源。

1．创建桌面图标

桌面上的图标是打开各种应用程序和文件的快捷方式，对于经常使用的应用程序和文件，用户可以在桌面创建其快捷方式图标，以后通过双击该图标可以快速启动该项目。创建桌面图标的操作步骤如下。

① 在桌面空白处右击，在弹出的快捷菜单中选择"新建"子菜单。

② 利用"新建"子菜单中的命令，用户可以创建各种形式的图标，如文件夹、快捷方式和文本文档等，如图 5-13 所示。

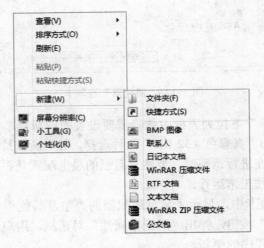

图 5-13　"新建"子菜单

③ 选择所要创建的命令后，在桌面上会生成相应的图标，用户可以对它进行重命名以便于识别。在弹出的快捷菜单中选择"新建"→"快捷方式"命令后，会弹出"创建快捷方式"对话框，帮助用户创建本地或网络程序、文件、文件夹、计算机或 Internet 地址的快捷方式。在"请键入对象的位置"文本框中输入项目的路径，或单击"浏览"按钮，在打开的"浏览文件或文件夹"对话框中选择快捷方式的目标，单击"确定"按钮后，即可在桌面上建立相应的快捷方式。

2．排列图标

用户在桌面上创建了多个图标后，如果不对其进行排列，会显得非常凌乱，不利于用户查找所需项目，用时也影响视觉效果。使用排列图标命令，可以使桌面上的图标看上去整洁而富有条理。

要对桌面上的图标进行位置调整，可以在桌面空白处右击，在弹出的快捷菜单中选择"排序方式"命令，选择按"名称"、"大小"、"项目类型"和"修改日期"等方式进行图标排列，如图 5-14 所示。

① 名称：按图标名称的首字母或拼音顺序进行排列。

② 大小：按图标所代表文件的大小顺序进行排列。

③ 项目类型：按图标所代表的文件类型进行排列。

④ 修改日期：按图标所代表文件的最后一次修改时间进行排列。

　　默认情况下，图标是成行成列排列的，并且与网格对齐。若用户需要将图标拖动到桌面任意位置时，需要在桌面空白处右击，在弹出的快捷菜单中选择"查看"命令后，取消选择"将图标与网格对齐"命令，如图 5-15 所示。

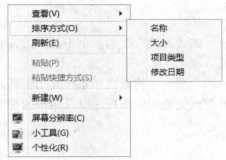
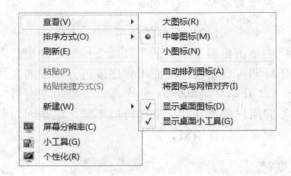

图 5-14　排列图标命令　　　　　　　　图 5-15　取消选择将图标与网格对齐

　　当用户选择"排序方式"命令中的相应排序方式后，在该排序方式左侧会出现"·"标记，说明该排序方式被选中；再次选择该命令后，"·"标记消失，表明取消了此排序方式。

　　当用户取消了"显示桌面图标"命令前的"√"标记后，桌面上将不显示任何图标。

3. 更改桌面图标

　　在桌面空白处右击，在弹出的快捷菜单中选择"个性化"命令，弹出"个性化"窗口，单击"更改桌面图标"文字链接，打开"桌面图标设置"对话框，如图 5-16 所示。

图 5-16　"桌面图标设置"对话框

用户可以根据自己的喜好选择哪些图标在桌面上显示。在"桌面图标"选项组中可以通过复选框来决定相应的桌面图标是否显示在桌面上。

用户可以对桌面图标进行更改，选中需要更改的桌面图标后，单击"更改图标"按钮，弹出"更改图标"对话框，如图 5-17 所示。

用户可以在"从以下列表中选择一个图标"列表框中选择自己所喜爱的图标，也可以单击"浏览"按钮，在弹出的"更改图标"对话框中进一步查找自己喜爱的图标。当选定图标后，单击"确定"按钮，即可应用所选图标。

任务 5-3　用户界面操作

1. "开始"菜单的使用

单击桌面左下角的"开始"按钮，弹出如图 5-18 所示的"开始"菜单，单击其中的某个图标即可启动相应的应用程序或打开相应的文件或文件夹。

"开始"菜单分为 5 个区，分别为左窗格、右窗格、用户图标、搜索框和系统关闭工具。不同用户的"开始"菜单可能不同，这是因为菜单会随着系统安装的应用程序以及用户的使用情况自动进行调整。

图 5-17　"更改图标"对话框

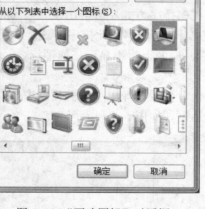

图 5-18　"开始"菜单

① 左窗格：用于显示计算机上已经安装的程序。

② 右窗格：提供了对常用文件夹、文件、设置和其他功能访问的链接，如图片、文档、音乐、控制面板等。

③ 用户图标：代表当前登录系统的用户。单击该图标，将打开"用户账户"窗口，以便进行用户设置。

④ 搜索框：输入搜索关键词，单击"搜索"按钮即可在系统中查找相应的程序或文件。

⑤ 系统关闭工具：其中包括一组工具，可以锁定、关闭或重新启动计算机，也可以注销或切换用户，还可以使系统休眠或睡眠。

2．锁定任务栏

为防止用户随意更改任务栏设置，Windows 7 提供了锁定任务栏功能。锁定任务栏后，任务栏不能被随意移动或改变大小。

（1）锁定任务栏

用户在任务栏上的任务按钮区右击，在弹出的快捷菜单中选择"属性"命令，打开"任务栏和「开始」菜单属性"对话框，选择"任务栏"选项卡，如图 5-19 所示。

在"任务栏外观"选项组中选中"锁定任务栏"复选框。也可在任务栏上的任务按钮区右击，在弹出的快捷菜单中选择"锁定任务栏"选项，该选项前出现"√"标记，表明任务栏已处在锁定状态，如图 5-20 所示。

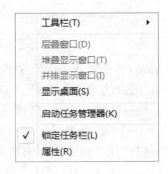

图 5-19　"任务栏"选项卡　　　　　图 5-20　锁定任务栏

（2）解锁任务栏

在"任务栏"选项卡中取消选中"锁定任务栏"复选框，单击"应用"或"确定"按钮。也可以在任务栏上的任务按钮区右击，在弹出的快捷菜单中选择"锁定任务栏"选项，清除该选项前的"√"标记，表明已解除对任务栏的锁定。

3．自动隐藏任务栏

自动隐藏任务栏，在不对任务栏进行操作时，任务栏自动消失。当用户需要使用任务栏时，可将鼠标移动到任务栏位置，任务栏将自动显示。

打开"任务栏和「开始」菜单属性"对话框，选择"任务栏"选项卡，选中"自动隐藏任务栏"复选框，单击"应用"或"确定"按钮。

4．窗口

每次打开一个应用程序或文件、文件夹后，屏幕上出现的一个长方形的区域就是窗口。窗口是 Windows 7 操作系统中最为重要的对象之一，是用户与计算机进行交流的场所。下面以"计算机"窗口为例，介绍窗口的组成，如图 5-21 所示。

前进/后退　　　地址栏　　　　　　　　　搜索栏　　控制按钮

菜单栏
工具栏

滚动条

导航窗格

详细信息面板

窗口边框

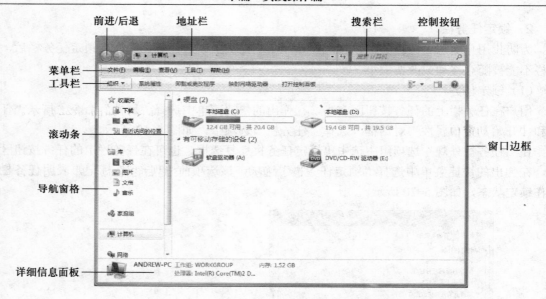

图 5-21　"计算机"窗口

在 Windows 7 中打开一个程序、文件或文件夹时都将打开对应的窗口。虽然窗口的样式多种多样，但其组成结构大致相同。"计算机"窗口主要包含以下几部分。

① 地址栏：在地址栏中可以看到当前打开窗口在计算机或网络上的位置。在地址栏中输入文件路径后，单击 ▶ 按钮，即可打开相应的文件。

② 搜索栏：在"搜索"框中输入关键词筛选出基于文件名和文件自身的文本、标记以及其他文件属性，可以在当前文件夹及其所有子文件夹中进行文件或文件夹的查找。搜索的结果将显示在文件列表中。

③ 前进和后退按钮：使用"前进"和"后退"按钮可以导航到曾经打开的其他文件夹，而无须关闭当前窗口。这些按钮可与"地址"栏配合使用，例如，使用地址栏更改文件夹后，可以使用"后退"按钮返回到原来的文件夹。

④ 菜单栏：显示应用程序的菜单选项。单击每个菜单选项可以打开相应的子菜单，从中可以选择需要的操作命令。

⑤ 工具栏：提供一些工具按钮，可以直接单击这些按钮来完成相应的操作，以加快操作速度。

⑥ 控制按钮：提供窗口的最小化、最大化、还原和关闭等操作。

⑦ 窗口边框：用于标识窗口的边界。用户可以用鼠标拖动窗口边框以调节窗口的大小。

⑧ 导航窗格：用于显示所选对象中包含的可展开的文件夹列表，以及收藏夹链接和保存的搜索。通过导航窗格，可以直接导航到所需文件的文件夹。

⑨ 滚动条：拖动滚动条可以显示隐藏在窗口中的内容。

⑩ 详细信息面板：用于显示与所选对象关联的最常见的属性。

5. 窗口操作

窗口操作在 Windows 系统中是很重要的，不仅可以通过鼠标使用窗口上的各种命令来操作，而且可以通过键盘使用快捷键来进行操作。窗口的基本操作包括打开、缩放和移动等。

（1）打开窗口

要打开一个窗口，可以通过下面两种方式来实现。

① 选中要打开窗口的图标，双击打开。

② 在选中的图标上右击，在弹出的快捷菜单中选择"打开"命令，如图 5-22 所示。

（2）移动窗口

用户在打开一个窗口后，不但可以通过鼠标来移动窗口，而且可以通过鼠标和键盘的共同配合来完成操作。在标题栏上按住鼠标左键后拖动到合适的位置后再松开，即可完成移动的操作。

如果需要精确地移动窗口，可以在标题栏上右击，在弹出的快捷菜单中选择"移动"命令，当屏幕上出现 ✛ 标记时，再通过键盘上的方向键来移动，当移动到合适位置后，单击或者按<Enter>键进行确认，如图 5-23 所示。

图 5-22　快捷菜单

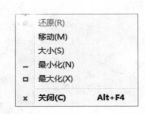

图 5-23　快捷菜单

（3）缩放窗口

窗口不但可以移动到桌面上的任意位置，而且还可以随意改变大小将其调整到合适的尺寸。

① 若只需要改变窗口的宽度，可以将鼠标移动到窗口的垂直边框上，当鼠标指针变成双向箭头时拖动鼠标，左右移动边框改变窗口大小。如果只需要改变窗口的高度，可以将鼠标移动到窗口的水平边框上，当鼠标指针变成双向箭头时拖动鼠标，上下移动边框改变窗口大小。当需要对窗口进行等比缩放时，可以将鼠标移动到窗口的任意一个角落，当鼠标指针变成斜向双向箭头时拖动鼠标，可沿水平和垂直两个方向等比例放大或缩小窗口。

② 上述操作也可以用鼠标和键盘的共同配合来完成。在标题栏上右击，在弹出的快捷菜单中选择"大小"命令，屏幕上出现 ✛ 标记时，通过键盘上的方向键来调整窗口的高度和宽度，调整至合适大小时单击或者按<Enter>键结束。

（4）最大化、最小化窗口

在对窗口进行操作的过程中，可以根据自己的需要对窗口进行最小化、最大化等操作。

① "最小化"按钮：当暂时不需要对窗口操作时，可以将窗口最小化以节省桌面空间，在标题栏上单击此按钮，窗口会以按钮的形式隐藏到任务栏中。

② "最大化"按钮：窗口最大化时铺满整个桌面，此时不能再对窗口进行移动或缩放。在标题栏上单击此按钮，即可使窗口最大化。

③ "还原"按钮：当窗口最大化后想恢复到原先打开时的初始状态，可以通过单击此按钮来对窗口进行还原。

在窗口标题栏上双击可以进行窗口最大化和窗口还原两种状态的切换。每个窗口标题栏的左方都会有一个表示当前程序或者文件特征的控制菜单按钮，单击此按钮即可打开控制菜单。该控制菜单与在窗口标题栏上右击弹出的快捷菜单的内容是一样的，如图 5-24 所示。

（5）切换窗口

当用户打开多个窗口，需要在多个窗口之间进行切换时，可以通过以下几种方式进行切换。

① 当窗口处于最小化状态时，在任务栏上选择所要操作窗口的按钮，单击即可完成切换。当窗口处于非最小化状态时，可以在所选窗口的任意位置单击，当标题栏的颜色变深时，表明已完成对窗口的切换。

② 按<Alt+Tab>组合键，屏幕上会出现切换任务栏，在其中列出了当前正在运行的窗口，用户可以按住<Alt>键，然后按<Tab>键从"切换任务栏"中选择所需打开的窗口，最后松开<Alt>键，如图 5-25 所示。

图 5-24　控制菜单

图 5-25　切换任务栏

（6）关闭窗口

用户完成对窗口的操作后，对窗口进行关闭可以采用以下几种方式。

① 直接在标题栏上单击"关闭"按钮。

② 双击控制菜单按钮。

③ 单击控制菜单按钮，在弹出的控制菜单中选择"关闭"命令。

④ 使用<Alt+F4>组合键来关闭窗口。

如果打开的窗口是应用程序，选择"文件"→"关闭"菜单命令，即可关闭窗口。如果所要关闭的窗口处于最小化状态，可以在任务栏上对该窗口按钮进行右击，在弹出的快捷菜单中选择"关闭"命令。

在关闭窗口之前要保存所编辑的文件，如果忘记保存，当执行关闭窗口命令后，会弹出一个对话框，询问是否要保存所做的修改，单击"是"按钮将对其进行保存后关闭窗口，单击"否"按钮将不对其进行保存，直接关闭窗口；单击"取消"按钮则关闭询问对话框，对窗口不进行操作，用户可以继续使用该窗口。

5.1.3　案例总结

本节通过 3 个工作任务分别介绍了设置"开始"按钮、设置任务栏、窗口操作、对话框设置、定制桌面等 Windows 7 的基本操作。现将本节的重点知识归纳如下。

1．Windows 桌面的定制

① 设置界面：右击桌面空白处，在弹出的快捷菜单中选择"个性化"菜单，在打开的对话框的"更改计算机上的视觉效果和声音"列表框中选择需要的主题。

② 桌面背景设置：打开"个性化"窗口，选择"桌面背景"命令，在"图片位置"下拉列表框中选择背景桌面文件所在的位置，并选择相应的图片，单击"保存修改"按钮。

- 使用"浏览"按钮，可在打开的对话框中选择合适的图片文件作为墙纸。
- 图片位置有"填充"、"适应"、"拉伸"、"平铺"和"居中"5 种选择。

③ 屏幕保护：打开"个性化"窗口，选择"屏幕保护程序"命令，打开"屏幕保护设置"对话框，在"屏幕保护程序"下拉列表框中选择需要设置的屏幕保护程序，单击"确定"按钮。

- 可设置等待时间（最小 1 分钟）。
- 可使用密码保护。

2．Windows 窗口操作

窗口是 Windows 7 操作系统中的重要对象，需要了解 Windows 7 操作系统的窗口组成以及窗口菜单的使用方法，熟练掌握窗口的一些基础操作，如打开与关闭窗口、改变窗口大小、多窗口切换等。

5.2　Windows 7 基本操作——文件管理

文件管理是 Windows 7 操作系统提供的重要功能，为用户使用计算机对文件进行有序管理提供了形象直观、简单方便的操作环境。

5.2.1　"文件管理"案例分析

1．任务的提出

小宋是毕业班的学生，毕业前要撰写毕业论文，同时还要撰写就业自荐书。一开始他把这些文件随意存放在计算机中。随着毕业论文撰写的不断深入，素材越来越多，与就业自荐书等相关的文件也很多，加上计算机中原有的游戏、娱乐等文件，有时很难找到毕业论文的文件。因此，他希望能够对计算机中的这些文件进行有序的管理。

2．解决方案

文件杂乱无章的存放会给用户查找文件带来不便，也有可能引起一些误操作，造成数据丢失。在使用计算机时，应该按照合理的结构对计算机中的文件和文件夹进行规划，并分类存放不同的文件，同时对重要的文件进行备份。小宋按如图 5-26 所示的参考目录结构整理了计算机上的文件和文件夹后，查找自己需要的文件就方便多了。

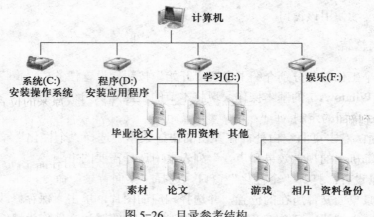

图 5-26　目录参考结构

5.2.2　相关知识点

1．文件

文件是指存储在计算机系统中的一组信息的组合，是计算机系统中最小的组织单位。在计算机中，文件包含的信息范围很广，平时用户操作的文档、执行的程序以及其他所有软件资源都属于文件。文件中可以存放文本、数据和图片等信息。

像人的名字一样，文件也有自己的名字，即文件名。每一个文件名都由主名和扩展名两部分组成，两者之间用一个圆点（分隔符"."）隔开，其中主名用于表明文件的名字，扩展名用来表明文件的类型。例如，"经典文档.doc"中"经典文档"是主名，"doc"是扩展名，说明此文件是 Microsoft Word 文档，主名和扩展名中有分隔符"."。在默认情况下，扩展名一般都是隐藏的。

文件的扩展名说明了文件特定的类型，是不可改变的，而文件名是用户给文件的命名，可以随时改变。Windows 下常见的文件类型如表 5-1 所示。

表 5-1　Windows 下常见的文件类型

扩展名	说　　明	扩展名	说　　明
exe	可执行文件	sys	系统文件
com	命令文件	zip	压缩文件
htm	网页文件	doc	Word 文档
txt	文本文件	c	C 语言源程序
bmp	图像文件	pdf	Adobe Acrobat 文档
swf	Flash 文件	wav	音频文件
java	Java 语言源程序	rmvb	视频文件

2．文件夹

文件夹也称为目录，是专门存放文件的场所，即文件的集合。用户可以将相关的文件存放在同一文件夹中，让整个计算机中的内容井井有条，便于进行管理。文件夹中可以存放文档、程序及链接文件等，也可以存放其他文件夹、磁盘驱动器和计算机等。与文件相比，文件夹没有扩展名，由一个图标和文件夹名组成。

3．复制、移动和删除

复制文件或文件夹操作是指将选定的文件或文件夹（源），从原来的位置复制到另一个新的位置（目标），被复制到新位置的文件或文件夹名称和内容与原来的文件或文件夹相同。

移动文件或文件夹操作是指将选定的文件或文件夹（源），从原来的位置移动到新的位置（目标），被移动到新位置的文件或文件夹名称和内容与原来的文件或文件夹相同，但原位置的文件或文件夹消失了。

当文件或文件夹已经没有任何作用时，应及时删除，避免占用存储空间。

4．回收站

回收站主要用来存放用户临时删除的文件。用户删除资料文件一开始并没有真正地从计算机中删除，而只是做了一个标记，表明该文件为已删除，这样在原来的位置就看不到该文件，在回收站中可以看到该文件。若发现刚删除的文件是误删除，可以到回收站中对文件进行还原。如果清空了回收站，文件就从计算机上彻底删除了。

5．剪贴板

剪贴板是内存中的一块区域，是 Windows 内置的一个非常有用的工具，通过剪贴板架起的一座桥梁，使得各种应用程序之间传递和共享信息成为可能。剪贴板只能保留一份数据，每当有新的数据传入，旧的数据便会被覆盖。

6．快捷方式

快捷方式是 Windows 提供的一种快速启动程序、打开文件或文件夹的方法。是应用程序的快速链接。快捷方式实际上是源文件或外部设备的一个映像文件，通过它可以访问到所对应的源文件或外部设备。

7．资源搜索

Windows 7 提供了功能强大的查找功能，可以快捷、高效地查找文件或文件夹。可以通过文件名、文件修改时间、文件大小和文件类型等进行文件搜索。

8．网络和共享中心

通过网络和共享中心，可以非常方便、快捷地在计算机之间共享文件资料。

任务 5-4　浏览文件和文件夹

1．查看文件和文件夹

用户在使用计算机时，经常需要浏览文件和文件夹。Windows 7 提供了图标、列表、详细信息、平铺和内容共 5 种方式，便于用户在不同视图下浏览。用户可以通过"查看"菜单命令或右击快捷菜单在这几种视图间进行切换，如图 5-27 所示。

（1）图标

以图标方式显示文件和文件夹，包括小图标、中等图标和超大图标。小图标视图以行列方式显示文件和文件夹，其优点在于名称显示在图标下方；中等图标、大图标和超大图标主要的优点是非常适合查看图片文件。如果文件夹中包含图片文件，则可以显示前 4 个图片效果；若图片位于要查看的盘符或文件夹下，则可以预览其所有效果，如图 5-28 所示。

图 5-27　选择文件或文件夹的查看方式

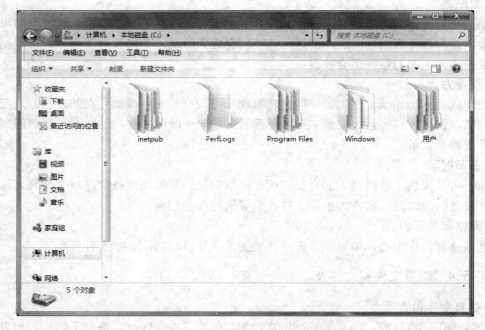

图 5-28　图标查看方式

（2）列表

以列表方式显示文件及文件夹，在该视图的当前窗口中可以显示大量的文件及文件夹，而且还可以通过拖动滚动条显示其余的文件及文件夹，从而节省查看时间，如图 5-29 所示。

（3）详细信息

以详细信息方式显示时，系统将列出文件和文件夹的一些详细信息，包括名称、修改日期、类型和大小，如图 5-30 所示。

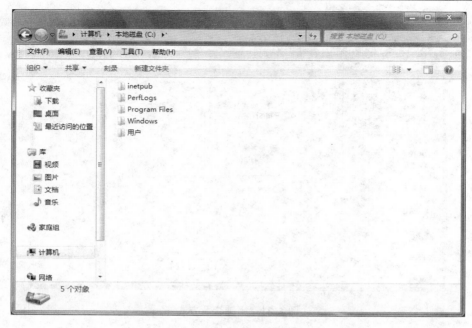

图 5-29　列表查看方式

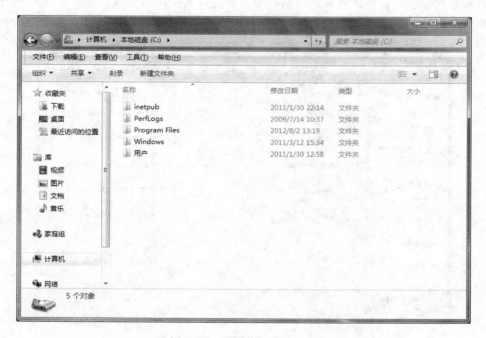

图 5-30　详细信息查看方式

（4）平铺

以平铺方式显示文件及文件夹的优点在于它可以比图标方式显示更多的文件及文件夹，而且可以显示文件的大小信息及属性类型，如图 5-31 所示。

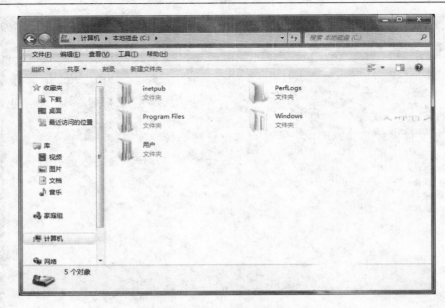

图 5-31　平铺查看方式

（5）内容

以内容方式显示时，系统将显示出所有文件及文件夹的所有修改日期，方便用户查看文件及文件的修改记录，如图 5-32 所示。

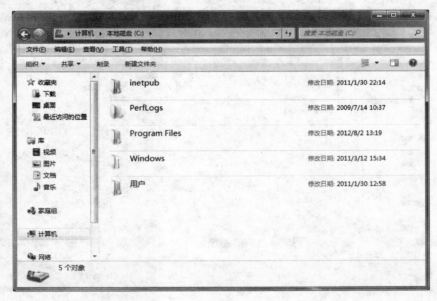

图 5-32　内容查看方式

2．显示隐藏文件

默认情况下，Windows 7 不显示隐藏文件，但是如果需要对隐藏文件进行操作时，就必须将其显示出来。

打开资源管理器，单击工具栏中的"组织"按钮，在弹出的下拉菜单中选择"文件夹和搜索选项"命令，弹出"文件夹选项"对话框，选择"查看"选项卡，在"高级设置"列表框中选择"显示隐藏的文件、文件夹或驱动器"单选按钮，如图 5-33 所示。单击"确定"按钮，返回窗口后即可看到原来隐藏的文件。

3. 排列文件和文件夹

当文件或文件夹较多时，用户可通过对其进行排列，快速查找所需的文件或文件夹。在文件夹窗口的空白处右击，在弹出的快捷菜单中选择"排序方式"命令，选择具体的排序方式，如图 5-34 所示。

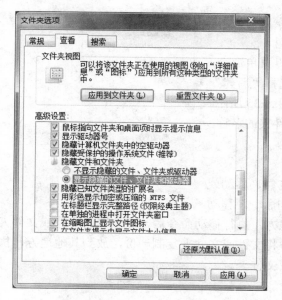

图 5-33 显示隐藏文件

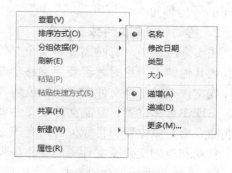

图 5-34 文件夹排序

① 名称：选择此排序方式，文件夹中的对象会以名称的先后顺序进行排序。若是英文名字，则按照英文字母的顺序排序；若是汉字名字，则按照汉字的拼音字母顺序排序；若汉字和英文名字同时存在，英文名字默认排列在汉字名字前。该方式方便用户查找某一特定名称的文件。

② 修改日期：选择此排序方式，文件夹中的对象会以修改时间的先后顺序排列。该方式方便用户查找某一特定时间创建或修改过的文件。

③ 类型：选择此排序方式，文件夹中的对象会以文件类型进行排列，即将相同扩展名的文件放在一起，以扩展名中英文字母的先后顺序归类排列。该方式便于用户查找某个特定类型的文件。

④ 大小：选择此排序方式，文件夹中的对象会以文件大小进行排列。若反复选择此方式，则可以在"从小到大"和"从大到小"两种方式中切换。该方式方便用户查找某个特定大小的文件。

提示

　　文件的排列方式会根据文件类型的不同而不同。例如，图片文件可按照拍摄时间的先后进行排列，而音乐文件可根据发行时间进行排列。

任务 5-5　文件和文件夹操作

1．创建文件夹

用户可以创建新的文件夹来存放具有相同类型或相近形式的文件，创建新文件夹的操作步骤如下。

　　① 双击"计算机"图标，打开"计算机"窗口。

　　② 双击要新建文件夹的磁盘，打开该磁盘。

　　③ 选择"文件"→"新建"→"文件夹"菜单命令，或在窗口空白处右击，在弹出的快捷菜单中选择"新建"→"文件夹"命令，即可新建一个文件夹，如图 5-35 所示。

　　④ 在新建的文件夹名称文本框中输入文件夹的名称，按<Enter>键即可。

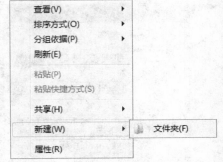

图 5-35　新建文件夹

2．移动和复制文件或文件夹

在实际应用中，有时需要将某个文件或文件夹移动或复制到其他地方，这时就需要用到移动或复制命令。移动文件或文件夹就是将文件或文件夹放到其他地方，执行移动命令后，原位置的文件或文件夹消失，出现在目标位置；复制文件或文件夹就是将文件或文件夹复制一份，放到其他地方，执行复制命令后，原位置和目标位置均有该文件或文件夹。

移动和复制文件或文件夹的操作步骤如下。

　　① 选择要进行移动或复制的文件或文件夹。

　　② 选择"编辑"→"剪切"或"复制"菜单命令，或右击，在弹出的快捷菜单中选择"剪切"或"复制"命令。

　　③ 选择目标位置。

　　④ 选择"编辑"→"粘贴"菜单命令，或右击，在弹出的快捷菜单中选择"粘贴"命令即可。

3．重命名文件或文件夹

重命名文件或文件夹就是给文件或文件夹重新命名，使其可以更符合用户的要求。重命名文件或文件夹的具体操作步骤如下。

　　① 选择要重命名的文件或文件夹。

　　② 选择"文件"→"重命名"菜单命令，或右击，在弹出的快捷菜单中选择"重命名"命令。

　　③ 这时文件或文件夹的名称将处于编辑状态，直接输入新的名称即可完成重命名操作。

4．删除文件和文件夹

当文件或文件夹不再需要时，可将其删除，以利于对文件或文件夹进行管理。删除后的文件或文件夹将被放到回收站中，用户可以选择将其彻底删除或还原到原来的位置。删除文件或文件夹的操作如下。

① 选定要删除的文件或文件夹，这里选择 "WD-Travel" 文件夹。若要选定多个相邻的文件或文件夹，可按住<Shift>键进行选择；若要选定多个不相邻的文件或文件夹，可按住<Ctrl>键进行选择。

② 选择 "文件" → "删除" 菜单命令，或右击，在弹出的快捷菜单中选择 "删除" 命令。

③ 弹出 "删除文件夹" 对话框，如图 5-36 所示。

图 5-36　确认文件夹删除对话框

④ 若确认要删除该文件或文件夹，可单击 "是" 按钮；若不删除该文件夹，可单击 "否" 按钮。

任务 5-6　管理文件和文件夹

1. 更改文件和文件夹属性

文件或文件夹包含 3 种属性，即只读、隐藏和存档。若将文件或文件夹设置为 "只读" 属性，则该文件或文件夹不允许更改和删除；若将文件或文件夹设置为 "隐藏" 属性，则该文件或文件夹在常规显示中将不被看到；若将文件或文件夹设置为 "存档" 属性，则表示该文件或文件夹已存档，有些程序用该选项来确定哪些文件需做备份。更改文件或文件夹属性的操作步骤如下。

① 选中需要改属性的文件或文件夹，这里仍以 "WD-Travel" 文件夹为例，文件的属性更改与文件夹相同。

② 选择 "文件" → "属性" 菜单命令，或右击文件夹，在弹出的快捷菜单中选择 "属性" 命令，打开 "WD-Travel 属性" 对话框。

③ 选择 "常规" 选项卡，如图 5-37 所示。

④ 在该选项卡的 "属性" 选项组中进行设置，这里选中 "只读" 复选框。

⑤ 单击 "应用" 按钮，将弹出 "确认属性更改" 对话框，如图 5-38 所示。

⑥ 根据需要选择 "仅将更改应用于此文件夹" 或 "将更改应用于此文件夹、子文件夹和文件" 单选按钮，单击 "确定" 按钮关闭该对话框。

⑦ 返回 "属性" 对话框，单击 "确定" 按钮。

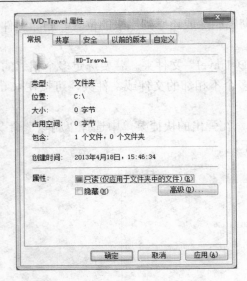

图 5-37 "常规"选项卡

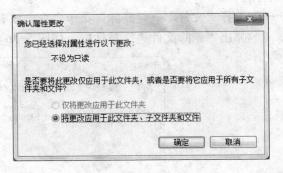

图 5-38 "确认属性更改"对话框

2. 自定义文件夹

Windows 7 提供了自定义文件夹功能。用户可以利用该功能将文件夹定义成模板，或在文件夹上添加一张图片来说明该文件夹的内容，也可以更改文件夹的图标用于区分不同类型的文件夹。自定义文件夹的操作步骤如下。

① 选中需要自定义的文件夹并右击，在弹出的快捷菜单中选择"属性"命令。

② 打开其"属性"对话框，选择"自定义"选项卡，如图 5-39 所示。

③ 在该选项卡中有"您想要哪种文件夹"、"文件夹图片"和"文件夹图标" 3 个选项组，各选项组的功能如下。

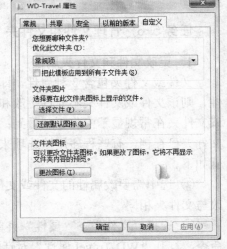

图 5-39 "自定义"选项卡

- 您想要哪种文件夹：在该选项组中的"优化此文件夹"下拉列表框中可选择将该文件夹类型作为何种模板使用，用户可选择"常规项"、"文档"、"图片"、"音乐"和"视频"等多种模板类型。例如，选择"图片"类型作为一个文件夹的模板类型，则在打开该文件夹时，系统默认其为图片；若选中"把此模板应用到所有子文件夹"复选框，则该文件夹下的所有子文件夹也应用该所选模板。

- 文件夹图片：在该选项组中单击"选择文件"按钮，在打开的"浏览"对话框中选择图片，将其应用到文件夹上，其效果如图 5-40 所示。

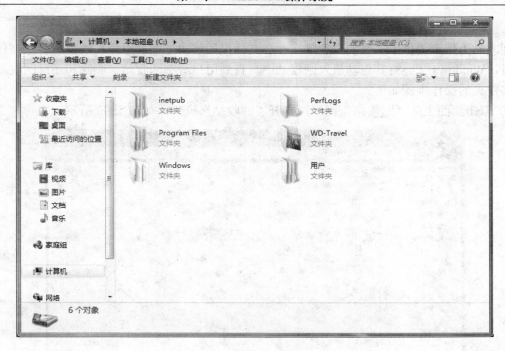

图 5-40　使用文件夹图片

- 文件夹图标：在该选项组中单击"更改图标"按钮，打开"为文件夹更改图标"对话框，如图 5-41 所示。在"从以下列表中选择一个图标"列表框中选择需要的图标，单击"确定"按钮，设置后的效果如图 5-42 所示。若要还原系统默认的标准文件夹图标，在"为文件夹更改图标"对话框中单击"还原为默认值"按钮即可。

图 5-41　更改图标对话框

④ 最后单击"应用"或"确定"按钮。

3．删除文件或还原回收站中的文件或文件夹

回收站为用户提供了一个安全删除文件和文件夹的解决方案。用户从硬盘中删除文件或文件夹时，Windows 7 会将其自动放入回收站中，直到用户清空回收站。删除和还原回收站中文件或文件夹的操作步骤如下。

① 双击桌面上的"回收站"图标，打开"回收站"窗口，如图 5-43 所示。

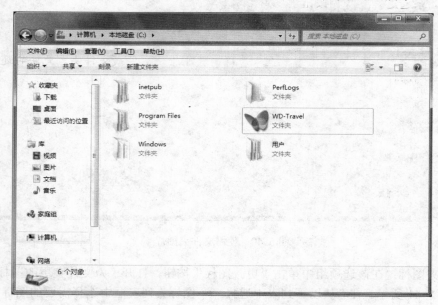

图 5-42　更改文件夹图标

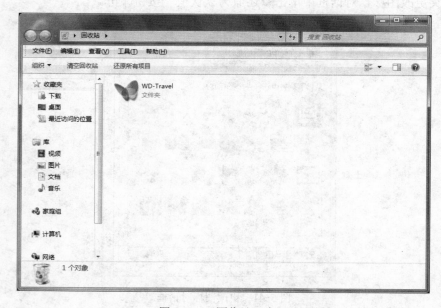

图 5-43　"回收站"窗口

② 若要删除回收站中所有的文件和文件夹，可单击工具栏上面的"清空回收站"按钮；若要还原所有的文件和文件夹，可单击工具栏上面的"还原所有项目"按钮；若要还原单个文件或文件夹，可选中需要还原的文件或文件夹，可单击工具栏上面的"还原此项目"按钮；若要还原多个文件或文件夹，可按住<Ctrl>键，多次选择需要还原的文件或文件夹，再单击工具栏上面的"还原选定的项目"按钮。

提示

　　删除回收站中的文件或文件夹，意味着将彻底删除该文件或文件夹，无法再还原；若对回收站中的文件进行还原，而该文件原先所属的文件夹已经不存在，则该文件原先所属的文件夹将在原来的位置重建，然后将文件还原到该文件夹中；当回收站塞满后，Windows 7 将自动清理回收站中的空间以存放最近删除的文件和文件夹。对要删除的文件或文件夹，可以将其选中后拖到回收站中进行删除。若想直接删除文件或文件夹，而不将其放入回收站中，可在拖到回收站时按住<Shift>键，或选中该文件或文件夹后，按<Shift+Delete>组合键进行删除。

任务 5-7　设置文件夹共享

用户可以通过系统提供的共享文件夹，或自己设置的共享文件夹，与其他用户共享文件资源。

Windows 7 设置共享文件夹的操作步骤如下。

① 选择需要设置共享的文件夹。

② 选择"文件"→"共享"菜单命令，或右击，在弹出的快捷菜单中选择"共享"命令。

③ 打开"属性"对话框中的"共享"选项卡，如图 5-44 所示。

④ 单击"共享"按钮，弹出"文件共享"对话框，在"选择要与其共享的用户"下拉列表框中选择相应的用户，如图 5-45 所示。单击"共享"按钮，在系统提示文件夹已共享后，单击"完成"按钮返回"属性"对话框。

⑤ 最后单击"关闭"按钮。

任务 5-8　搜索文件和文件夹

有时候用户需要查看某个文件或文件夹，却忘记了该文件或文件夹存放的具体位置或具体名称，这时可以借助于 Windows 7 提供的"搜索"功能来查找文件或文件夹。搜索文件或文件夹的操作步骤如下。

① 打开需要搜索的目录位置，如打开"文档"文件夹，在搜索栏中添加筛选器，如图 5-46 所示。目录不同可使用的筛选器也不一样。

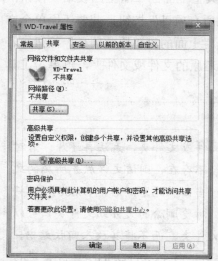

图 5-44 "共享"选项卡

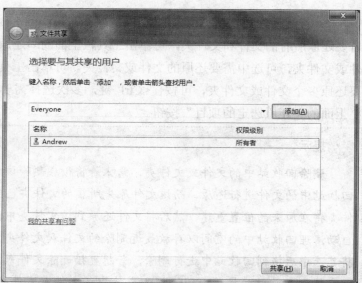

图 5-45 "文件共享"对话框

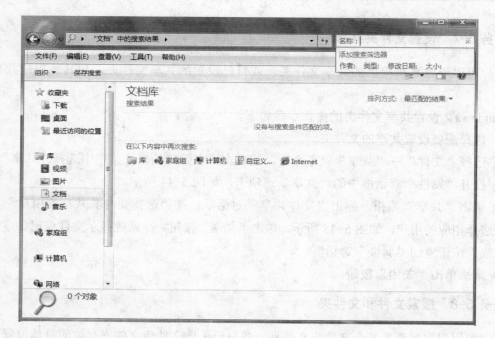

图 5-46 搜索窗口

② 选择相应的筛选器后，输入相应的关键字，按<Enter>键进行搜索。

③ 搜索完成后，双击搜索后显示的文件或文件夹即可打开相应的文件或文件夹。

任务 5-9 使用资源管理器

资源管理器可以分层显示计算机内的所有文件信息。使用资源管理器，可以方便地在一个窗口中实现浏览、查看、移动和复制文件或文件夹等操作。打开资源管理器的步骤如下。

　　① 在任务栏上单击"开始"按钮，在打开的"开始"菜单中选择"所有程序"→"附件"→"Windows 资源管理器"菜单命令，打开"Windows 资源管理器"窗口，如图 5-47 所示。

　　② 在窗口左侧的任务窗格中展开了 4 个以树形结构目录显示的当前计算机中所有资源的"文件夹"栏，即收藏夹、库、计算机和网络；在窗口右边的内容窗格中显示的是左侧文件夹中相应的内容。

图 5-47　"Windows 资源管理器"窗口

　　③ 在左边窗格中，若驱动器或文件夹前面有"▷"符号，表明该驱动器或文件夹有下一级子文件夹，单击该"▷"号可展开其所包含的子文件夹。当展开驱动器或文件夹后，"▷"号会消失，表明该驱动器或文件夹已展开，单击"◢"号，可折叠已展开的内容。例如，单击左边任务窗格中"计算机"前面的"▷"号，将显示"计算机"中所有的磁盘信息，选择需要查看磁盘前面的"▷"号，将显示该磁盘中的所有内容。

　　④ 若要移动或复制文件或文件夹，可先选择要移动或复制的文件或文件夹并右击，在弹出的快捷菜单中选择"剪切"或"复制"命令。

　　⑤ 单击要移动或复制到的磁盘前的 "▷"号，打开该磁盘，选择要移动或复制到的文件夹并右击，在弹出的快捷菜单中选择"粘贴"命令。

5.2.3　案例总结

　　本节通过 6 个工作任务分别介绍了文件和文件夹的管理、设置文件夹的共享、搜索文件和文件夹以及资源管理器的使用。现将本节的重点知识归纳如下。

1．文件与文件夹

（1）文件

　　在 Windows 中，所有信息（程序、数据、文本）都是以文件形式存储在磁盘上的。文件是一组信息的有序集合。

（2）文件名

每个文件都有一个文件名，文件名可以是英文或汉字。文件还有一个扩展名，扩展名表示这个文件的类型，如".doc"是 word 文档、".exe"或".com"是程序文件。

（3）文件夹

文件存放在文件夹中，文件夹中可以存放子文件夹。

2．文件或文件夹的新建、重命名和删除

（1）新建

选择需要新建文件夹的位置，选择"文件"→"新建"→"文件夹"菜单命令，即可新建一个文件夹，输入文件夹名。

（2）重命名

选择需要重命名的对象并右击，在弹出的快捷菜单中选择"重命名"命令。

（3）删除

① 选择需要删除的对象，按<Delete>键。

② 选择需要删除的对象并右击，在弹出的快捷菜单中选择"删除"命令。

③ 选择需要删除的对象，选择"文件"→"删除"菜单命令。

3．文件及文件夹的移动与复制

（1）移动

① 选择需要移动或复制的对象，按住鼠标左键，将它（们）拖到目标文件夹中。

② 选择需要移动或复制的对象，选择"编辑"→"剪切"菜单命令，选择目标文件夹，选择"编辑"→"粘贴"菜单命令。

（2）复制

① 选择需要移动或复制的对象，按住<Ctrl>键并用鼠标将它（们）拖到目标文件夹中。

② 选择需要移动或复制的对象，选择"编辑"→"复制"菜单命令，选择目标文件夹，选择"编辑"→"粘贴"菜单命令。

4．文件及文件夹的属性

（1）属性查看

① 选择需要查看属性的对象并右击，在弹出的快捷菜单中选择"属性"命令。

② 选择需要查看属性的对象，选择"文件"→"属性"菜单命令

（2）属性种类

文件和文件夹的属性种类有只读、隐藏和存档。

5.3　Windows 7 高级操作——管理与控制

5.3.1 "管理与控制"案例分析

1．任务的提出

小宋在使用了一段时间的计算机后，发现计算机的运行速度越来越慢，却不知道有什么办法可以提高计算机的运行速度。

2．解决方案

要解决小宋的问题，可以使用 Windows 7 所提供的"控制面板"功能，通过卸载一些无用的软件等措施来提高计算机的运行速度。控制面板是整个计算机的总控制室，几乎能够控制计算机的所有功能，通过它可以让计算机更好地进行工作。

5.3.2　相关知识点

控制面板是 Windows 7 的重要组成部分。系统的配置、管理和优化都可以在控制面板中完成，在控制面板中提供了添加设备，卸载程序，用户账户和家庭安全，时钟、语言和区域等功能，它是集中管理系统的场所。"控制面板"窗口如图 5-48 所示。

图 5-48　"控制面板"窗口

任务 5-10　控制面板的操作

1．修改系统时间

要将当前日期设置为 2012 年 9 月 27 日，时间为 13 点 15 分 20 秒，其操作步骤如下。

在"控制面板"窗口中选择"时钟、语言和区域"命令，弹出"时钟、语言和区域"窗口，单击"设置时间和日期"链接，弹出"日期和时间设置"对话框，单击"更改日期和时间"按钮，在"日期"选项组中将日期调整为 2012 年 9 月 27 日，在"时间"数值框中将时间调整为13:15:20，如图 5-49 所示，单击"确定"按钮，返回"日期和时间"对话框，单击"确定"按钮即可。

2．添加用户账户

在"控制面板"窗口中选择"添加或删除用户账户"命令，弹出"管理账户"窗口，如图5-50 所示。

图 5-49　设置日期和时间

图 5-50　"管理账户"窗口

在控制面板中创建一个用户账户，账户名为"**XY**"，并设置密码，其操作步骤如下。

① 在"管理账户"窗口中选择"创建一个新账户"命令，在弹出的"创建新账户"窗口中的"新账户名"文本框中输入新账户名"**XY**"，选择"标准用户"单选按钮，单击"创建账户"按钮，如图 5-51 所示。

② 新账户"**XY**"将显示在"管理账户"窗口中。

③ 在"管理账户"窗口中选择"**XY**"账户，选择"创建按钮"命令，在弹出的"创建密码"窗口中的"新密码"和"确认新密码"文本框中输入密码及确认密码，单击"创建密码"按钮，完成密码创建操作。

3．输入法的添加和删除

在"控制面板"窗口中选择"更改键盘或其他输入法"命令，弹出"区域和语言"对话框，选择"键盘和语言"选项卡，如图 5-52 所示。

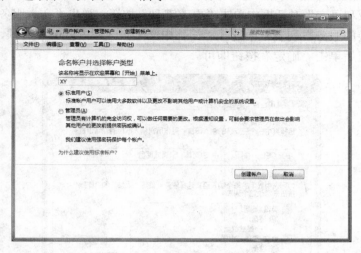

图 5-51 "创建新账户"窗口

① 添加"简体中文全拼"输入法，操作步骤如下。

在上述"区域和语言"对话框中，单击"更改键盘"按钮，弹出"文本服务和输入语言"对话框，单击"添加"按钮，弹出"添加输入语言"对话框，选中"简体中文全拼（版本 6.0）"复选框，如图 5-53 所示，单击"确定"按钮返回"文本服务和输入语言" 对话框，单击"确定"按钮即可。

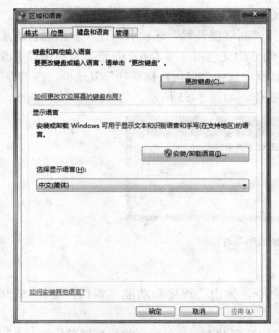

图 5-52 "区域和语言"对话框

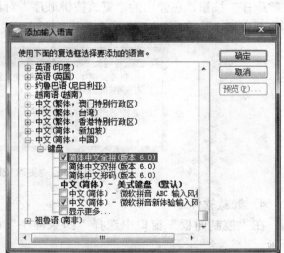

图 5-53 "添加输入语言"对话框

② 删除"简体中文全拼"输入法，操作步骤如下。

在上述"区域和语言"对话框中单击"更改键盘"按钮，弹出"文本服务和输入语言" 对话框，在"已安装的服务"列表框中选择"简体中文全拼（版本 6.0）"选项，如图 5-54 所示，单击"删除"按钮后单击"确定"按钮即可。

图 5-54　删除输入语言对话框

③ 更改"简体中文全拼"输入法的热键为<Ctrl+Shift+1>，操作步骤如下。

在上述"文本服务和输入语言"对话框中选择"高级键设置"选项卡，在"输入语言的热键"列表框中选择"切换到中文（简体，中国）-简体中文全拼（版本 6.0）"选项，单击"更改按键顺序"按钮，在弹出的"更改按键顺序"对话框中选中"启用按键顺序"复选框，在"键"下拉列表框中选择"1"，单击"确定"按钮完成操作，如图 5-55 所示。

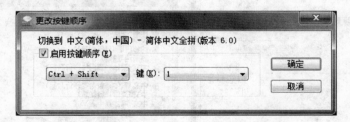

图 5-55　"更改按键顺序"对话框

4. 卸载软件

在"控制面板"窗口中选择"卸载程序"命令，弹出"程序和功能"窗口，如图 5-56 所示。

在"卸载或更改程序"列表框中选择需要删除的程序并右击，在弹出的快捷菜单中选择"卸载"命令，即可从系统中卸载相应的应用程序。

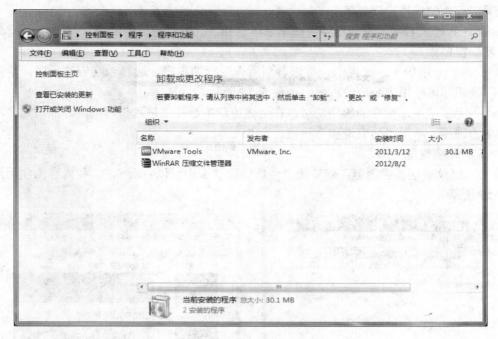

图 5-56　"程序和功能"窗口

任务 5-11　任务管理器的使用

通过 Windows 7 自带的任务管理器可以查看当前运行的应用程序、CPU 和内存的使用情况。

1．启动任务管理器

启动任务管理器有多种方法。可以通过按<Ctrl+Alt+Delete>组合键来启动任务管理器，也可以通过在任务栏上右击，在弹出的快捷菜单中选择"任务管理器"命令来启动任务管理器。

2．管理应用程序和进程

任务管理器中的"应用程序"选项卡显示了所有当前正在运行的应用程序，不过它只会显示当前已打开窗口的应用程序，而 QQ、MSN Messenger 等最小化至系统托盘区的应用程序则不会显示，如图 5-57 所示。

3．使用任务管理器新建任务

启动任务管理器，选择"文件"→"新建任务（运行…）"菜单命令，打开"创建新任务"对话框，在"打开"下拉列表框中输入要运行的程序的位置和名称，然后单击"确定"按钮启动新任务。

4．使用任务管理器结束无响应程序

程序在运行过程中可能会出现无法响应的情况，单

图 5-57　查看当前正在运行的程序

击程序窗口的"关闭"按钮也无法结束该程序，此时可以使用任务管理器来结束无响应的程序。结束无响应程序的操作步骤如下。

① 在任务栏上右击，在弹出的快捷菜单中选择"任务管理器"命令，打开"Windows 任务管理器"窗口。

② 选择"应用程序"选项卡，可以看到所有运行的程序。选择未响应的程序，单击"结束任务"按钮即可结束未响应的程序，如图 5-58 所示。

如果仍无法结束未响应的程序，可以在上述窗口中选择"进程"选项卡，然后选择应用程序所对应的进程，单击"结束进程"按钮。

5．查看系统性能

在"Windows 任务管理器"窗口的"性能"选项卡中可以查看 CPU 和内存的使用情况，如图 5-59 所示。

图 5-58　结束无响应的程序

图 5-59　"性能"选项卡

① CPU 使用率：表明处理器的使用率。

② CPU 使用记录：显示处理器的使用率随时间的变化情况。

③ 内存：表明系统的内存使用率。

④ 物理内存使用记录：显示物理内存使用率随时间的变化情况。

5.3.3　案例总结

本节通过两个工作任务分别介绍了控制面板和任务管理器的使用。现将本节的重点知识归纳如下。

1．使用控制面板可对系统进行配置、管理、优化以及设备安装

① 系统和安全。

② 用户账户和家庭安全。

③ 网络和 Internet。

④ 外观和个性化。

⑤ 硬件和声音。

⑥ 时钟、语言和区域

⑦ 程序。

⑧ 轻松访问。

2．任务管理器

（1）关闭程序

当出现未响应程序时，在"Windows 任务管理器"窗口中选择"应用程序"选项卡，可以看到所有运行的程序。选择未响应的程序，单击"结束任务"按钮即可结束未响应的程序。

（2）启动新任务

在"Windows 任务管理器"窗口中选择"文件"→"新建任务（运行…）"菜单命令，打开"创建新任务"对话框，在"打开"下拉列表框中输入要运行的程序的位置和名称，单击"确定"按钮启动新任务。

（3）监视计算机的性能

在"Windows 任务管理器"窗口中选择"性能"选项卡，即可看到 CPU 使用率、CPU 使用记录、内存使用率、物理内存使用记录。

思考与练习

一、选择题（单选）

1．不管是移动文件还是复制文件，第一步操作是（　　）。

　A．选定　　　　　　B．剪切　　　　　C．复制　　　　　　D．粘贴

2．窗口不是最大化和最小化时要移动窗口，需要用鼠标拖动（　　）。

　A．窗口菜单　　　　B．标题栏　　　　C．工作区　　　　　D．工具栏

3．下面说法正确的是（　　）。

　A．文件一旦被删除，就不能还原　　　　B．选定图标按<Enter>键，不能打开任务

　C．桌面上的图标不能重命名　　　　　　D．桌面上的"计算机"图标不能删除

4．Windows 7 中执行删除操作后，没有将被删除的文件送入"回收站"的操作是（　　）。

　A．按<Delete>键，单击"文件删除"对话框中的"是"按钮

　B．选择"文件"→"删除"菜单命令

　C．按<Shift +Delete>组合键，弹出"文件删除"对话框，单击"是"按钮

　D．拖动对象到文件夹树窗口的回收站图标处

5．剪贴板是 Windows 7 中的一个实用工具，关于剪贴板的叙述正确的是（　　）。

　A．剪贴板是应用程序间传递信息的一个临时文件，关机后剪贴板中的信息不会丢失

　B．剪贴板是应用程序间传递信息的一个临时存储区，是内存的一部分

　C．剪贴板中的信息进行粘贴后，其内容消失，不能被多次使用

　D．剪贴板可以存储多次剪切的信息，直到剪贴板中的信息满了为止

6．在 Windows 7 操作系统中右击，会（　　）。

　A．弹出一个快捷菜单　　　B．弹出一个对话框　　　C．弹出一个窗口　　　D．弹出帮助信息

7．关于 Windows 7，下列叙述不正确的是（　　）。

　A．每次启动一个应用程序，任务栏上就有代表该程序的一个任务按钮

    B．任务栏通常位于桌面的底部，它的位置可以改变，但大小不能改变

    C．右击任务栏空白处，在弹出的快捷菜单中选择"属性"命令可对任务栏进行设置

    D．任务栏中的所有任务按钮显示了当前运行的所有应用程序

8．在 Windows 7 中，某菜单项后有"…"标记，它的含义是（　　　）。

    A．此菜单项在当前情形下不可用　　　　　　B．选择此菜单项后，将弹出一个相应的对话框

    C．此菜单下还有下一级菜单　　　　　　　　D．该菜单项已经被选用

9．在 Windows 7 窗口的菜单中，有些菜单项前面有"√"，它表示（　　　）。

    A．如果用户选择了此菜单命令，则会弹出下一级菜单

    B．如果用户选择了此菜单命令，则会弹出一个对话框

    C．该菜单项当前正在被使用

    D．该菜单项不能被使用

10．在"Windows 资源管理器"窗口中想一次选取多个不连续的文件或文件夹，正确的操作是（　　　）。

    A．按住<Tab>键不放，单击所要选取的每一个对象，最后放开<Tab>键

    B．按住<Shift>键不放，单击所要选取的每一个对象，最后放开<Shift>键

    C．单击所要选取的第一个对象

    D．按住<Ctrl>键不放，单击所要选取的每一个对象，最后放开<Ctrl>键

二、选择题（多选）

1．在 Windows 7 中，用户文件的属性包括（　　　）等类型。

    A．只读　　　　　　　　B．存档　　　　　　　　C．隐含　　　　　　　　D．系统

2．在 Windows 7 中，可通过（　　　）来关闭窗口。

    A．单击窗口右上角的"关闭"按钮　　　　　　B．按<Alt+Tab>组合键

    C．按<Alt +F4>组合键　　　　　　　　　　　D．按<Alt +F5>组合键

3．在 Windows 7 的下列操作中，能创建应用程序快捷方式的是（　　　）。

    A．在目标位置右击　　　　　　　　　　　　B．在对象上右击

    C．用鼠标右键拖动对象　　　　　　　　　　D．在目标位置单击

4．在 Windows 7 中，利用剪贴板可以（　　　）。

    A．将文字转换为图形　　　　　　　　　　　B．将图形转换为文字

    C．在不同的任务之间转移数据　　　　　　　D．在同一任务中移动数据

5．Windows 操作系统中关于窗口描述正确的是（　　　）。

    A．拖动标题栏可移动窗口位置　　　　　　　B．不同程序窗口中的菜单栏内容不同

    C．每一个窗口都有工具栏　　　　　　　　　D．双击控制菜单按钮，可以关闭窗口

6．在 Windows 7 中，关于文件夹的描述正确的是（　　　）。

    A．文件夹是用来组织和管理文件的　　　　　B．"计算机"是一个文件夹

    C．文件夹中可以存放驱动程序文件　　　　　D．文件夹中可以存放两个同名文件

7．对回收站中文件可进行的操作有（　　　）。

    A．永久删除　　　　　B．不可删除　　　　　C．另存　　　　　　　D．还原

8．利用"搜索"命令可以查找（　　　）。

    A．与用户联网的计算机　　　　　　　　　　B．硬盘的生产日期

    C．文件夹　　　　　　　　　　　　　　　　D．文件

9．图标是指在桌面上排列的小图像，它包含（　　　）两部分。

    A．图形　　　　　　　　B．说明文字　　　　　　C．按钮　　　　　　　D．菜单

10．下列有关文件夹的叙述中，不正确的是（　　　）。

    A．文件夹的取名规则和一般文件名相同

    B．文件夹中只能存放一般文件，不能存放文件夹

C．文件夹能保证用户分类存取文件

D．一般文件可以隐藏，文件夹不能隐藏

三、简答题

1．简述 Windows 7 中的开始按钮和任务栏的功能。

2．Windows 7 桌面上的常用图标有哪些?哪些图标不允许删除？

3．窗口由哪些部分组成?窗口的操作方法有哪些?

4．什么是对话框?对话框与窗口的主要区别是什么?

5．在 Windows 7 中，采用哪种结构来管理磁盘文件。

6．Windows 7 支持哪 3 种文件系统?

四、操作题

1．在 Windows 7 中将主题设置为 Windows 经典。

2．设置 Windows 7 的屏幕保护程序为三维文字。

3．在 Windows 7 中添加中文（繁体，香港特别行政区）-美国键盘输入法。

4．设置 Windows 7，在文件夹中显示所有文件和文件夹。

5．打开 Windows 7 资源管理器，完成以下操作。

① 在 SOWER 文件夹下的 CWINLX 子文件夹下创建一个名为 AB2 的文件夹。

② 将 SOWER 文件夹下的 KS1.txt 及 KS4 .txt 文件移动到 AB2 文件夹中。

③ 在 SOWER 文件夹下将 KS3.txt 文件复制到 LS1 文件夹中并改名为 KSSM3. txt。

④ 去掉 KS5. txt 的 "存档" 属性。

⑤ 删除 SOWER 文件夹下的 KS5. txt 文件。

⑥ 将系统设置成显示所有文件后，去掉 KS. txt 文件的 "隐藏" 属性。

⑦ 搜索 SOWER.exe 文件并重命名为 KS10. txt，并将它移动到 AB2 文件夹下。

6．对计算机的区域和语言选项进行设置，把计算机的位置设置为 "比利时"，"非 Unicode 程序的语言" 设置为 "英语（英国)"。

第 6 章　文字处理——Word 2010 的使用

Word 2010 是 Office 2010 办公软件十分重要的一个组成部分，是一个功能强大的文字处理软件。它集文字处理、表格处理、图文排版于一身，汇集了各种对象（如图片和图表等）的处理工具，使得对文字、图形的处理更加得心应手。Word 2010 不仅适用于各种办公文档、信函、书刊等的文字录入、编辑、排版，而且还可以对各种图像、表格、声音等对象进行处理。

6.1　Word 基础应用——制作求职简历

6.1.1　"求职简历"案例分析

1. 任务的提出

进入大三后不久，学院就业指导中心对全体大三同学提出了一个要求：为了在激烈的人才竞争中占有一席之地，除了有过硬的知识储备和工作能力外，还应该让别人尽快了解自己。因此，每一位毕业生最初的任务就是精心制作一份求职简历。一份卓有成效的求职简历是开启事业之门的钥匙。

小张是大三学生，他想制作一份正规的求职简历。在老师的指导下，小张试着制作一份求职简历。

2. 解决方案

老师告诉小张，一份精美的求职简历主要由封面、自荐书和个人简历组成。其中，一张漂亮的封面最好用图片或者艺术字进行点缀；自荐书要根据内容多少，适当调整字体、字号及行间距、段间距，目的是使自荐书的内容在页面中分布合理，不要留太多空白，也不要太拥挤；个人简历包括基本情况、联系方式、受教育情况等内容，为了使个人简历清晰、整洁、有条理，最好以表格的形式完成。在老师的点拨下，小张终于制作出了称心如意的求职简历，效果如图6-1 所示。

6.1.2　相关知识点

1. 窗口的组成

启动 Word 2010 后，出现在我们面前的是 Word 2010 的窗口。它主要由标题栏、功能区、快速访问工具栏、文本编辑区和状态栏等组成，如图 6-2 所示。

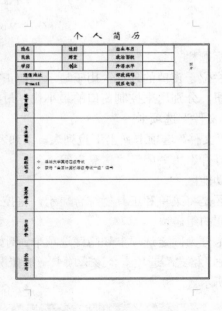

图 6-1　求职简历

（1）快速访问工具栏

快速访问工具栏中包括一些常用的功能，如保存、撤销、恢复、打印预览和快速打印等。单击快速工具栏右边的按钮 🔽 "自定义快速访问工具栏"，在弹出的下拉列表中可以选择快速访问工具栏中显示的工具按钮。

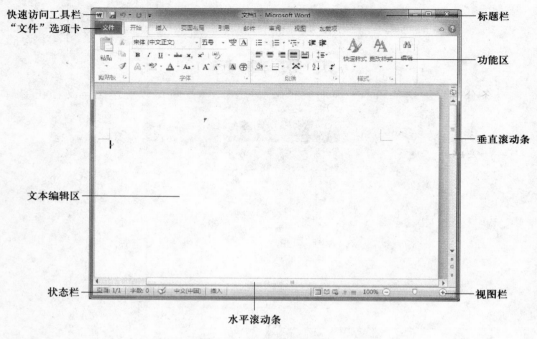

图 6-2　Word 窗口的组成

（2）标题栏

标题栏位于窗口的顶端，用于显示当前正在运行的程序名及文件名等信息。标题栏最右端有 3 个按钮，分别用来控制窗口的最小化、最大化和关闭应用程序。

（3）"文件"选项卡

单击"文件"选项卡弹出下拉列表。该列表中包含对文件的各种处理命令，如"保存"、"另存为"、"打开"、"关闭"、"信息"等。

（4）功能区

功能区是将菜单和工具栏综合显示，将控件对象分为多个选项卡，然后在选项卡中将控件细化为不同的组。

选项卡分为固定选项卡和隐藏选项卡。例如，当用户选择一张图片时，选项卡中会显示"图片工具"→"格式"选项卡，该选项卡一般情况下处于隐藏状态，只有在选择图片时才会显示，如图 6-3 所示。

图 6-3　选项卡显示

（5）文本编辑区

编辑区就是窗口中间的大块空白区域，是用户输入、编辑和排版文本的位置，是用户的工作区域。闪烁的"I"形光标即为插入点，可以接收键盘的输入。在编辑区，可以尽情发挥你的聪明才智和丰富的想象力，编辑出图文并茂的作品。

（6）滚动条

滚动条分垂直滚动条和水平滚动条。用鼠标拖动滚动条可以快速定位文档在窗口中的位置。

垂直滚动条上方的"标尺"按钮 可以控制显示和隐藏标尺。

（7）状态栏

状态栏位于 Word 窗口的底部，提供页码、字数统计、语法检查、语言、改写、视图方式、显示比例和缩放滑块等辅助功能，显示当前的各种编辑状态。

2．字符及段落的格式化

字符格式化包括对各种字符的大小、字体、字形、颜色、字符间距、字符之间的上下位置及文字效果等进行定义。

段落格式化包括对段落左右边界的定位、段落的对齐方式、缩进方式、行间距、段间距等进行定义。

3．表格的制作

Word 的表格由水平行和垂直列组成。行和列交叉成的矩形部分称为单元格。

编辑表格分为两种，一种是以表格为对象的编辑，如表格的移动、缩放、合并和拆分等；另一种是以单元格为对象的编辑，如选定单元格区域，单元格的插入、删除、移动和复制，单元格的合并和拆分，单元格的高度和宽度，单元格中对象的对齐方式等。

4．制表位

制表位是一个对齐文本的有力工具，它的作用就是让文字向右移动一个特定的距离。因为制表位移动的距离是固定的，所以能够非常精确地对齐文本。

5．页面边框

页面边框是在页面四周的一个矩形边框，一般说来这个边框都会由多种线条样式和颜色或各种特定的图形组合而成。

6．打印预览及打印输出

"打印预览"就是在正式打印之前，预先在屏幕上观察即将打印文件的打印效果，看看是否符合设计要求，如果满意，就可以打印了。文档的打印是进行文档处理工作的最终目的。

要制作出如图 6-1 所示的"求职简历"，主要按以下步骤完成。

① 输入自荐书内容，并利用字符格式化和段落格式化功能对自荐书进行排版。

② 制作"个人简历"表格，并对表格单元格进行各种设置。

③ 在封面页中插入图片并调整图片的大小和位置；使用制表符对齐封面文字。

④ 为"自荐书"添加艺术型页面边框。

⑤ 对排好版的"求职简历"进行"打印预览"，并打印"求职简历"。

任务 6-1 制作自荐书

1．Word 2010 的启动

Word 2010 常用的启动方法有以下几种。

① 单击"开始"按钮，选择"所有程序"→"Microsoft Office"→"Microsoft Word 2010"命令如图 6-4 所示。

② 双击桌面已建立的"Word 2010"快捷方式图标。

③ 双击已建立的 Word 2010 文档。

2．新建文档

当打开 Word 时，系统自动建立了一个名为"文档 1"的新文档，此时只需要选择一种中文输入法，即可输入内容。

在 Word 打开的状态下，也可以下列方法建立新文档。

① 在"文件"选项卡中单击"新建"按钮，在"可用模板"列表中选择"空白文档"，然后单击右侧的"创建"按钮即可新建一个空白文档，文件名为"文档 1"。

② 使用<Ctrl+N>组合键可以创建新文档。

3．输入"自荐书"的具体内容

在插入点处输入内容，插入点则随之后移。先不考虑文字格式，输入标题后按<Enter>键，当输入文档的正文内容到达右边界时，自动换行。如果要开始一个新段落，可按<Enter>键。

图 6-4 Word 的启动

按照图 6-5 所示的内容输入文本，将文本中"XX"用自己的真实情况替代。

 注意

录入文字（英文）过程中，在文字的下方出现波浪线时，表示文字的拼写或语法可能有错误，更正后波浪线会自动消除。

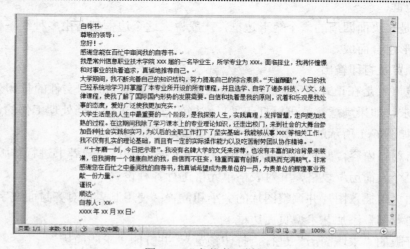

图 6-5 "自荐书"样例

4．保存文档

（1）第一次保存文档

内容录入完毕后需保存文档。第一次保存文档时，要指定路径，起文件名，选择文件类型。

（2）保存已有文档

如果是保存已有文件，则单击快速访问工具栏中的"保存"按钮，或者选择"文件"选项卡中的"保存"命令，文件将以原名存盘。

（3）文件另存为

可以把现有的文件以其他的文件名或者在别的驱动器或文件夹中保存起来，即再一次进行保存。保存的方法为选择"文件"选项卡中的"另存为"命令，在"另存为"对话框中更改文件名或保存位置即可。

将新建的文档以文件名"求职简历"保存在桌面上，操作步骤如下。

① 选择"文件"选项卡中的"保存"命令或单击快速访问工具栏中的"保存" 按钮。如果是第一次保存文件，将出现如图 6-6 所示的对话框。

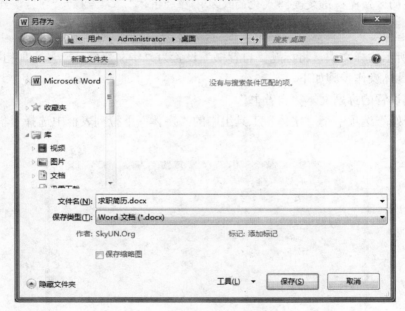

图 6-6 "另存为"对话框

② 在下拉列表中选择文件保存的文件夹。

③ 在"文件名"组合框中输入文件名"求职简历"。

④ 在"保存类型"下拉列表框中选择"Word 文档"。

⑤ 单击"保存"按钮。

5．"自荐书"的字符格式化

Word 2010 提供了更为便捷的更改字体、字号和字形的方式。

（1）使用"字体"工具组格式化

选定要格式化的文本块后，可以直接单击"开始"选项卡的"字体"工具组中的按钮或下拉按钮来设置文本的颜色、字体、字形、字号、加粗、倾斜、下划线等。这种方法快捷方便，但不能设置特殊效果。

（2）使用"字体"对话框格式化

选定要进行格式化的文本，单击"字体"工具组右下角的"对话框启动器"按钮 或者按<Ctrl+D>组合键，在弹出的"字体"对话框中不仅可以完成格式工具栏中所有的字体设置功能，而且还能给文本添加特殊的效果、设置字符间距等。

> 💡 **提示**
>
> 字号大小有两种表达方式，分别以"号"和"磅"为单位。以"号"为单位的字号中，初号字最大，八号字最小；以"磅"为单位的字体中，72磅最大，5磅最小。当然，还可以输入比初号字和72磅字更大的特大字。根据页面的大小，文字的磅值最大可以达到1638磅。格式化特大字的方法是：选定要格式化的文本，在"字体"工具组的"字号"组合框中输入需要的磅值后，按<Enter>键即可。

在图6-5所示的样文中，将标题"自荐书"设置为"华文新魏、一号、加粗、字符间距为加宽12磅"，具体操作步骤如下。

① 选定要设置的标题文本"自荐书"。

② 在"开始"选项卡下"字体"工具组中的"字体"下拉列表框中选择"华文新魏"，如图6-7所示。

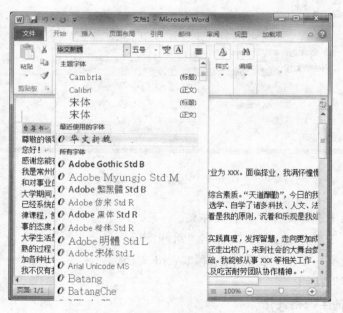

图6-7　设置字体

③ 在"字体"工具组的"字号"下拉列表框中选择"一号",如图 6-8 所示。

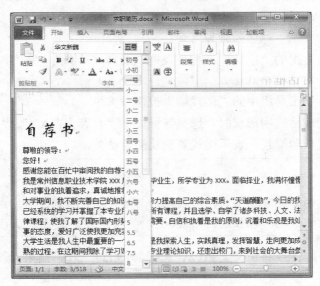

图 6-8　设置字号

④ 单击"字体"工具组中的"加粗"按钮 **B**。

⑤ 将鼠标指针指向被选定的文本并右击,在弹出的快捷菜单中选择"字体"命令。在打开的"字体"对话框中选择"高级"选项卡,在"间距"下拉列表框中选择"加宽"选项,在对应的"磅值"数值框内输入"12 磅",如图 6-9 所示。

⑥ 单击"确定"按钮。

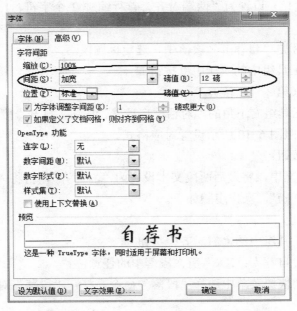

图 6-9　设置字符间距

在图 6-5 所示的样文中，将"尊敬的领导："、"自荐人：XX"、"XXXX 年 XX 月 XX 日"设置为"幼圆，四号"，具体操作步骤如下。

①　选定要设置的文本"尊敬的领导"。

②　在"字体"工具组的"字体"下拉列表框中选择"幼圆"；在"字号"下拉列表框中选择"四号"。

③　单击"剪贴板"工具组中的"格式刷"按钮 。

④　当鼠标指针变成格式刷形状时，选择目标文本"自荐人：XX"、"XXXX 年 XX 月 XX 日"，同时格式刷按钮自动弹起，表示格式复制功能自动关闭。

> **提示**
>
> 如果要在不连续的多处复制格式，必须双击"格式刷"按钮，当完成所有的格式复制操作之后，再次单击"格式刷"按钮或按<Esc>键，关闭格式复制功能。

在图 6-5 所示的样文中，将正文文字（从"您好"开始到"顺达"结束）设置为"楷体_GB2312、小四"。操作步骤略。

6. "自荐书"的段落格式化

在 Word 中，排版以段落为基本单位，每个段落都可以有自己的格式设置。

要对段落进行格式化，必须先选定段落。要选定一段，将插入点定位到段落中的任意位置即可。要选定两个以上段落，应选定这些段落及段落标记符"↵"。

段落格式化包括段落对齐、段落缩进、段落间距、行间距等。

在图 6-5 所示的样文中，将标题"自荐书"设置为"居中对齐"；将正文段落（第 3 段"您好！"到第 11 段"顺达！"）设置为"两端对齐、首行缩进 2 个字符、1.75 倍行距"，操作步骤如下。

①　将插入点置于标题"自荐书"段落中，选定标题段落。

②　单击"段落"工具组中的"居中"按钮 ≡ 。

③　选定正文段落（第 3～11 段）。

④　单击"段落"工具组右下角的"对话框启动器"按钮，打开"段落"对话框，选择"缩进和间距"选项卡，按照图 6-10 所示设置对应格式。

⑤　单击"确定"按钮。

在图 6-5 所示的样文中，将最后两段文本设置为"右对齐"，再将"自荐人：XX"所在段落设置为"段前间距 20 磅"，操作步骤如下。

①　选定最后两段。

②　单击"段落"工具组中的"右对齐"按钮 ≡ 。

③　将插入点置于"自荐人：XX"所在段落中的任意位置。

④　右击，在弹出的快捷菜单中选择"段落"命令，打开"段落"对话框，按照图 6-11 所示设置相关格式。

⑤　单击"确定"按钮。

⑥ 单击快速访问工具栏上的"保存"按钮，保存"求职简历.docx"文档。

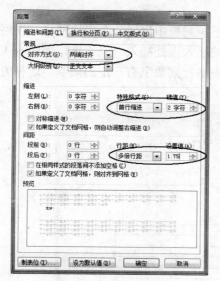 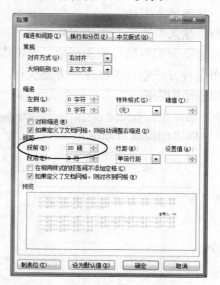

图 6-10　设置段落格式　　　　　　　　　图 6-11　设置段前间距

任务 6-2　制作个人简历

表格是一种简明、直观的表达方式。一个简单的表格远比一大段文字更有说服力，更能表达清楚一个问题。如果将个人简历用表格的形式来表现，会使人感觉整洁、清晰，有条理。

本任务将制作个人简历表格，效果如图 6-12 所示。

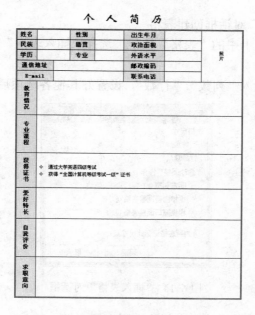

图 6-12　个人简历表格

1．创建表格

（1）快速插入表格

单击"插入"选项卡中的表格按钮，在弹出的下拉列表中出现一个表格网格，在网格上将鼠标指针移动到需要的行数和列数，单击即可在文档插入点处插入一个表格，如图 6-13 所示。

使用这种方法创建表格尽管方便快捷，但是在表格行列数上有一定的限制。这种方法适合创建规模较小的表格。

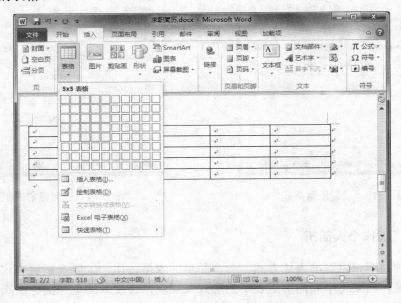

图 6-13　快速插入表格

（2）使用"插入表格"对话框创建表格

① 单击"插入"选项卡中的"表格"按钮，选择"插入表格"命令，弹出如图 6-14 所示的对话框。

② 在对话框中分别输入"列数"、"行数"，设置好其他各选项后，单击"确定"按钮即可。

图 6-14　"插入表格"对话框

用"插入表格"命令这种方法适合创建大型表格。

（3）使用"表格工具"选项卡绘制表格

制作表格的另一种方法是使用 Word 的"绘制表格"功能。这种方法的最大优点是：用户可以像使用自己的笔一样随心所欲地绘制出不同行高、列宽的各种不规则的复杂表格。

单击"插入"选项卡中的"表格"按钮，选择"绘制表格"命令，鼠标指针变成画笔形状，用户可以随心所欲地绘制表格。在绘制的过程中，"表格工具"选项卡会显示出来，如图 6-15 所示。如果需要对绘制的表格进行修改，可以单击"表格工具"→"设计"选项卡中的"擦除"按钮进行擦除。

图 6-15　"表格工具"选项卡

输入表格标题，绘制表格轮廓，操作步骤如下。

① 按<Ctrl+End>组合键，将插入点定位到文档的最后。

② 单击"页面布局"选项卡中的"分隔符"按钮，在下拉列表中选择"分节符"中的"下一页"选项。

③ 在文档中，将光标定位于新的一页，输入文字"个人简历"，以"自荐书"为样板文本，用"格式刷"复制字符格式到"个人简历"。

④ 在标题行结束处按<Enter>键，产生新的段落，单击"开始"选项卡下"字体"工具组中的"清除格式"按钮 🅰️。

⑤ 在"插入"选项卡中单击"表格"按钮，在弹出的下拉列表中选择"绘制表格"命令，绘制如图 6-16 所示的表格。

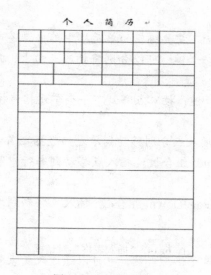

图 6-16　绘制表格

提示

复杂的表格也可以通过修改行或列来设计。

（1）插入行或列

- 指定插入行或列的位置，单击"表格工具"→"布局"选项卡的"行和列"工具组中的相应按钮即可。
- 指定插入行或列的位置，右击插入的单元格，在弹出的快捷菜单中选择"插入"子菜单中的插入方式即可。

（2）删除行或列

- 选择需要删除的行或列，单击"表格工具"→"布局"选项卡的"行和列"工具组中的"删除"按钮，在弹出的下拉列表中选择"删除行"或"删除列"命令即可。
- 选择需要删除的行或列并右击，在弹出的快捷菜单中选择"删除行/列"命令即可删除选中的行或列。

2．合并与拆分单元格

在进行表格编辑时，有时需要把多个单元格合并成一个，有时需要把一个单元格拆分成多个单元格，从而适应文件的需要。

在图6-16中，将表格第7列中的第1～5行合并成一个单元格，操作步骤如下。

① 选择第7列的第1～5行。

② 单击"表格工具"→"布局"选项卡的"合并"工具组中的"合并单元格"按钮。

3．表格内容的插入

① 将鼠标移动至单元格内，插入文字。

② 参见图6-12所示的表格样例，在对应单元格中输入"姓名"、"性别"……"求职意向"等文字，并将这些文字的格式设置为"仿宋_GB2312、小四、加粗"。

提示

插入点的移动可以用鼠标在需要编辑的单元格中单击，还可以通过键盘命令来实现。

- <↑>、<↓>、<←>、<→>键：可以分别将插入点向上、向下、向左、向右移动一个单元格。
- <Tab>键：按一下<Tab>键，插入点移到下一个单元格；按<Shift+Tab>组合键，插入点移到上一个单元格。
- <Home>和<End>键：插入点分别移动到单元格数据之首和单元格数据之尾。
- <Alt+Home>和<Alt+End>组合键：插入点移动到本行中第一个单元格之首和本行末单元格之首。
- <Alt+PageUp>和<Alt+PageDown>组合键：插入点移动到本列中第一个单元格之首和本列末单元格之首。

当需要输入到单元格的数据超出单元格的宽度时，系统会自动换行，增加行的高度，而不是自动变宽或转到下一个单元格。当然，也可以通过改变表格宽度来调整表格内容，使之达到最理想的效果。

4. 调整单元格的宽度和高度

参见图 6-12 所示的表格样例，调整各单元格的行高和列宽至合适位置，将表格第 1~5 行的行高设置为 0.8 厘米，操作步骤如下。

① 选定表格第 1~3 行，选择"表格工具"→"布局"选项卡。

② 在"单元格大小"工具组中的"高度"文本框中输入 0.8，如图 6-17 所示。

图 6-17　设置行高

③ 选定表格第 4、5 行，右击，在弹出的快捷菜单中选择"表格属性"命令，在弹出的"表格属性"对话框中选择"行"选项卡，按照图 6-18 所示设置数值。

💡 **提示**

通常情况下，系统会根据表格字体的大小自动调整表格的行高或列宽。当然，也可以手动调整表格的行高或列宽。

（1）用鼠标调整行高或列宽

将鼠标移到要调整行高的行线上，按住鼠标左键，当鼠标指针变成 ⇌ 时，同时行线上出现一条虚线，按住鼠标左键拖放到需要的位置即可。列宽的调整与行高的调整相似，将鼠标移到要调整列宽的列线上，按住鼠标左键，鼠标指针变成 ⇜ ，同时列线上出现一条虚线，按住鼠标左键拖放到需要的位置即可。

（2）输入数值调整行高或列宽

如果要精确地设定表格的行高或列宽，在选定了要调整的行或列后，可以使用下列方法进行调整。

- 在"表格工具"→"布局"选项卡的"单元格大小"工具组中的"高度"和"宽度"文本框中输入精确数值，如图 6-17 所示。
- 右击，从弹出的快捷菜单中选择"表格属性"命令，打开如图 6-18 所示的"表格属性"对话框。在"表格属性"对话框的各选项卡中精确设定高度或宽度值。

---

5. 设置单元格对齐方式

参见图 6-12 所示的表格样例，将表格第 1~5 行单元格中的文字设置为"中部居中"，表格第 6~11 行第 2 列的文字对齐方式设置为"垂直居中"，段落对齐方式设置为"两端对齐"，操作步骤如下。

① 选择表格第 1~5 行，在"表格工具"→"布局"选项卡的"对齐方式"工具组中单击"中部居中"按钮，如图 6-19 所示。

② 选定表格第 6~11 行第 2 列，单击图 6-19 中的"中部两段对齐"按钮。

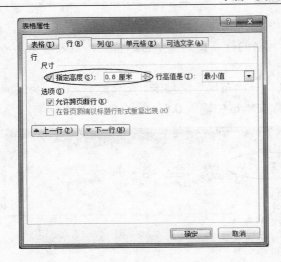

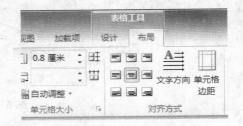

图 6-18　"表格属性"对话框　　　　　　图 6-19　"单元格对齐"按钮列表

参见图 6-12 所示的表格样例，分别将"照片"、"教育情况"、"专业课程"、"获得证书"、"爱好特长"、"自我评价"、"求职意向"单元格中的文字方向改成竖排，并将这些单元格中的文字设置为"中部居中"，操作步骤如下。

① 选择对应单元格，在"表格工具"→"布局"选项卡的"对齐方式"工具组中单击"文字方向"按钮。

② 单击"中部居中"按钮，如图 6-20 所示。

6．设置表格的边框和底纹

设置表格的边框和底纹可以使表格更加美观大方。

参见图 6-12 所示的表格样例，将对应的单元格底纹设置为"白色，背景 1，深色 15%"，将表格的内侧框线设置成为"细线"，外侧框线设置成为"双细线"，操作步骤如下。

① 选定相对应的单元格，单击"表格工具"→"设计"选项卡的"表格样式"工具组中的"底纹"下拉按钮，在弹出的"填充颜色"列表框中选择"白色，背景 1，深色 15%"，如图 6-21 所示。

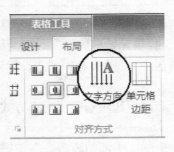

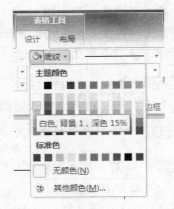

图 6-20　设置"文字方向"　　　　　　图 6-21　设置"填充颜色"

② 选定整个表格。

③ 单击"表格工具"→"设计"选项卡的"绘图边框"工具组中的"笔样式"下拉按钮，在弹出的"线型"下拉列表框中选择第一种细线线型，如图 6-22（a）所示。

④ 单击"表格样式"工具组中"边框"下拉按钮，在弹出的下拉列表中选择"内部框线"选项，如图 6-22（b）所示。

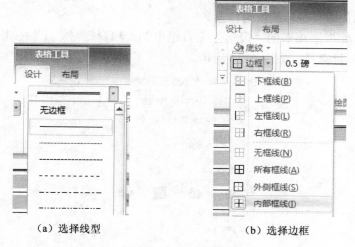

　　　（a）选择线型　　　　　　　　　　　（b）选择边框

图 6-22　设置"线型"和"边框"

⑤ 单击"绘图边框"工具组右下角的"对话框启动器"按钮，打开"边框和底纹"对话框，选择"边框"选项卡，在"设置"选项组中选择"自定义"选项；在"样式"列表框中选择"双细线"。

⑥ 在"预览"选项组中单击图示的上、下、左、右边框线或单击相应的按钮，确认在"应用于"下拉列表框中选择了"表格"。对话框设置如图 6-23 所示。

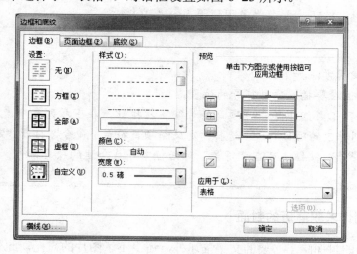

图 6-23　设置边框和底纹

7. 添加项目符号

使用项目符号和编号，可以使文档有条理、层次清晰、可读性强。项目符号使用的是符号，而编号使用的是一组连续的数字或字母，出现在段落前。

参见图 6-12 所示的表格样例，为"获得证书"栏目中各文本段落添加项目符号"◇"，操作步骤如下。

① 在单元格中输入已获得的各项证书（一项证书为一个段落）。

② 选定要添加项目符号的所有段落。

③ 单击"开始"选项卡的"段落"工具组中的"项目符号"下拉按钮，在弹出的下拉列表中选择相应的项目符号，如图 6-24 所示。

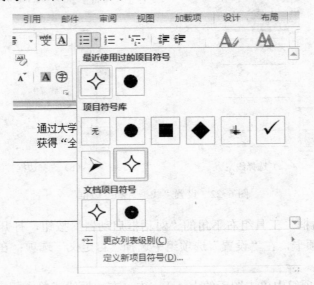

图 6-24 设置项目符号

④ 单击"保存"按钮，保存"求职简历.docx"文档。

提示

项目符号的使用方法如下。

① 将鼠标定位在要插入项目符号的位置。

② 在"段落"工具组中单击"项目符号"下拉按钮，在下拉列表中选择相应的项目符号。如果没有找到对应的项目符号，选择"定义新项目符号"命令，打开"定义新项目符号"对话框，单击"符号"按钮，可在"符号"对话框中寻找合适的项目符号。例如，插入新的项目符号"☞"。

任务 6-3 制作求职简历的封面

制作求职简历的封面除了必要的文字描述外，还少不了图片的衬托，此外还要考虑如何使文字及图片在水平方向和垂直方向上快速定位。

本任务制作"求职简历"封面，其效果如图 6-25 所示。

图 6-25 封面效果图

1. 插入图片

在封面页中插入图片"校徽"、"校门"，操作步骤如下。

① 将插入点定位到"自荐书"的前面，单击"页面布局"选项卡中的"分隔符"按钮，在下拉列表中选择"分节符"中的"下一页"选项。将鼠标定位到第一页，单击"开始"选项卡中的"清除格式"按钮。

② 单击"插入"选项卡中的"图片"按钮，打开"插入图片"对话框，在左侧文件位置列表中找到并打开包含指定图片的文件夹，如图 6-26 所示。

③ 选择"校徽"图片，单击"插入"按钮，将图片插入到文档中。

④ 用同样的方法将"校门"图片插入到封面页中。

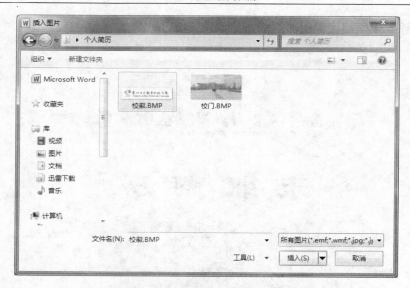

图 6-26 插入图片

2. 调整图片大小

在封面页中将已插入的"校门"图片调整至适合的大小，操作步骤如下。

① 单击"校门"图片，在图片周围出现了 8 个白色的尺寸控点。

② 将鼠标指针移动到 4 个角的任意一个尺寸控点上，鼠标指针变成双向箭头，按住鼠标左键向外拖动直到虚线方框大小合适为止，释放鼠标左键，可成比例地调整图片的高度和宽度。

提示

将图片插入 Word 文档后，一般保持原始尺寸。单击所要操作的图片，拖动鼠标可修改图片的大小。特别要指出的是：拖动 4 个角上的圆形控制点可成比例地改变图片的大小，拖动上下边中间的方形控制点可改变图片的高度，拖动左右边中间的方形控制点可改变图片的宽度。

3. 调整图片的位置

在封面页中将已插入的"校门"图片调整至适合的位置，操作步骤如下。

① 单击"校门"图片。

② 单击"开始"选项卡中的"居中"按钮；将段落的"段前间距"设置为"1.5 行"。

4. 插入文字

在封面页中，输入文字"求职简历"，并将文字设置为"华文隶书、字号 60、蓝色、加粗、右下斜偏移阴影、段前间距 1.5 行"，操作步骤如下。

① 在"校徽"图片后按<Enter>键，在新的段落中输入文字"求职简历"，并选定所输入的文字。

② 在"开始"选项卡的"字体"工具组的"字体"下拉列表框中选择"华文隶书"，单击"加粗"按钮，在"字体颜色"下拉列表中选择"蓝色"。

③ 在"字号"下拉列表框中，由于没有列出 60 号字，因此可直接在"字号"组合框中输入相应的数值 60。

④ 单击"文本效果"按钮 Ａ·，在下拉列表中选择"阴影"子菜单，在子菜单中选择"右下斜偏移"选项。设置结果如图 6-27 所示。

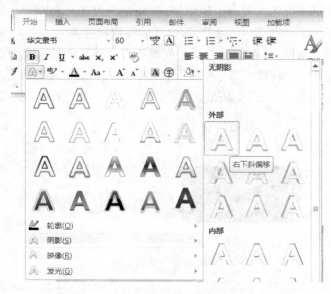

图 6-27　设置字体

⑤ 单击"段落"工具组的"对话框启动器"按钮，打开"段落"对话框，在"间距"选项组中设置"段前"为"1.5"行（参考图 6-11）。

5. 插入并定位文字

在封面页的适当位置输入文字"姓名："、"专业："、"联系电话："、"电子邮箱："，将字体设置为"华文细黑、四号、加粗"，并按图 6-25 所示对文本进行格式化设置，操作步骤如下。

① 单击状态栏中的"页面视图"按钮。

② 将鼠标指针移动到要插入文本的空白区域，双击，插入点自动定位到指定位置，同时在水平标尺中，出现了一个"左对齐式制表符 ∟"，如图 6-28 所示。

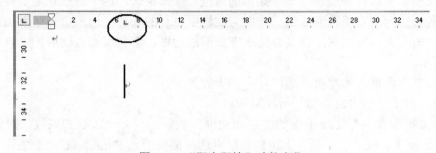

图 6-28　"即点即输"功能定位

③ 在插入点处输入"姓名："，并将文字按要求设置，按<Enter>键。同时设置的制表符格

式自动复制到新的一段。

④ 在新的段落中，将该段的"段前间距"设置为"0.5 行"。

⑤ 按<Tab>键，光标对齐到制表位标记处，输入"专业："，再按<Enter>键。

⑥ 重复步骤⑤，分别在后两段中输入"联系电话："及"电子邮箱："。

⑦ 同时选择"联系电话："及"电子邮箱："所在的段落，将制表位标记在水平标尺上向右拖动，如图 6-29 所示，改变制表位到新的位置后释放鼠标。

⑧ 输入姓名，将光标置于"姓名："后，先单击"字体"工具组中的"下划线"按钮 U ▼，再输入自己的姓名。用相同的方法输入其他内容。

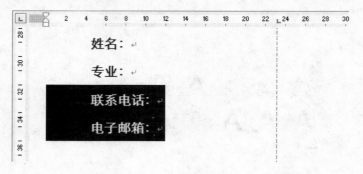

图 6-29　设置制表位

 提示

"即点即输"与制表位的使用介绍如下。

对初学者来说，一般习惯于用空格来调整文字的位置。而 Word 中的每个空格因所设字体大小不同，因而所占的位置也不同，用这种方法不但麻烦，而且定位不准，难以精确对齐。正确的方法是使用"即点即输"功能插入文本，并通过制表位设置文字的位置。制表位是一个对齐文本的有力工具，它的作用就是让文字向右移动一个特定的距离。因为制表位移动的距离是固定的，所以能够非常精确地对齐文本。

6．为"自荐书"设置页面边框

在某些文档的页面四周会设置一个矩形的边框。一般说来，这个边框是由多种线条样式和颜色或者各种特定的图形组合而成的。可以为文档中每页的任意一边或所有边添加边框，也可以只为某节中的页面、首页或除首页外的所有页添加边框。添加页面边框后的"自荐书"效果如图 6-30 所示。

为"自荐书"添加艺术型页面边框，操作步骤如下。

① 将插入点定位到"自荐书"所在页面。

② 单击"页面布局"选项卡中的"页面边框"按钮，打开"边框和底纹"对话框。选择"页面边框"选项卡，在"艺术型"下拉列表框中选择需要的艺术边框，在"颜色"下拉列表框中选择"深色-50%"，在"应用于"下拉列表框中选择"本节"，设置如图 6-31 所示。

③ 单击"保存"按钮，保存"求职简历.docx"文档。

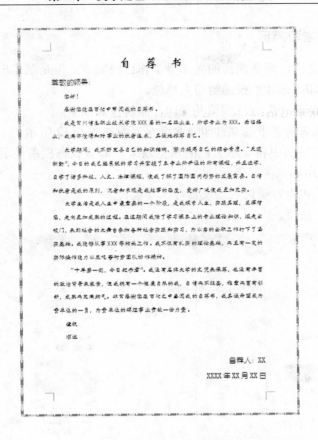

图 6-30　添加页面艺术边框

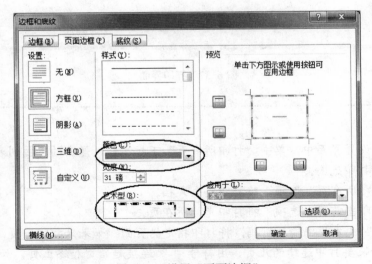

图 6-31　设置"页面边框"

至此，"求职简历"的排版已全部完成，最终的排版效果如图 6-1 所示。

任务 6-4　打印求职简历

对文档完成排版之后，求职简历的大部分工作已经完成。但是制作出来的简历不能只有电子稿，必须将文件打印出来才能投递给用人单位。

对当前文档"求职简历"进行预览并打印，操作步骤如下。

① 选择"文件"选项卡下的"打印"命令，界面如图 6-32 所示。

② 在窗口右侧的界面中将显示文档的预览效果，调节状态栏中显示比例滑块可以显示单页或者多页浏览效果。

③ 浏览查看文档和内容满意后，设置打印参数。

④ 单击"打印"按钮。

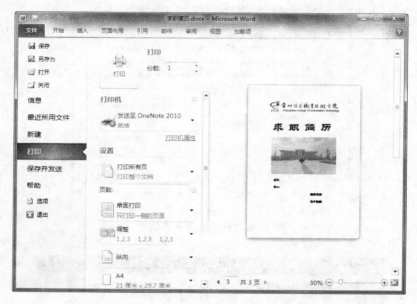

图 6-32　打印界面

 提示

在"打印"设置界面中，单击"打印所有页"下拉按钮，弹出的下拉列表中列出了用户可以选择的文档打印范围。

- 选择"打印所有页"选项，将打印整个文档。
- 选择"打印当前页"选项，将打印光标所在页。
- 在"页数"文本框中输入页码，将打印指定的页面。如果只打印一页，输入相应页码即可；如果要打印连续的几页，用符号"-"连接起始页和终止页，如"1-3"表示从第 1 页至第 3 页；如果要打印不连续的页码，用逗号","隔开各个页码，如"1,3"表示打印第 1 页和第 3 页。

6.1.3　案例总结

本节通过制作个人简历介绍了 Word 文档的基本排版，包括字符格式、段落格式和页面格式的设置，图片的处理，对文档进行分节以及表格制作等。

如果需要对文字进行字符的格式化设置，必须先选定要设置的文本；如果要对段落进行格式化设置，则必须先选定段落。

通过"字体"工具组和"段落"工具组可以设置字体和段落的简单格式。字符、段落的复杂设置则使用"字体"对话框和"段落"对话框实现。

当设置的文档中某些字符和段落的格式相同时，可以使用格式刷来复制字符或段落的格式，这样既可以使排版风格一致，又可以提高排版效率。使用格式刷时，要了解单击、双击格式刷的不同效果，熟练使用格式刷可以减少排版过程中的重复工作。

文档中的"节"的设置可给文档的设计带来极大的方便，在不同的节中，可以设置不同的页面格式。

编辑表格时，要注意选择对象。以表格为对象的编辑包括表格的移动、缩放、合并和拆分；以单元格为对象的编辑包括单元格的插入、删除、移动和复制操作、单元格的合并和拆分、单元格的高度和宽度、单元格的对齐方式等。

图片的使用在文档修饰中有着极其重要的作用。可以通过"图片工具"→"格式"选项卡中的命令对图片的效果进行处理。在进行图文混排时，正确设置图片的文字环绕方式，可以生成不同的艺术效果。

制表位能够非常精确地对齐文本，因此，熟练掌握制表位的使用，能够快速、准确地对文本进行定位。

在进行正式打印前最好先进行打印预览，以便确定排版效果是否满意；开始打印前需要进行打印设置，包括选取打印机、设置打印范围、打印份数、缩放比例等。

对文档进行排版时应遵循以下原则：

① 对字符及段落进行排版时，要根据内容多少适当调整字体、字号及行间距、段间距，使内容在页面中分布合理，既不要留太多空白，也不要太拥挤。

② 在文档中适当使用表格将使文档更加清晰、整洁、有条理。

③ 适当使用图片点缀文档将会使文档增色不少，但必须把握好图片与文字的主次关系，不要喧宾夺主。

④ 当文档中的文字需要快速、精确对齐时，在水平方向可使用制表位，在垂直方向可以利用段落间距实现对文本的精确定位。

总之，版面设计具有一定的技巧性和规范性，读者在学习版面设计时，应多观察实际生活中各种出版物的版面风格，以便设计出具有实用性的文档来。

通过本节的学习读者还可以对日常工作中的实习报告、学习总结、申请书、工作计划、公告文件、调查报告等文档进行排版和打印。

6.2　Word 综合应用——班报艺术排版

6.2.1　"班报排版"案例分析

1. 任务的提出

日常生活中，经常要制作各种社团小报、班报、海报、广告及产品介绍书等。小张也想丰富一下自己班级的业余生活，于是就想到了办班报。以前在中学时办的都是板报，在黑板上涂涂画画，可这次要做的是经过艺术排版的班报。

经过两天的准备，小张终于把所有素材收集完毕，准备开始排版了。开始他很有信心，因为以前曾经学过的 Word 文字编辑这回总算有用武之地了。但随着制作过程的深入，他发现问题并不像想象中的那么简单，很多效果制作不出来，而且版面上的图片和文字也变得越来越不听话，尤其是图片，稍不注意就跑得无影无踪。还有很多技术问题不知该如何解决。为此，他不得不向老师求助了。

2. 解决方案

小张找到老师说明情况后，老师告诉他说，报刊的排版首先要做好版面的整体设计，也就是所谓的宏观设计，然后再对各个版面进行具体的排版。

按照上面的目标要求，老师为小张设计了下面的解决方案。

首先进行版面的宏观设计，主要包括设计版面大小，按内容规划版面。

每个版面的具体布局设计，主要包括根据每个版面的条块特点选择一种合适的版面布局方法，对本版内容进行布局；对每个版面的每篇文章做进一步的详细设计。

班报的整体设计最终要尽量达到如下效果：版面内容均衡协调、图文并茂、生动活泼，颜色搭配合理、淡雅而不失美观；版面设计可以不拘一格，充分发挥想象力，体现大胆奔放的个性化独特创意。效果如图 6-33 所示。

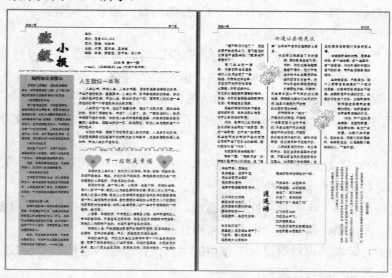

图 6-33　班报效果图

6.2.2　相关知识点

1．页面设置

页面设置是指设置版面的纸张大小、页边距、页面方向等参数。

2．文本框

文本框是 Word 中可以放置文本的容器，使用文本框可以将文本放置在页面中的任意位置。文本框也属于一种图形对象，因此可以为文本框设置各种边框格式，选择填充色、添加阴影，也可以为放置在文本框内的文字设置字体格式和段落格式。

3．分栏

分栏是文档排版中常用的一种版式，在各种报纸和杂志中广泛运用。它使页面在水平方向上分为几个栏，文字是逐栏排列的，填满一栏后才转到下一栏，文档内容分列于不同的栏中。这样的分栏方法使页面排版灵活，阅读方便。

4．艺术字、艺术横线

艺术字是一种特殊的图形，它以图形的方式来展示文字，具有美术效果，能够美化版面；艺术横线是图形化的横线，用于隔离板块，美化整体版面；图片的插入可以丰富版面形式，实现图文混排，做到生动活泼。

根据上面的解决方案，班报排版的操作步骤如下。

① 对文档进行页面设置（设置纸张大小、页边距、页眉）。

② 利用文本框设置版面布局。

③ 剪贴画、图片和艺术字的设置。

④ 对每篇文章做具体格式的设置。

任务 6-5　班报版面布局

新建 Word 文档"班报.docx"，并根据班报的版面要求进行页面设置：2 张空白页；设置纸张大小为 A4 纸；设置上下边距为 2.5 厘米，左右边距为 2 厘米；设置班报的页眉为"班报　第 n 版"。操作步骤如下。

1．新建文档

启动 Word 2010，新建一个空白文档，并保存为"班报.docx"。

2．设置纸张

单击"页面布局"选项卡的"页面设置"工具组中的"纸张大小"按钮，在下拉列表中选择"A4"选项，如图 6-34（a）所示。

3．设置页边距

单击"页面布局"选项卡的"页面设置"工具组中的"页边距"按钮，在下拉列表中选择"自定义边距"命令，在弹出的"页面设置"对话框中，上下边距文本框中输入 2.5 厘米，左右边距文本框中输入 2 厘米，如图 6-34（b）所示。

单击"确定"按钮后得到一张空白页面。

提示

　　纸张的大小和方向不仅对打印输出的结果产生影响，而且对当前文档的工作区大小和工作窗口的显示方式都能产生直接的影响。Word 默认纸张大小为 A4 纸型，也可以选择不同的纸型或自定义纸张的大小。

　　页边距的值与文档版心位置、页面所采用的纸张类型紧密相关。页边距及纸张方向的设置对整个文档的版面美观有着直接影响。

（a）设置纸张大小　　　　　　　　　　　　　（b）设置页边距

图 6-34　设置页面参数

4．设置页眉

　　页眉位于页面的顶部边界处，内容可以是标题、日期、数字等信息，这些信息将出现在文档每一页的顶部；页脚位于页面的底部边界处，内容可以是页码等信息，这些信息将出现在文档每一页的底部。

　　设置班报的页眉为"班报　第 n 版"，操作步骤如下。

　　① 单击"插入"选项卡中的"页眉"按钮，在下拉列表中选择"空白"选项，如图 6-35 所示。进入页眉编辑状态，打开"页眉和页脚工具"选项卡，如图 6-36 所示。

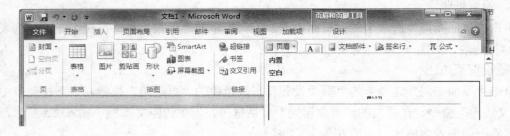

图 6-35　插入页眉

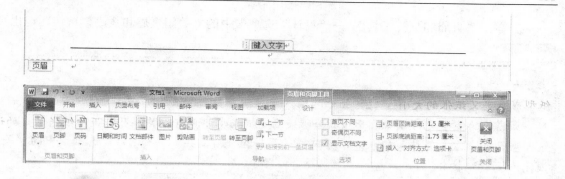

图 6-36　页眉编辑状态

② 在"段落"工具组中单击"两端对齐"按钮 ，将插入点置于页眉左端，输入文字"班级小报"。

③ 按两次<Tab>键，移动光标到页眉的最右边。

④ 单击"插入"选项卡中的"页码"按钮，在下拉列表中选择"设置页码格式"选项，打开"页码格式"对话框，在对话框中选择编号格式"一，二，三（简）…"，如图 6-37 所示，单击"确定"按钮。

图 6-37　"页码格式"对话框

⑤ 单击"插入"选项卡中的"页码"按钮，在下拉列表中选择"当前位置"子菜单，在子菜单中选择"普通数字"选项，如图 6-38 所示；添加其他文字，构成"第 n 版"的形式。

图 6-38　插入页码

⑥ 单击"页眉和页脚工具"→"设计"选项卡中的"关闭页眉和页脚"按钮，退出页眉编辑状态。

 注意

页眉和页脚的内容不是随文档一起输入，只能在页眉和页脚编辑状态下编辑。

删除插入的页眉或页脚，只要选中要删除的内容，按<Delete>键即可。

要退出页眉和页脚编辑状态，可单击"页眉和页脚工具"→"设计"选项卡中的"关闭页眉和页脚"按钮。

5. 分页

单击"插入"选项卡中的"分页"按钮，得到另一张空白页面，保存该文档。

6. 版面设计

为了让班报看上去有条理、不混乱，在最初设计时会将版面划分成为若干个"条块"，这就是版面布局，也叫做版面设计。

用"文本框"方法设计班报两页版面布局，具体操作如下。

① 根据素材内容，将各篇文章合理分布到两个版面中，再根据每篇文章内容的多少，给每块文章绘制一个大小合适的轮廓。

② 确定班级小报的整体布局的基本情况，单击"插入"选项卡中的"文本框"按钮，在下拉列表中选择"绘制文本框"选项。在适当位置绘制出如图 6-39 所示的每个文本框。

③ 将各篇文章的内容复制到相应的文本框中。调整每个文本框的大小，使每个文本框中的空间比较紧凑，不留空位，同时又刚好显示出每篇文章的所有内容。

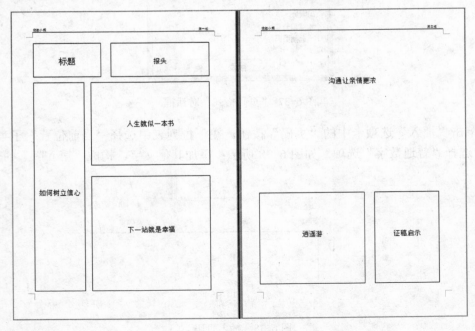

图 6-39　版面布局效果图

Word 中利用表格或文本框形成的方格中的所有文字被认为是不可分割的一个栏目,不能把一个方格中的文字进行分栏。由于第二版上方的文字需要设计成分栏的效果,所以该位置没有设置文本框。这里先将相应素材复制到该位置,后面的任务中会为其设置分栏效果。

 提示

Word 2010 文本框中提供多种内置文本框样式,用户可以根据设计需要选择定义样式,如图 6-40 所示。

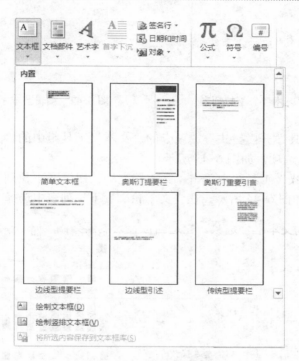

图 6-40　文本框内置样式

任务 6-6　班报报头的艺术设计

1. 插入艺术字标题

在 Word 中艺术字是使用广泛的图形对象,具有美术效果,能够美化版面。Word 2010 艺术字的样式发生了一些变化,艺术字只包括文字填充、轮廓等简单效果,如果用户需要获得更具体的样式,可以根据需要进行自定义设置。

将"班级小报"设计成艺术字,操作步骤如下。

① 插入点置于标题位置,单击"插入"选项卡中的"艺术字"按钮,在下拉列表中选择第一行第一列样式,如图 6-41 所示。

② 在文本编辑区显示文本框提示输入文字。在文本框中输入"班级"两个字。鼠标移动到文字上时出现浮动字体格式栏,在字体的下拉列表框中选择"华文新魏"、字号设置为"48"、

"加粗"，如图 6-42 所示。

图 6-41　"艺术字"下拉列表　　　　　　　图 6-42　编辑艺术字文字

　　③ 单击"绘图工具"→"格式"选项卡的"文本"工具组中的"文字方向"按钮，在下拉列表中选择"垂直"选项，如图 6-43 所示。

　　④ 在"艺术字样式"工具组中单击"文本填充"按钮，在下拉列表中选择颜色"白色，背景 1，深色 50%"，如图 6-44 所示。在"文本轮廓"下拉列表中选择"黑色"。

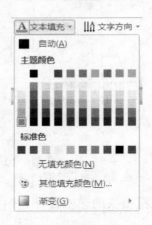

图 6-43　改变文字方向　　　　　　　图 6-44　文本填充

　　⑤ 单击"艺术字样式"工具组右下角的"对话框启动器"按钮，弹出"设置文本效果格式"对话框，选择"阴影"选项，设置数据如图 6-45 所示。单击"关闭"按钮。

　　⑥ 以同样的步骤在合适的位置插入"小报"两个艺术字。

2．报头文字及格式设置

在报头文本框中输入相关文字，并适当设置文字格式，调整文本框的大小、相对位置。

3．插入艺术化横线

在报头内以及"班级小报"字样下方插入艺术化横线，效果如图 6-46 所示。

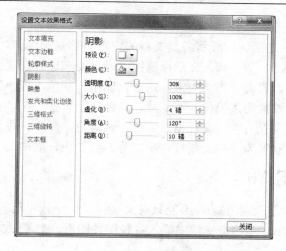

图 6-45 设置阴影

图 6-46 艺术化横线效果

操作步骤如下。

① 插入点定位在要放置艺术化横线的位置。

② 单击"页面布局"选项卡中的"页面边框"按钮，打开"边框和底纹"对话框，如图 6-47 所示，在对话框中单击 横线(H)... 按钮，打开"横线"对话框，在对话框中找到合适的横线的样式，如图 6-48 所示，单击"确定"按钮。

③ 根据放置横线的空间大小，调整横线为合适的长度。

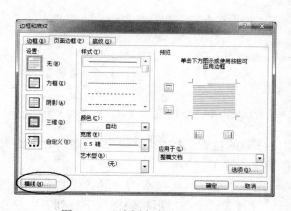

图 6-47 "边框和底纹"对话框

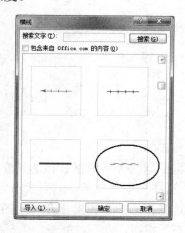

图 6-48 选择横线样式

4. 正文及格式设置

设计完班级小报报头之后，继续将各篇文章的内容全部复制到相对应的文本框中，先将每篇文章的正文设置为"宋体，五号"，文章标题按照以下要求进行设置。

"如何树立自信心"设置为"华文中宋，四号，加粗，蓝色，居中"。

"人生就似一本书"设置为"黑体、小二号，红色，左对齐"。

"下一站就是幸福"设置为"华文行楷，二号，浅蓝色，居中，段前段后 0.5 行"。

"沟通让亲情更浓"设置为"华文新魏，小二号，粉红色，居中"。

任务 6-7　班报图片设计

为了使班级小报看上去形象生动，不能只有文字描述，一张生动的图片在文档中往往可以起到画龙点睛的作用。Word 能够在文档中插入各种图片图形，实现图文混排，对图形可根据需要进行裁剪、旋转、放大等处理。

1. 插入图片

利用"自选图形"在第一版文章"下一站就是幸福"的标题两边绘制心形，操作步骤如下。

① 插入点定位在要绘制心形的位置；单击"插入"选项卡中的"形状"按钮，在弹出的下拉列表中选择"基本形状"类型中的"心形" ♡，如图 6-49 所示，此时鼠标指针变成十字形。

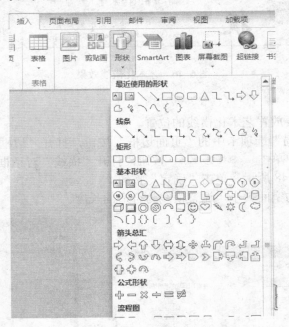

图 6-49　绘制自选图形"心形"

② 将鼠标的十字形指针移动到要绘制图形的位置，按住鼠标左键拖动到合适的大小后释放鼠标。这样一个"心形"图形就出现在指定位置了。

③ 选择"心形"图形，在"绘图工具"→"格式"选项卡的"形状样式"工具组中单击"形状填充"按钮，在下拉列表中选择颜色"粉红色"，在"形状轮廓"下拉列表中选择"无轮

廓"选项。复制一样的心形放在文字的另一边。

④ 选择左边的心形,右击,在弹出的快捷菜单中选择"添加文字"命令,输入文字"幸",并设置文字格式为"华文彩云,小四号,居中",在右边的心形中输入相同格式的文字"福"。最后的效果如图 6-50 所示。

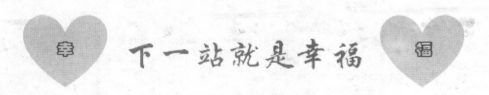

图 6-50　添加图形效果图

在第二版的文章"沟通让亲情更浓"中插入图片文件 tp1.jpg,操作步骤如下。

① 插入点定位在要放置图片的位置。

② 单击"插入"选项卡中的"图片"按钮,打开"插入图片"对话框,在对话框中找到要插入的图片文件 tp1.jpg,单击"插入"按钮。插入图片后的效果如图 6-51 所示。

> **沟通让亲情更浓**
>
> "我不和你们说了!"　任性的孩子啪的甩上门。留下委屈的父母言不由衷地说:"我再也不来管你了"。
> 在门关上的一霎那,你看到和自己最亲近的人之间出现了一条裂缝。你惊惧的伸出手,却发现不知何时他已难以跨越。你想说些什么,却见到父母犹疑和费解的眼神。于是,你只能看着裂缝横在两代之间,带着遗憾与无奈。
>
> 完全的消除代沟并不容易,但很多时候,它并非那么触目,你可以忽视它的存在。
> 代沟,是两代人之间的事。岁月流逝总会带走一些东西,积淀一些东西,又产生一些东西。那些被带走的和新产生的东西之间就产生了观念上的差距。我们把它叫做"代沟"。
> 它就真得无法逾越吗?
> 曾经一度,"理解万岁"的呼唤引起两代人的关注,但"理解"似乎并不像它说起来那么容易。
> 你觉得父母缚住了你的翅膀,使你无法自由飞翔。同时,你的父母也越来越看不懂你。他们不明白你为什么会整天听这些风花雪月的曲子,为什么刚给的零花钱就会扑腾着往外跳。冷静时,你也曾试图心平气和地与父母沟通,用理解化解你们之间的对峙。结果却是更大声的争执与更彻底的失望。
> 然而亲情中,"是非"不是评判的标准,不是每一件事都要分出对于错的,只是站在不同的角度看到

图 6-51　插入图片后效果

2.设置图片的环绕方式

所谓图片的"环绕方式",就是文字内容在图片周围的排列方式。图片的"环绕方式"决定了文字内容在图片的上下左右所处的位置。Word 2010 提供了 7 种文字环绕的方式。可以右击图片,在弹出的快捷菜单中选择"大小和位置"命令,在弹出的"布局"对话框的"文字环绕"选项卡中设置。

将第二版的文章"沟通让亲情更浓"中插入的图片设置为"四周型"环绕方式。操作步骤如下。

① 选中图片 tp1.jpg 。

② 在"绘图工具"→"格式"选项卡中单击"位置"按钮,在下拉列表中选择"其他布局选项"命令,弹出"布局"对话框,如图 6-52 所示。

③ 在"文字环绕"选项卡中选择"四周型"选项，单击"确定"按钮后，再适当调整图片的位置。

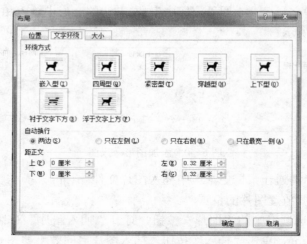

图 6-52 "布局"对话框

3. 分栏

"分栏"是文档排版中常用的一种版式，在各种报纸和杂志中广泛使用。它使页面在水平方向上分为几个栏，文字是逐栏排列的，填满一栏后才转到下一栏，文档内容分列于不同的栏中，这种分栏方式使页面排版灵活，阅读方便。使用 Word 可以在文档中建立不同版式的分栏，并可以随意更改各栏的栏宽及栏间距。

将小报中第二版文章"沟通让亲情更浓"分成 3 栏，栏间距一个字符，栏间加"分隔线"。操作步骤如下。

① 选中该篇文章的所有段落（包括最后一段的段落标记符"↵"）。

② 单击"页面布局"选项卡中的"分栏"按钮，在下拉列表中选择"更多分栏"命令，如图 6-53 所示设置分栏，单击"确定"按钮，完成分栏。分栏后的排版效果如图 6-54 所示。

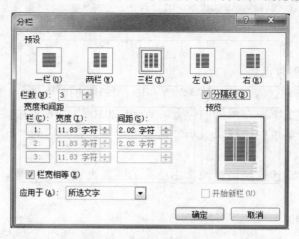

图 6-53 "分栏"对话框

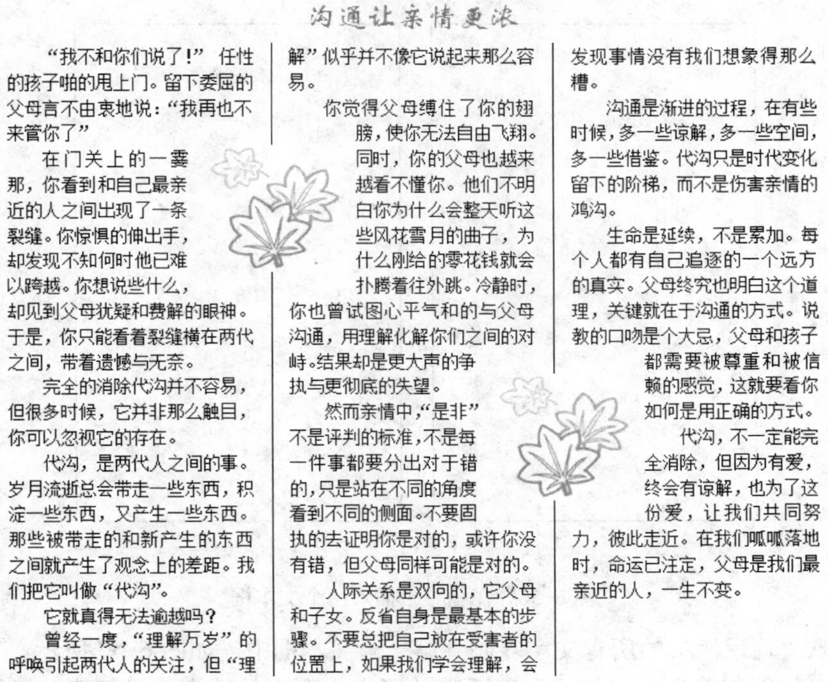

沟通让亲情更浓

"我不和你们说了！"任性的孩子啪的甩上门。留下委屈的父母言不由衷地说："我再也不来管你了"

在门关上的一霎那，你看到和自己最亲近的人之间出现了一条裂缝。你惊惧的伸出手，却发现不知何时他已难以跨越。你想说些什么，却见到父母犹疑和费解的眼神。于是，你只能看着裂缝横在两代之间，带着遗憾与无奈。

完全的消除代沟并不容易，但很多时候，它并非那么触目，你可以忽视它的存在。

代沟，是两代人之间的事。岁月流逝总会带走一些东西，积淀一些东西，又产生一些东西。那些被带走的和新产生的东西之间就产生了观念上的差距。我们把它叫做"代沟"。

它就真得无法逾越吗？

曾经一度，"理解万岁"的呼唤引起两代人的关注，但"理解"似乎并不像它说起来那么容易。

你觉得父母缚住了你的翅膀，使你无法自由飞翔。同时，你的父母也越来越不懂你。他们不明白你为什么会整天听这些风花雪月的曲子，为什么网给的零花钱就会扑腾着往外跳。冷静时，你也曾试图心平气和的与父母沟通，用理解化解你们之间的对峙。结果却是更大声的争执与更彻底的失望。

然而亲情中，"是非"不是评判的标准，不是每一件事都要分出对与错的，只是站在不同的角度看到不同的侧面。不要固执的去证明你是对的，或许你没有错，但父母同样可能是对的。

人际关系是双向的，它父母和子女。反省自身是最基本的步骤。不要总把自己放在受害者的位置上，如果我们学会理解，会发现事情没有我们想象得那么糟。

沟通是渐进的过程，在有些时候，多一些谅解，多一些空间，多一些借鉴。代沟只是时代变化留下的阶梯，而不是伤害亲情的鸿沟。

生命是延续，不是累加。每个人都有自己追逐的一个远方的真实。父母终究也明白这个道理，关键就在于沟通的方式。说教的口吻是个大忌，父母和孩子都需要被尊重和被信赖的感觉，这就要看你如何是用正确的方式。

代沟，不一定能完全消除，但因为有爱，终会有谅解，也为了这份爱，让我们共同努力，彼此走近。在我们呱呱落地时，命运已注定，父母是我们最亲近的人，一生不变。

图 6-54　分栏排版效果

任务 6-8　班报文本框设置

1. 利用文本框链接实现"分栏"效果

前面提到过，文本框中的文字不能进行分栏，因此要将诗歌"逍遥游"排版成分栏的效果，可以采用多文本框相互链接的方法进行排版。

编辑第二版的诗歌"逍遥游"，分成左右两栏，操作步骤如下。

① 单击"插入"选项卡中的"形状"按钮，在下拉列表中选择"新建绘图画布"选项，系统自动创建绘图画布。

② 单击"绘图工具"→"格式"选项卡的"插入形状"工具组中的"文本框"按钮，如图 6-55 所示，在绘图画布上绘制两个文本框，效果如图 6-56 所示。

图 6-55　单击"文本框"按钮

图 6-56　在画布上插入两个文本框

　③ 将诗歌"逍遥游"的所有文字复制到第一个文本框中，如图 6-57 所示。

　④ 单击"绘图工具"→"格式"选项卡的"文本"工具组中的"创建链接"按钮，鼠标指针此时变成"水壶"状，将鼠标指针移到第二个文本框中并单击，此时第一个文本框中显示不下的文字就会自动转移到第二个文本框，实现了左右两个文本框的链接，链接后的效果如图 6-58 所示。

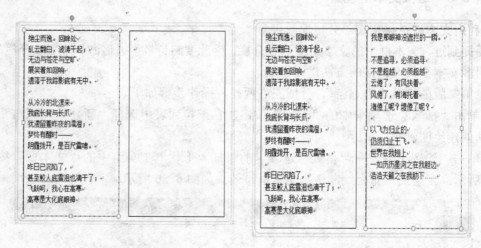

图 6-57　链接前效果　　　　　　　　图 6-58　链接后效果

　⑤ 在左右两个文本框的中间再插入一个"竖排文本框"，输入标题"逍遥游"，并设置字体为"华文新魏，小一号，加粗，蓝色"，如图 6-59 所示。

2. 取消文本框的外框线并设置画布的边框图案

　为第二版的诗歌"逍遥游"设置蓝色虚线边框，操作步骤如下。

① 依次选择 3 个文本框，在"绘图工具"→"格式"选项卡的"形状样式"工具组中单击"形状轮廓"按钮，在下拉列表中选择"无轮廓"选项，去掉 3 个文本框的外框线，效果如图 6-60 所示。

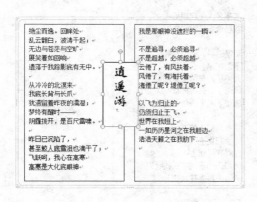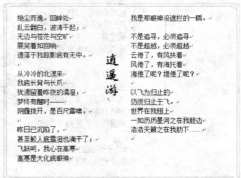

图 6-59　中间插入竖排文本框　　　　　　　　图 6-60　去掉 3 个文本框的外框线

② 右击画布的边框，在弹出的快捷菜单中选择"设置绘图画布格式"命令，打开"设置形状格式"对话框。在"线条颜色"设置界面中选择线条颜色类型，如图 6-61 所示。

③ 在"线型"设置界面中分别设定边框线的宽度、复合类型、短画线类型等，效果如图 6-62 所示。在选择过程中可以查看画布的边框效果。

④ 单击"关闭"按钮，画布的外框线设置效果如图 6-63 所示。

图 6-61　设置线条颜色　　　　　　　　　　　图 6-62　设置艺术框线线型

6.2.3　案例总结

本案例通过对"班级小报"的排版，综合介绍了 Word 中的各种艺术排版技术，如文本框、绘图画布、表格、艺术字、图片、分栏等。

文本框是 Word 中放置文本的容器，使用文本框可以将文本放置在页面中的任意位置，文本框的大小可以任意设置。如果只突出文字效果可以取消文本框的边框线，并将填充色设置为透明；如果需要突出排版整体效果，文本框也可以设置各种边框格式、选择填充色、添加阴影等。因此，文本框在 Word 的排版中运用非常广泛。

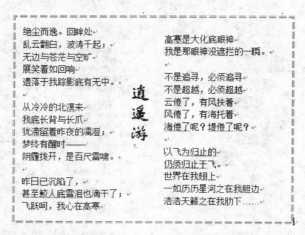

图 6-63　文本框艺术边框最后效果

绘图画布可以将各种图形任意组合的放在一起，形成一个整体。绘图画布中的所有对象将随画布的变化而改变。

在文档中插入图片图形的方法主要有复制/粘贴图片、插入图片、插入剪贴画或采用绘图工具绘制各种图形。可以设置适当的图片"环绕方式"，使图文混排更加美观。艺术字、图片等的环绕方式包括嵌入型、四周型、紧密型、浮于文字上方、衬于文字下方等。

分栏使文字在水平方向上分成几列，使页面排版灵活，是文档排版中常用的一种版式。

通过本案例的学习，清楚了制作一份班级小报的具体步骤，在以后的学习和工作中读者可以在此基础上自行排版设计需要的电子小报。

6.3　Word 高级应用——毕业论文排版

6.3.1　"毕业论文排版"案例分析

本节以毕业论文的排版为例，详细介绍长文档的排版方法与技巧，其中包括应用样式、添加目录、添加页眉和页脚、制作论文模板等内容。

1. 任务的提出

完成毕业论文是高等学校教学过程中的重要环节之一，是大学生完成学业并圆满毕业的重要前提，是对学习成果的综合性总结和检阅，也是检验学生掌握知识的程度、分析问题和解决问题基本能力的一份综合答卷。

小陈就要大学毕业了，他要完成的最后一项"作业"就是对毕业论文进行排版。在完成了毕业论文的内容编写之后，仔细阅读了学校的"毕业论文格式"（论文格式如图 6-64 所示），发现这项任务比想象中的要艰巨。毕业论文不仅文档长，而且格式多，处理起来比普通文档要复杂得多。不得已小陈只好去请教老师。经过老师的指点，他顺利完成了对毕业论文的排版工作。

1、页面设置

纸型：A4（ISO）纸，单面打印。

页边距：上 3cm，下 2.5cm，左 3cm，右 2.5cm。

页眉：2cm，内容为"常州信息职业技术学院毕业设计（论文）"，采用五号宋体、居中，从正文第一页起始。

页脚：1.75cm，页码为阿拉伯数字，五号宋体、居中，正文起始页为 1。

装订线：0cm，左侧装订。

封面：采用我院统一格式。

2、目录

目录（居中、黑体、三号）

第 1 章 绪论（黑体、小四号）．．．．．．．．．．．．．．．．．．．．．．．．．．．．页号

　　1.1　课题概述（宋体、小四号）．．．．．．．．．．．．．．．．．．．．．页号

　　　　1.1.1 技术背景（宋体、小四号）．．．．．．．．．．．．．．．．页号

3、论文正文

正文章节分三级标题：

第一章 章名 （标题 1：另起一页，三号黑体居中，行间距 20 磅，段前 18 磅，段后 30 磅）

1.1 节名 　　（标题 2：四号黑体，行间距 20 磅，段前 0.5 行，段后 0.5 行，序数顶格书写）

1.1.1 小节名（标题 3：小四号黑体，行间距 20 磅，段前 0.5 行，段后 0.5 行，序数顶格书写）

论文正文 　　（正文：小四号宋体，段落行间距为 20 磅，段前段后均为 0，首行缩进 2 个中文字符。）

图 6-64　"毕业论文"格式

2．解决方案

小陈经过老师的指点，通过利用样式快速设置相应的格式，利用具有大纲级别的标题自动生成目录，利用域灵活插入页眉页脚等方法，对毕业论文进行了有效的编辑排版。最终排版效果如图 6-65 所示。

图 6-65　排版效果

6.3.2 相关知识点

1．文档属性

文档属性包含了一个文件的具体信息，例如描述性的标题、主题、作者、类别、关键词、文件长度、创建日期、最后修改日期、统计信息等。

2．样式

样式是一组已经命名的字符格式或段落格式。样式的方便之处在于可以把它应用于一个段落或者段落中选定的字符中，按照样式定义的格式，能批量地完成段落或字符格式的设置。样式分为字符样式和段落样式或内置样式和自定义样式。

3．目录

目录通常是长文档不可缺少的部分，有了目录，用户就能很容易地了解文档的结构内容，并快速定位需要查询的内容。目录通常由两部分组成：左侧的目录标题和右侧标题所对应的页码。

4．节

所谓"节"，就是 Word 用来划分文档的一种方式。之所以引入"节"的概念，是为了实现在同一文档中设置不同的页面格式，如不同的页眉和页脚、不同的页码、不同的页边距、不同的页面边框、不同的分栏，等等。建立新文档时，Word 将整篇文档视为一节，此时整篇文档只能采用统一的页面格式。因此，为了在同一文档中设置不同的页面格式就必须将文档划分为若干节。节可小至一个段落，也可大至整篇文档。节用分节符标识，在普通视图中分节符是两条横向平行虚线。

5．页眉和页脚

页眉和页脚是页面的两个特殊区域，位于文档中的每个页面页边距（页边距：页面上打印区域之外的空白空间）的顶部和底部区域。通常，诸如文档标题、页码、公司徽标、作者名等信息需打印在文档的页眉或页脚上。

6．页码

页码用来表示每页在文档中的顺序。Word 可以快速地给文档添加页码，并且页码会随文档内容的增删而自动更新。

7．Word 域

域是一种特殊的代码，用于指示 Word 在文档中插入某些特定的内容或自动完成某些复杂的功能。例如，使用域可以将日期和时间等插入到文档中，并使 Word 自动更新日期和时间。

域的最大优点是可以根据文档的改动或其他有关因素的变化而自动更新。例如，生成目录后，目录中的页码会随着页面的增减而产生变化，这时可通过更新域来自动修改页码。因而使用域不仅可以方便地完成许多工作，更重要的是能够保证得到正确的结果。

打开"毕业论文（素材）.docx"，将文件另存为"毕业论文.docx"，并依次按照以下方法完成毕业论文的排版过程。

① 进行页面设置。

② 对章节、正文等所用到的样式进行定义。

③ 将定义好的各种样式分别应用于论文的各级标题、正文。

④ 利用分节符设置页眉和页码。
⑤ 利用具有大纲级别的标题为毕业论文添加目录。
⑥ 浏览修改。

任务 6-9   使用样式设置毕业论文格式

1. "毕业论文"的页面设置
对毕业论文文档进行页面设置，操作步骤如下。
① 单击"页面布局"选项卡的"页面设置"工具组中的"纸张大小"按钮，在下拉列表中选择"A4"选项。
② 单击"页面布局"选项卡的"页面设置"工具组中的"页边距"按钮，在下拉列表中选择"自定义边距"选项，在弹出的"页面设置"对话框的"页边距"选项组中输入数值，如图 6-66 所示。
③ 选择"版式"选项卡，在"页眉"数值框中输入"2 厘米"，在"页脚"数值框中输入"1.75 厘米"，如图 6-67 所示。
④ 单击"确定"按钮。
2. 使用样式
使用前面所讲设置格式的方法设置摘要和关键字的格式，格式要求如下。

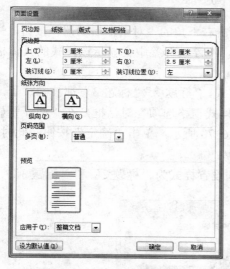
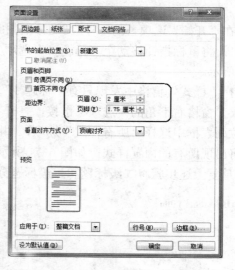

图 6-66 设置页边距   图 6-67 设置页眉、页脚到边界的距离

摘要："摘要"二字为三号、黑体、居中，行间距 20 磅，段前 18 磅，段后 30 磅，两字间空两个中文字符；摘要内容为小四号、宋体；英文摘要"ABSTRACT"为三号、Times New Roman，内容为小四号、Times New Roman。
关键词：关键词要与上文空一行，"关键词"三个字为小四号、宋体、加粗；紧随其后为关键词，采用小四号、宋体；"Key words"一词为小四号、Times New Roman、加粗。
长文档不仅内容多，而且格式多，如果沿用前面的方法按部就班地排版，既费时又费力，阅读起来也很不方便。那么如何解决这类问题呢？这就要使用 Word 中的"样式"了。

样式是应用于文档中的文本、表格和列表的一组格式，它能迅速改变文档的外观。

（1）应用内置样式

将所有的标题按照一级标题、二级标题、三级标题的顺序依次应用样式"标题 1"、"标题 2"、"标题 3"。

① 选中一级标题的文字，例如选择"第 1 章 绪论"，将鼠标指针移到"开始"选项卡的"样式"工具组中的"标题 1"快速样式上并单击，如图 6-68 所示。

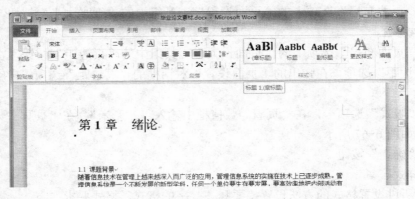

图 6-68 查看快速样式

② 在"开始"选项卡的"样式"工具组中单击右下角的"对话框启动器"按钮，弹出"样式"窗格，将鼠标指针移动至"标题 1"选项上，在浮动标签中会显示该样式的具体格式，如图 6-69 所示。

③ 在"样式"窗格中发现只有"标题 1"样式，"标题 2""标题 3"都被隐藏了，此时单击"样式"窗格右下角的"选项"链接，打开"样式窗格选项"对话框，在"选择要显示的样式"下拉列表框中选择"所有样式"选项，如图 6-70 所示，单击"确定"按钮，此时"样式"窗格中将出现所有的内置样式，如图 6-71 所示。

④ 重复上述步骤将二级标题和三级标题分别设置样式为"标题 2"和"标题 3"。

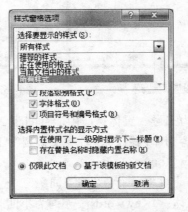

图 6-69 "标题 1"格式　　　　图 6-70 "样式窗格选项"对话框　　　　图 6-71 显示所有样式

（2）修改样式

上述操作只是应用了 Word 2010 中的内置样式，由"标题 1"的格式可以发现该样式不能满足实际的格式要求，此时就需要对内置样式进行修改，具体要求如下。

标题 1：另起一页，三号、黑体、居中，行间距 20 磅，段前 18 磅，段后 30 磅。标题 2：四号、黑体，行间距 20 磅，段前 0.5 行，段后 0.5 行，序数顶格书写。标题 3：小四号、黑体，行间距 20 磅，段前 0.5 行，段后 0.5 行，序数顶格书写。

修改 Word 内置样式，操作步骤如下。

① 将插入点置于文字样式为"标题 1"的文本中，如单击文本"第 4 章　系统设计"，此时"样式"窗格如图 6-72 所示，单击"标题 1"右侧的下拉按钮，选择"选择所有实例"命令，然后再选择"修改"命令，如图 6-73 所示。

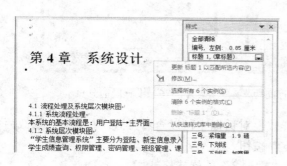

图 6-72　"样式"窗格

图 6-73　"修改"命令

② 在弹出的"修改样式"对话框的"格式"选项组中，选择字体为"黑体、三号、居中显示"，如图 6-74 所示。

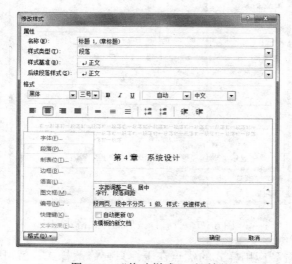

图 6-74　"修改样式"对话框

③ 单击"格式"按钮，在弹出的菜单中选择"段落"命令，如图 6-74 所示，在打开的"段落"对话框的"缩进和间距"选项卡中设置段落格式为：段前 18 磅，段后 30 磅，行距设置为

固定值，设置值为 20 磅，如图 6-75 所示；然后选择"换行和分页"选项卡，选中"段前分页"复选框，如图 6-76 所示。

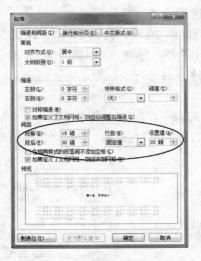 

图 6-75　设置段落间距和行间距　　　图 6-76　设置段前分页

④　单击"确定"按钮，在"修改样式"对话框中可以查看样式"标题 1"修改后的格式，如图 6-77 所示，符合要求后单击"确定"按钮。

⑤　重复上述步骤修改"标题 2"和"标题 3"的样式格式。

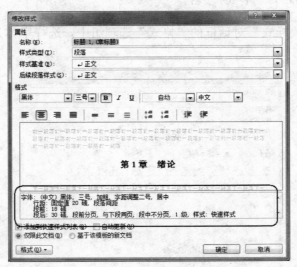

图 6-77　查看修改后的样式格式

通过上述步骤可以看到应用样式的优点在于：只要修改样式，就可以修改所有应用了该样式的对象（包括字符或段落），避免了逐一设置对象格式的重复工作。

（3）新建样式

内置的样式毕竟有限，所以可以根据实际情况自定义样式。

新建样式"论文正文",要求:论文正文的格式为"小四号,宋体",段落行间距为 20 磅,段前段后均为 0,首行缩进 2 个中文字符,并将"论文正文"样式应用于所有正文文本中。操作步骤如下。

① 单击"样式"窗格下方的"新建样式"按钮,如图 6-78 所示,打开"根据格式设置创建新样式"对话框,如图 6-79 所示。

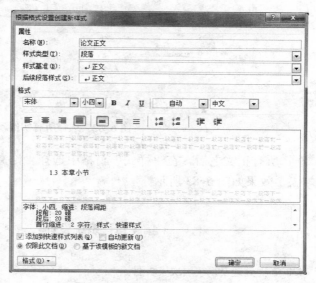

图 6-78 "新建样式"按钮　　　　　　　图 6-79 "新建样式"对话框

② 在"名称"文本框中输入"论文正文",在"后续段落样式"下拉列表框中选择"正文",其他设置如图 6-79 所示,单击"格式"按钮,在弹出的菜单中选择"段落"命令,在"段落"对话框设定段前、段后间距和行间距,并且在"大纲级别"下拉列表框中选择"正文文本",如图 6-80 所示。设定完成后依次单击"确定"按钮。新建的样式"论文正文"随即出现在"样式"窗格和快速样式列表中,如图 6-81 所示。

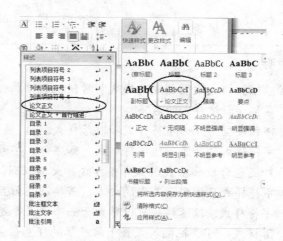

图 6-80 "论文正文"样式段落设置　　　　图 6-81 新建的"论文正文"样式

③ 将插入点置于正文文本中，此时"样式"窗格中定位在"正文"选项上，在该选项的下拉菜单中选择"选择所有实例"命令，如图 6-82 所示。

图 6-82　选择所有实例

④ 选择所有正文之后，在"样式"窗格中选择"论文正文"选项。此时所有样式应用到相应文本上，效果如图 6-83 所示。

第 4 章　系统设计

4.1 流程处理及系统层次模块图

4.1.1 系统流程处理

本系统的基本流程是：用户登陆→主界面→选择各子系统。

4.1.2 系统层次模块图

"学生信息管理系统"主要分为登陆、新生信息录入、学生信息查询、更新学生信息、学生成绩录入、学生成绩查询、权限管理、密码管理、班级管理、课程管理等 10 个模块。系统主要功能树如下图所示：

图 6-83　样式设定效果

 说明

① "根据格式设置创建新样式"对话框的"属性"选项组中各项含义如下。
- 名称：新建样式的名字。
- 样式类型：分为字符样式和段落样式。

  字符样式包含了一组字符格式，如字体、字号、加粗等。段落样式除了包含字符格式外还包含段落格式，如对齐方式、大纲级别、段间距、行间距等。

  字符样式只作用于选定的文本，若要凸显出显示段落中的部分文本，则可定义和使用字符样式；段落样式可以作用于一个或几个选定的段落，若只有一个段落需要应用段落样式，可以把插入点置于该段落的任意位置应用样式。
- 样式基准：指新建样式的基准。默认的显示样式为当前插入点所在的字符样式或段落样式，一旦指定基准样式，新建样式会随基准样式的变化而变化。例如，以"标题 1"为基准样式新建样式"标题 A"，当将"标题 1"的字号改为"小一"时，"标题 A"的字号也随之改变为"小一"。若不想指定基准样式，可在"样式基准"下拉列表框中选择"无样式"选项。

- 后续段落样式：指为下一段落指定一个已经存在的样式名。例如，通常标题样式的下一个段落是有关标题的正文文本，所以在"后续段落样式"下拉列表框中选择"正文"选项即可。当"样式类型"为"字符"时，此项不可选。

② 若要删除某个样式，在"样式"窗格中单击该样式右边的下拉按钮，选择"删除"命令即可。

3．使用多级编号

对于一篇较长的文档，需要使用多种级别的标题编号，如第 1 章，1.1，1.1.1 或一、（一）、1、（1）等。如果手工加入编号，一旦对章节进行了增删或移动，就需要修改相应的编号。为了使标题编号随章节的改变而自动调整，就要用自动设置多级编号的方法来实现。设置要求如表 6-1 所示。

表 6-1　标题样式与对应的编号格式

样 式 名 称	多 级 编 号
标题 1	第 1 章、第 2 章、第 3 章……
标题 2	1.1、1.2、1.3……
标题 3	1.1.1、1.1.2、1.1.3……

按表 6-1 的要求，自动设置多级编号，操作步骤如下。

① 将鼠标定位到任意标题处，单击"开始"选项卡的"段落"工具组中的"多级列表"按钮，在下拉列表中选择与文章标题最接近的多级列表项，如图 6-84 所示。然后选择"多级列表"下拉列表中的"定义新的多级列表"命令。

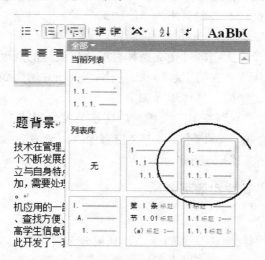

图 6-84　"多级符号"选项卡

②　在"定义新多级列表"对话框中，单击左下角的"更多"按钮，先选择修改的级别为"1"，在"输入编号的格式"文本框中输入文字"第"和"章"，中间的数字在"此级别的编号样式"下拉列表框中选择。在右侧"将级别链接到样式"下拉列表框中选择"标题 1"，具体设置如图 6-85 所示。

③　依次修改级别为 2 和 3 的编号，分别链接到样式"标题 2"和"标题 3"上。

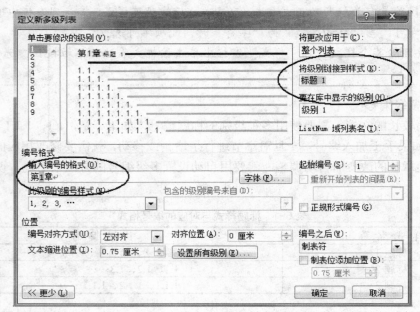

图 6-85　"定义新多级列表"对话框

④　此时，标题 1、标题 2、标题 3 的编号格式符合要求，单击"确定"按钮。

用上述方法为各章节设置标题编号后，一旦对章节进行增删或移动，整个章节的编号会随着所在位置的变化自动调整，不必重新修改后面的编号。

4．大纲视图的使用

用大纲视图来编辑和管理文档，可使文档具有能逐层展开的清晰结构，能使阅读者很快对文档的层次和内容有一个从浅到深的了解，从而能快速查找并切换到特定的内容。

使用大纲视图查看论文结构，具体步骤如下。

①　单击窗口右下角的"大纲视图"按钮，切换至大纲视图。

②　双击各级标题左边的"●"号，将正文内容隐藏，查看各级标题的顺序，检查各级标题的设置是否有遗漏，效果如图 6-86 所示。

任务 6-10　设置毕业论文页眉页脚

1．插入分节符

分节符是为表示"节"结束而插入的标记。利用分节符可以把文档划分为若干"节"，每个节为一个相对独立的部分，从而可以在不同的"节"中设置不同的页面格式，如不同的页眉

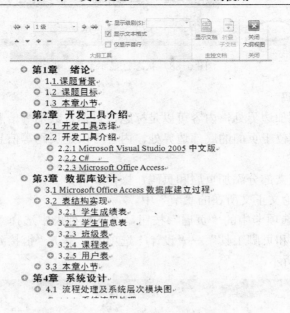

图 6-86 大纲视图效果

和页脚、不同的页边距等。由于不同节的格式可以截然不同，所以可以编排出复杂的版面。

在论文的正文前面插入分节符。操作步骤如下。

① 将视图切换到页面视图。

② 将插入点放在"第 1 章"文字前面，单击"页面布局"选项卡中的"分隔符"按钮，在下拉列表中选择"分节符"中的"下一页"，如图 6-87 所示，分节符随即出现在了插入点之前。

③ 右击 Word 窗口状态栏处，在弹出的快捷菜单中选择"节"命令，此时状态栏显示鼠标所在位置的节数，如图 6-88 所示。

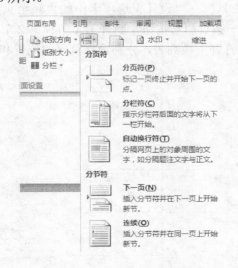

图 6-87 插入分节符

图 6-88　状态栏显示节数

2．添加页眉和页码

页眉位于页面的顶部边界处，内容可以是标题、日期、数字等信息，这些信息将出现在文档每一页的顶部；页脚位于页面的底部边界处，内容可以是页码等信息，这些信息将出现在文档每一页的底部。

根据论文要求给正文部分添加页眉和页码，操作步骤如下。

① 将插入点置于论文正文所在的"节"中。

② 单击"插入"选项卡中的"页眉"按钮，在下拉列表中选择"空白"选项，进入页眉编辑状态，打开"页眉和页脚工具"→"设计"选项卡，单击"链接到前一条页眉"按钮，取消该设置，如图 6-89 所示。

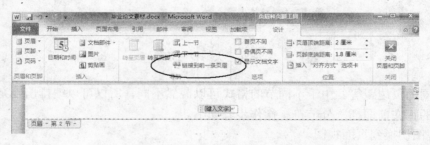

图 6-89　页眉页脚编辑栏

③ 按要求在页眉上输入文字"常州信息职业技术学院毕业设计（论文）"，设置格式为"宋体、五号、居中"。

④ 单击"页眉和页脚工具"→"设计"选项卡中的"转至页脚"按钮，将插入点移到页脚处，同样单击"链接到前一条页眉"按钮，断开第 1 节和第 2 节的页脚的链接。

⑤ 单击"页码"按钮，打开下拉列表，分别选择页码的位置和对齐方式，如图 6-90 所示。

图 6-90　"页码格式"对话框

说明

　　如果需要设置奇偶页不同的页眉和页脚，只需在"页眉和页脚工具"→"设计"选项卡中选中"奇偶页不同"复选框，然后分别在奇偶页设置页眉页脚即可。

任务 6-11　为毕业论文添加目录

1．生成目录

　　目录是长文档必不可少的组成部分，由文章的标题和页码组成。手工添加目录既麻烦又不利于以后的编辑修改。但是，在完成样式及多级编号设置的基础上，巧用样式可以快速生成目录。

　　根据格式要求，利用三级标题样式生成毕业论文目录，操作步骤如下。

　　① 插入点置于英文摘要后，单击"页面布局"选项卡中的"分隔符"按钮，在下拉列表中选择"分节符"中的"下一页"。输入文本"目录"后按<Enter>键，设置文字的格式为"黑体，三号，居中"。

　　② 单击"引用"选项卡中的"目录"按钮，可以在下拉列表中选择目录形式，或者选择下方"插入目录"命令，打开"目录"对话框，如图 6-91 所示。

　　③ 单击"确定"按钮，自动生成论文目录。

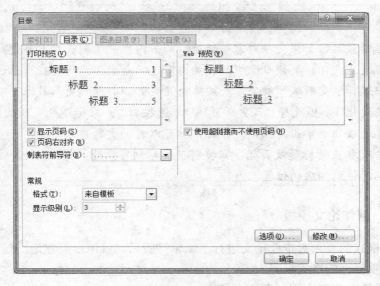

图 6-91　"目录"对话框

2．修改目录样式

　　根据格式要求自定义目录样式（修改目录样式），操作步骤如下。

　　① 将插入点置于目录中的任意位置。

　　② 单击"引用"选项卡中的"目录"按钮，在下拉列表中选择下方的"插入目录"命令，打开"目录"对话框，单击"修改"按钮，打开"样式"对话框，如图 6-92 所示。

③ 在"样式"列表框中选择"目录 1",单击"修改"按钮,按要求进行相应修改,再用相同的方法修改目录 2 和目录 3。

④ 依次单击"确定"按钮,可以看到目录得到了相应的修改。

图 6-92 "样式"对话框

 说明

在自动生成目录后,如果文档内容被修改,例如内容被增删或对章节进行了调整,页码或标题就有可能发生变化,要使目录中的相关内容也随着变化,只要在目录区中右击,在弹出的快捷菜单中选择"更新域"命令,或按功能键<F9>,打开"更新目录"对话框。如果只是文章中的正文变化了,则选择"只更新页码"单选按钮,如果标题也有所改变,则选择"更新整个目录"单选按钮,单击"确定"按钮,就可以自动更新目录了。

目录中包含有相应的标题及页码,只要将鼠标移到目录处,按住<Ctrl>键的同时单击某个标题,就可以定位到相应的位置。

任务 6-12 制作论文模板

按毕业论文格式的要求对毕业论文进行了编辑排版后,就可以创建论文模板了,目的是让大家共享,避免重复性的格式设置。

1. 根据毕业论文原有文档创建论文模板

具体操作步骤如下。

① 打开毕业论文文档。

② 在"文件"选项卡中选择"另存为"命令,打开"另存为"对话框,如图 6-93 所示。

③ 在"保存类型"下拉列表框中选择"文档模板(*.dotx)"。

④ 在"文件名"组合框中输入新模板的名称(如"论文模板"),单击"保存"按钮。

⑤ 在新模板中删除所有内容，在快速访问工具栏中单击"保存"按钮，再关闭文件即可。

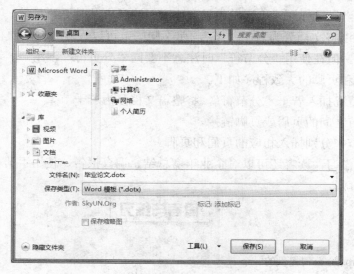

图 6-93　"另存为"对话框

2．利用毕业论文模板创建文档

具体操作步骤如下。

① 找到模板文档的保存位置，直接双击打开，此时新建一个文档。

② 新建文档已按毕业论文格式的要求设置好了页面属性、样式及其他格式，读者只需输入文本和应用相关的样式格式即可。

6.3.3　案例总结

本案例以毕业论文的排版为例，详细介绍了长文档的排版方法和操作技巧。本案例的重点为样式、节、页眉和页脚。

使用样式能批量完成段落或字符格式的设置。使用样式的优点大致可以归纳为以下几点。

① 节省设置各种文档的时间。

② 可以确保格式的一致性。

③ 改动文本更加容易，只需要修改样式，就可以一次性地更改应用该样式的所有文本。

④ 使用简单方便。

⑤ 采用样式有助于文档之间格式的复制，可以将一个文档或模板的样式复制到另一个文档或模板中。

在当前 Word 文档中可以使用如下 3 种样式。

① 内置样式。

② 自定义样式。

③ 其他文档或模板中的样式。

在创建标题样式时，要明确各级别之间的相互关系以及正确设置标题编号格式等，否则排版时将会出现标题级别混乱的状况。

利用 Word 可以为文档自动添加目录，从而使目录的制作变得非常简便，但前提是要为标题设置标题样式。当目录标题或页码发生了变化时，注意应及时更新目录。

使用分页符可以将文档分为若干"节"，而不同的节可以设置不同的页面格式，从而可以编排出复杂的版面。但在使用"分节符"时注意不要同"分页符"混淆。

设置不同页眉和页脚的大致程序如下。

① 根据具体情况插入若干"分节符"，将整篇文档分为若干节。

② 断开节与节之间的页眉或页脚链接。

③ 在不同的节中分别插入相应的页眉和页脚。

通过本案例的学习，读者还可以对企业年度总结、调查报告、使用手册、讲义、小说、杂志等长文档进行排版。

思考与练习

一、选择题

1. Word 是 Microsoft 公司提供的一个_____。
   A. 操作系统　　　　　　　　　B. 表格处理软件
   C. 文字处理软件　　　　　　　D. 数据库管理系统

2. Word 文档文件的扩展名是_____。
   A. txt　　　　　　　　　　　　B. wps
   C. doc　　　　　　　　　　　　D. wod

3. 关于 Word 查找操作的错误说法是_____。
   A. 可以从插入点当前位置开始向上查找
   B. 无论什么情况下，查找操作都是在整个文档范围内进行
   C. Word 可以查找带格式的文本内容
   D. Word 可以查找一些特殊的格式符号，如分页线等

4. 在 Word 的编辑状态下，选择了多行多列的整个表格后，按<Delete>键，则_____。
   A. 表格中第一列被删除　　　　B. 整个表格被删除
   C. 表格中第一行被删除　　　　D. 表格内容被删除，表格变为空表格

5. 如果在 Word 的文字中插入图片，那么图片只能放在文字的_____。
   A. 左边　　　　　　　　　　　B. 中间
   C. 下面　　　　　　　　　　　D. 前三种都可以

6. 关于编辑页眉页脚，下列叙述_____不正确。
   A. 文档内容和页眉页脚可在同一窗口编辑
   B. 文档内容和页眉页脚一起打印
   C. 编辑页眉和页脚时不能编辑文档内容
   D. 页眉和页脚中也可以进行格式设置和插入剪贴画

7. 以下选项中_____不能在 Word 的"打印"设置界面中进行设置。
   A. 打印份数　　　B. 打印范围　　　C. 页码位置　　　D. 始末页码

8. 在 Word 的编辑状态，对当前文档中的文字进行"字数统计"操作，应当使用的选项卡是_____。
   A. "开始"选项卡　　　　　　　B. "页面布局"选项卡
   C. "视图"选项卡　　　　　　　D. "审阅"选项卡

9. 当一个 Word 窗口被关闭后，被编辑的文件将_____。

　　A．被从磁盘中清除　　　　　　　　B．被从内存中清除

　　C．被从内存或磁盘中清除　　　　　D．不会从内存和磁盘中被清除

10．下列关于打印预览的说法中，正确的一项是_____。

　　A．在打印预览状态中，可以编辑文档，不可以打印文档

　　B．在打印预览状态中，不可以编辑文档，但可以打印文档

　　C．在打印预览状态中，既可以编辑文档，也可以打印文档

　　D．在打印预览状态中，既不可以编辑文档，也不可以打印文档

二、简答题

1．简述 Word 的格式刷的功能及其用法。

2．什么是样式？什么是模板？

3．什么是文本框？文本框有什么用途？

4．在 Word 2010 的"开始"选项卡中，"复制"按钮有时变为浅灰色不能单击，为什么？

5．Word 提供了哪几种视图方式？

6．简述 Word 中实现分栏排版的操作步骤。

三、操作题

1．创建一份求职简历，包含以下内容。

① 用适当的图片、文字等对象，制作与自己的专业或者学校相关的封面。

② 根据自己的实际情况输入一份"自荐书"，并对"自荐书"的内容进行字符格式化及段落格式化。

③ 将你的学习经历以及个人信息（班级、姓名、学号等），用表格直观地分类列出，如果愿意，可以插入一张你本人的照片。

2．参照"班级小报"的设计方法，结合掌握的 Word 排版知识，自选主题和素材，设计编排一份与你的专业或生活题材有关的小报。小报素材可以自己撰写，也可以从网上下载。具体排版要求如下。

① 用 A4 纸张，共 4 个版面进行排版。

② 用表格或文本框对整体版面进行布局设计，要求有页眉和页脚。

③ 必须包含适当的艺术字、艺术横线、图片或自选图形，实现版面的图文混排。

④ 必须对某些栏目的内容设置分栏效果。

⑤ 部分文本框设置成适当的艺术性边框。

⑥ 报头中应包含有你的个人信息（姓名、班级、兴趣爱好等）。

第 7 章　电子表格——Excel 2010 的使用

中文 Office 2010 软件包提供了一个名为中文 Excel 2010 的软件，这是一个用于建立和使用电子报表的实用程序，也是一种数据库软件，用于按表格的形式来应用数据记录，也常用于处理大量的数据信息，特别适用于数字统计，而且利用它还能快速制定好表格。

Excel 2010 的文档格式与以前的版本不同，它以 XML 格式保存，其新的扩展名是在以前的文件扩展名后添加 x 或 m。其中，x 表示不含宏的 XML 文件，m 表示含有宏的 XML 文件。

7.1　Excel 基础应用——制作学生成绩表

在学校的教学过程中，对学生成绩的处理是必不可少的，为了在教学中提高成绩，需要对学生的考试成绩进行认真的分析，这就要求算出与之相关的一些数值。例如，每个同学的总分、班级名次、各科成绩的平均分、各科成绩的优秀率和及格率等。本章以任务的形式将 Excel 2010 的知识点进行综合应用，使学生学起来既轻松又易掌握。

7.1.1　"学生成绩表"案例分析

1. 任务的提出

学期结束时，班主任张老师遇到了一个难题：从教务部门获得成绩登记表一张（包括应用数学、大学英语和计算机应用基础）及应用语文课程成绩登记表，现要求他输入"应用语文"课程的成绩表（如图 7-1 所示）内容，并根据该工作表和其他 3 门成绩表的数据得到"各科成绩表"（如图 7-2 所示），统计每位同学各科的成绩，计算总分、排名，并查找出满足条件的记录（如图 7-3 所示）。

2. 解决方案

要完成这些工作，可以分成以下几步：首先建立一个新的 Excel 工作簿，并建立一个空白的工作表，在这个工作表中输入原始数据。接着打开所有的工作簿，将相应的工作表复制到新建的工作簿中。要得到"各科成绩表"，只需将相应的内容复制到一个空白工作表中。注意在粘贴的时候使用"选择性粘贴"或者直接引用其他相应工作表中相应单元格的数据。完成数据的复制后，即可进行总分和名次的计算，并执行查找记录的操作。

7.1.2　相关知识点

1. Excel 2010 窗口

Excel 2010 启动成功后，屏幕上显示的 Excel 2010 应用程序窗口如图 7-4 所示。

学号	姓名	性别	出生年月	平时成绩	作业	期末考试	总评成绩
09302101	李文东	男	1989-4-3	90	91	95	92.8
09302102	李丽红	女	1989-10-1	93	74	87	84.3
09302103	王新	男	1987-5-23	75	89	68	75.7
09302104	杨东琴	女	1990-3-5	78	80	86	82.6
09302105	刘荣冰	男	1990-11-14	70	87	87	83.6
09302106	张力志	男	1989-4-25	85	96	78	84.8
09302107	赵光德	男	1989-5-26	90	74	74	77.2
09302108	张华	女	1989-4-27	96	65	78	77.7
09302109	李明	男	1989-6-23	72	74		61.6
09302110	李军	男	1989-3-21	83	83	82	82.5
09302111	王建国	男	1989-5-1	69	75	68	70.3
09302112	汪海	男	1989-5-1	89	72	69	73.9
09302113	江成	男	1989-7-17	77	89	78	81.1
09302114	朱健	男	1989-8-8	86	84	84	84.4
09302115	李丽	女	1989-3-14	94	69	68	73.5
09302116	郭磊	男	1989-5-15	63	82	83	78.7
09302117	林涛	男	1989-9-6	72		87	72.3
09302118	陈玉	女	1989-5-7	81	87	96	90.3
	平均成绩					78.77778	79.29444
	最高分					96	92.8
	最低分					50	61.6

图 7-1　"应用语文"课程成绩表

学号	姓名	性别	应用语文	大学英语	应用数学	计算机基础	总分	名次
09302101	李文东	男	92.8	73	82.2	78.8	326.8	2
09302102	李丽红	女	84.3	79.2	86.4	77	326.9	1
09302103	王新	男	75.7	65.5	78.7	57.5	277.4	17
09302104	杨东琴	女	82.6	70.7	81.9	78	313.2	6
09302105	刘荣冰	男	83.6	72.7	83.4	82.3	322	3
09302106	张力志	男	84.8	68.8	84.9	63.7	302.2	9
09302107	赵光德	男	77.2	71.7	77.1	69	295	14
09302108	张华	女	77.7	73.2	88.3	76.7	315.9	4
09302109	李明	男	61.6	67	75.5	82.8	286.9	16
09302110	李军	男	82.5	64.8	79	67.4	293.7	15
09302111	王建国	男	70.3	76.7	75	77.3	299.3	13
09302112	汪海	男	73.9	77	86.7	68.6	306.2	7
09302113	江成	男	81.1	74.2	84.1	62.1	301.5	10
09302114	朱健	男	84.4	75.5	81.8	72.8	314.5	5
09302115	李丽	女	73.5	75.3	79.9	77.1	305.8	8
09302116	郭磊	男	78.7	77	72.6	72.3	300.6	11
09302117	林涛	男	72.3	缺考	72.8	75.4	220.5	18
09302118	陈玉	女	90.3	65.4	69.2	74.6	299.5	12
平均分			79.29	72.22	79.97	72.97		

图 7-2　各科成绩表

	A	B	C	D	E	F	G	H	I
1	学号 ▼	姓名 T	性 ▼	应用语 ▼	大学英 ▼	应用数 ▼	计算机基 ▼	总分 ▼	名次 ▼
16	09302115	李丽	女	73.5	75.3	79.9	77.1	305.8	8

图 7-3　用"自动筛选"找出满足条件的记录

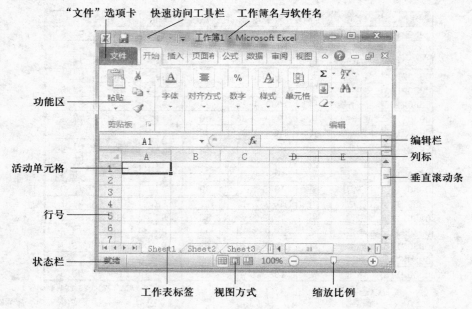

图 7-4　Excel 2010 窗口

2．工作簿和工作表

在 Excel 2010 中，一个 Excel 文件就是一个工作簿。工作簿是由多个工作表组成的，工作表是由一个一个的单元格组成的，单元格是组成工作簿的最小单位。工作簿与工作表之间的关系类似于财务会计的账簿和账簿中的每一张账页。工作簿、工作表和单元格是 Excel 2010 中的基本概念。

在一个工作簿中可以建立多个不同类型的工作表。当建立一个新的工作簿的时候，系统默认由 3 个工作表组成，用户可以根据需要增加或者减少工作表的个数。工作表的名称默认以"Sheet1"、"Sheet2"、…、"SheetN"命名。

工作表是工作簿文件的一个组成部分。可以通过工作簿标签上的工作表名称实现在同一个工作簿中的不同工作表之间的切换。在工作表标签中，带下画线、白底黑字显示的工作表为当前工作表或者活动工作表。工作表默认由 1048576 行和 16384 列构成。行号自上而下分别为 1、2、3、…、1048576；列号自左而右分别为 A、B、…、Z、AA、AB、…、ZZ、AAA、…、XFD。

3．单元格和区域

工作表中行列交叉处的长方形格子，称为单元格。单元格可以存储 Excel 2010 应用程序允许的任意类型数据，所有的数据都只能放入单元格内。每个单元格均有一个固定的地址，地址编号由列号和行号组成，如 A1、B2 等。工作表中当前正在使用的单元格为活动单元格。活动单元格的标志是四周加有黑色粗线边框。

为了方便操作，在 Excel 中引入了"区域"的概念。区域是指在工作表中 M×N 个连续单元格所组成的矩形，区域的引用常用左上角和右下角的单元格的地址编号来标记，在引用时两个地址编号中间用英文格式下的冒号"："连接，如 D4:H5、B3:E10 等。

4．常用数据类型与输入

在 Excel 2010 中数据有多种类型，最常见的数据类型有文本型、数值型、日期型等。文本型数据可以包括字母、数字、空格和符号，其对齐方式为左对齐；数值型数据包括 0～9、（），

+、–等符号，其对齐方式为右对齐。

快速输入有很多技巧，如利用"填充柄"自动填充、自定义序列、按<Ctrl+Enter>组合键可以在不相邻的单元格中自动填充重复数据等。

5．单元格格式化设置

单元格的格式化包括设置数据类型、单元格对齐方式、设置字体、设置单元格边框和底纹等。

6．多工作表的操作

多工作表的操作，包括对工作表的重命名，工作表之间的复制、移动、插入、删除等，对工作表进行操作时一定要先选定工作表标签。工作表之间数据的复制、粘贴、单元格引用等，都是在工作表单元格之间进行的。

7．公式和函数的使用

Excel 2010 中的"公式"是指在单元格中执行计算功能的等式，所有公式都必须以"="号开头，"="后面是参与计算的运算数和运算符。

Excel 2010 中的"函数"是一种预定义的内置公式，它使用一些称为参数的特定数值按特定的顺序或者结构进行计算，然后返回结果。所有函数都包含函数名、参数和圆括号三部分。

8．单元格引用

单元格的引用是把单元格的数据和公式联系起来，标识工作表中单元格或单元格区域，指明公式中所使用数据的位置。Excel 2010 单元格的引用有相对引用、绝对引用、混合引用和三维引用。Excel 2010 默认的引用方式是相对引用。

9．数据的排序

排序方式有升序和降序两种，升序中数字按照从小到大的顺序排列；降序则与升序相反，空格排在最前面。排序并不是只针对某一行进行的，而是以某一列的大小为顺序，对所有的数据进行排序。也就是说，无论怎么排序，每一条记录的内容都是不容改变的，改变的只是它在数据中显示的位置。

10．数据筛选

数据筛选是把数据中满足指定条件的数据记录显示出来，而把不满足条件的数据记录隐藏起来。

任务 7-1　建立并保存空白工作簿

任务目标：建立"应用语文.xlsx"工作簿。

1．Excel 2010 的启动

单击 Windows 窗口左下角的"开始"按钮，选择"所有程序"→"Microsoft Office"→"Microsoft Excel 2010"命令，即可完成启动，如图 7-5 所示。

也可以通过双击 Excel 2010 的桌面快捷图标启动。启动 Excel 2010 后，系统会自动创建一个新工作簿，默认的工作簿名称是"工作簿 1.xlsx"，如图 7-6 所示。

新建工作簿还有下面两种方法。

① 使用快捷键<Ctrl+N>。

② 在"文件"选项卡中选择"新建"命令，在"可用模板"区域中选择"空白工作簿"选项，在右侧单击"创建"按钮，如图 7-7 所示。

图 7-5　"开始"菜单启动 Excel 2010

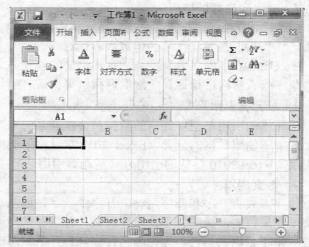

图 7-6　默认文档

图 7-7　新建工作簿

2.工作簿保存

新建一个工作簿后，为了便于日后查看或编辑，需要将工作簿先进行保存。具体操作方法有以下几种。

① 当新建的工作簿第一次保存时，在"文件"选项卡中选择"保存"命令或"另存为"命令，会出现一个"另存为"对话框，如图 7-8 所示，这时需在"保存位置"中选择合适的文件夹，然后在"文件名"文本框中输入文件名称"应用语文"，最后单击"保存"按钮。

② 按快捷键<Ctrl＋S>实现保存操作。

③ 对已经存在的工作簿再次进行编辑修改时，如果想把修改后的文档仍然保存到原文件中，只需在"文件"选项卡中选择"保存"命令或单击快速访问工具栏中的"保存"按钮即可；如果想不影响原文件还要保存修改后的内容，这时应在"文件"选项卡中选择"另存为"命令，打开"另存为"对话框。

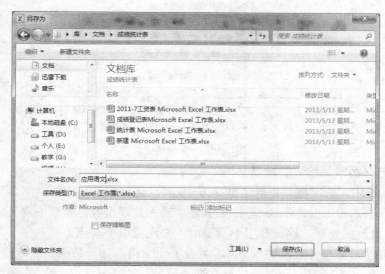

图 7-8　"另存为"对话框

任务 7-2　成绩表数据输入

任务目标：将"应用语文"中的各种数据录入"应用语文.xlsx"工作簿中。

打开工作簿"应用语文.xlsx"，单击"Sheet1"标签，将以下内容输入到该工作表内。

1.输入标题、学生姓名（文本信息）

在 Excel 2010 中，文本可以是字母、汉字、数字、空格和其他字符，也可以是它们的组合。在默认状态下，所有文字型数据在单元格中均为左对齐。输入文字时，文字出现在活动单元格和编辑栏中。输入时注意以下几点。

① 在当前单元格中，一般文字（如字母、汉字等）直接输入即可。

② 如果把数字作为文本输入（身份证号码、电话号码、"=3+5"、"2/3"等），应先输入一个半角的单引号"'"再输入相应的字符，如"'0101"。

输入步骤如下。

① 在单元格 A1 中输入标题："应用语文"课程学生成绩登记表。

② 在 A2:H2 中输入相应内容。

③ 选择 A1:H1 区域。单击单元格 A1，拖动鼠标至单元格 H1。

④ 单击"开始"选项卡，在"对齐方式"选项组中单击"合并后居中"按钮右侧的向下箭头，在弹出的下拉列表中选择"合并后居中"命令，效果如图 7-9 所示。

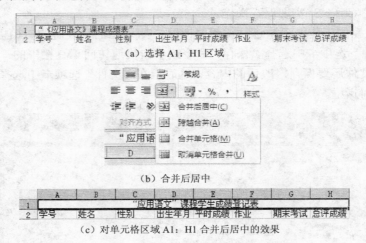

（a）选择 A1：H1 区域

（b）合并后居中

（c）对单元格区域 A1：H1 合并后居中的效果

图 7-9　合并及居中

2. 输入成绩（数字（值）型数据）

在 Excel 2010 中，数字型数据除了数字 0~9 外，还包括+（正号）、−（负号）、,（千分位号）、.（小数点）、/、$、%、E、e 等特殊字符。输入数字型数据默认右对齐，数字与非数字的组合均作文本型数据处理。输入数字型数据时，要注意以下几点。

① 输入分数时，应在分数前输入 0（零）及一个空格，如分数 2/3 应该输入"0 2/3"。如果直接输入"2/3"或"02/3"，则系统将把它视为日期，即 2 月 3 日。

② 输入负数时，应在负数前输入负号，或将其置于括号中，如−8 或（8）。

③ 在数字间可以用千分位号","隔开，如"12,002"。

④ 单元格中的数字格式决定 Excel 2010 在工作中表示数字的方式。如果在"常规"规格的单元中输入数字，Excel 2010 会将数字显示为整数、小数，当数字长度超出单元格宽度时以科学记数法表示。采用"常规"规格的数字长度为 11 位，其中包括小数点和类似"E"和"+"这样的字符。如果要输入并显示多于 11 位的数字，可以使用内置的科学记数格式（即指数格式）或自定义的数字格式。

⑤ Excel 2010 将根据具体情况套用不同的数字格式。例如，如果输入 $16.88，Excel 2010 将套用货币格式。如需改变数字格式，则先选择要应用数字格式的单元格区域，再在"开始"选项卡的"数字"组的"数字格式"下拉列表中，根据需要选定相应的分类和格式。

⑥ 无论显示的数字的位置如何，Excel 2010 都只保留 15 位数字精度。如果数字长度超出了 15 位，则 Excel 2010 会将多余的数字位转换成 0（零）。

3．输入学号

具体操作方法有如下几种。

① 单击 A3 单元格，在 A3 单元格中输入学号"09302101"，按<Enter>键后会发现单元格中的内容变成了"9302101"，说明在自动格式中以数字方式显示，所以数据前面的"0"被忽略了。正确的输入方法是：先输入西文单引号"'"，然后依次输入 "09302101"等学号。

② Excel 2010 有"自动填充"功能，可以自动填充一些有规律的数据，如填充相同数据，填充数据的等比数列、等差数列和日期时间数列等。

自动填充是根据初值决定以后的填充项，方法为：将鼠标移动到初值所在的单元格填充柄上，当鼠标指针变成黑色十字形时，按住鼠标左键拖动到所需的位置，松开鼠标，即可完成自动填充，如图 7-10 所示。

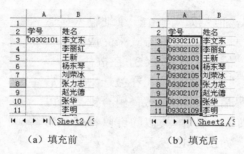

（a）填充前　　　　　　（b）填充后

图 7-10　自动填充

自动填充也可以使用填充对话框来完成。在 A2 单元格中输入"09302101"，选择需要填充的区域 A3:A11，在"开始"选项卡中单击"编辑"选项组中的"填充"按钮，从弹出的下拉列表中选择"系列"命令，打开"序列"对话框，选择"自动填充"单选按钮，单击"确定"按钮。返回工作表中，如图 7-11 所示。

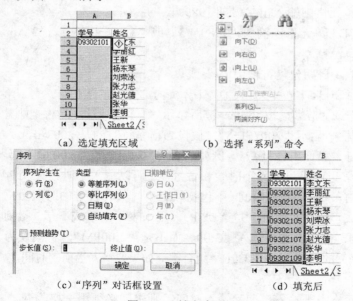

（a）选定填充区域　　　　　（b）选择"系列"命令

（c）"序列"对话框设置　　　　（d）填充后

图 7-11　填充序列

小技巧

若初值为纯数字型数据或文字型数据，则拖动填充柄可在相应单元格中填充相同数据（即复制填充）。若在拖动填充柄的同时按住<Ctrl>键，可使数字型数据自动增1。

若初值为文字型数据和数字数据混合体，则填充时文字不变，数字递增减。例如，初值为 A1，则填充为 A2、A3、A4 等。

若初值为 Excel 预设序列中的数据，则按预设序列填充。

若初值为日期时间型数据及具有增减可能的文字型数据，则自动增1。若在拖动填充柄的同时按住<Ctrl>键，则在相应单元格中填充相同数据。

4．输入性别列数据

虽然性别也是文本信息，但是如果一个一个地输入显然比较麻烦，这里可以采用一种比较简便的方式来完成。

选择第一个应该为"男"的单元格，如 C3，在按住<Ctrl>键的同时，分别单击其他是"男"的位置，在被选中的最后一个单元格中输入"男"，最后按<Ctrl+Enter>组合键，可以看到被选中的地方全部变成了"男"，类似的可以将应该为"女"的单元格输入"女"，如图 7-12 所示。

5．输入出生日期数据

Excel 2010 将日期和时间视为数字处理。在默认状态下，日期和时间型数据在单元格中右对齐。如果 Excel 2010 不能识别输入的日期或时间格式，输入的内容将被视为文本，并在单元格中右对齐。

图 7-12　<Ctrl+Enter>组合键的使用

例如，在 D3 单元格中输入出生日期 1989 年 4 月 3 日。操作步骤为：单击 D3 单元格，输入"1989/4/3"或"1989-4-3"或"3/Apr/1989"即可。输入时注意以下几点。

① 一般情况下，日期分隔符使用"/"或"-"。

② 如果输入月和日，Excel 2010 就取计算机内部时钟的年份作为默认值。例如，在当前单元格中输入"1-3"或"1/3"，按<Enter>键后显示"1 月 3 日"，当再把刚才的单元格变为当前单元格时，在编辑栏中显示"2007-1-3"（假设当前系统时间是 2007 年）。

③ 时间分隔符一般使用冒号"："。例如，输入"7:0:1"或"7:00:01"都表示"7 点零 1 秒"。可以只输入时和分，也可以只输入小时数和冒号，还可以输入小时数大于 24 的时间数据。如果要基于 12 小时数输入时间，则在时间（不包括只有小时数和冒号的时间数据）后输入一个空格，然后输入"AM"或"PM"（也可以是 A 或 P），用来表示上午或下午。否则 Excel 2010 将基于 24 小时制计算时间。例如，如果输入"3:00"而不是"3:00PM"，将被视为"3:00AM"。

④ 如果输入当天的日期，则按<Ctrl+;>组合键；如果要输入当前的时间，则按<Ctrl+Shift+:>组合键。

⑤ 如果在单元格中既输入日期又输入时间，则中间必须用空格隔开。

任务 7-3　计算成绩

任务目标：计算各位同学的总评成绩，计算期末考试和总评成绩的平均成绩和最高、最低分。

1．计算各位同学的总评成绩

学生的总评成绩=平时成绩×20%+作业×30%+期末考试×50%，要得出总评成绩必须使用公式来计算，步骤如下。

① 先选择目标单元格，即计算出的结果显示的单元格，如李文东的总评成绩的目标单元格就是 H3，选中 H3 单元格，在单元格中输入"="，表明后面输入的内容是公式。

② 单击 E3 单元格，在 E3 单元格周围出现虚线框，表示引用此单元格的数据，即引用了李文东的平时成绩，再输入"×0.2"，表示平时成绩的权重只有 20%，除了平时成绩以外还有作业和期末考试的部分，所以接下来后面输入"+"。

③ 类似地单击 F3 单元格，输入"×0.3+"，然后单击 G3 单元格，再输入"×0.5"，由于平时、作业和期末都已经被选择，其他没有了，不必再输入"+"，此时单元格和公式编辑栏中的公式为"=E3×0.2+F3×0.3+G3×0.5"，如图 7-13 所示。

图 7-13　输入公式

④ 按<Enter>键或者单击编辑栏中的"输入"按钮确认，此时 H3 单元格中将显示计算的结果。

⑤ 移动鼠标指针指向 H3 的单元格的填充柄，当鼠标指针变成黑"十"字的时候，双击填充柄，或者拖动填充柄，将 H3 单元格的计算公式自动应用到 H4、H5 等其他单元格。

> **注意**
>
> Excel 2010 运算符的类型有：算术运算符、比较运算符、文本运算符和引用运算符。
>
> ① 算术运算符：+（加号）、-（减号或负号）、*（星号或乘号）、/（除号）、%（百分号）、∧（乘方）。完成基本的数学运算，返回值为数值。例如，在单元格中输入"=2+5"后回车，结果为 27。
>
> ② 比较运算符：=（等号）、>（大于）、<（小于）、>=（大于或等于）、<=（小于或等于）、<>（不等于）。用以实现两个值的比较，结果是一个逻辑值 True 或 False。例如，在单元格中输入"=3<8"，结果为 True。
>
> ③ 文本运算符：&。用来连接一个或多个文本数据以产生组合的文本。例如，在单元格中输入"="职业"&"技术"&"学院""（注意文本输入时需加英文引号）后按<Enter>键，将产生"职业技术学院"的结果。
>
> ④ 单元格引用运算符：:（冒号）。冒号是引用运算符，用于合并多个单元格区域。例如，B2:E2 表示引用 B2 到 E2 之间的所有单元格。

> 公式中运算符的运算优先级为：：（冒号）→%（百分比）→^（乘幂）→*、/（乘、除）→+、−、&（加、减、连接符）→=、<、>、< =、> =、< >（比较运算符）对于优先级相同的运算符，则从左到右进行计算。如果要修改计算顺序，则应把公式中需要首先计算的部分括在圆括号内。
>
> 运算符必须在英文半角状态下输入。
>
> 公式的运算对象尽量引用单元格地址，以便于复制引用公式。

2. 单元格的相对引用和绝对引用

单元格的引用是把单元格的数据和公式联系起来，标识工作表中单元格或单元格区域，指明公式中所使用数据的位置。Excel 单元格的引用有 4 种基本方式：相对引用、绝对引用、混合引用和三维地址引用。

① 相对引用是指单元格引用会随公式所在位置的变化而改变，公式的值将会依据更改后的单元格地址的值重新计算。

② 绝对引用是指公式中的单元格或单元格区域地址在公式位置改变时不发生改变。不论公式的单元格处在什么位置，公式中所引用的单元格位置都是其在工作表中确切的位置。绝对单元格引用的形式是在每一个列标、行标前加一个$符号，如公式"=1.06*$C$4"。

③ 混合引用是指单元格或单元格区域的地址部分是相对引用，部分是绝对引用，如"$B2"、"B$2"。

④ 三维地址引用。在 Excel 中，不但可以引用同一工作表中的单元格，还能引用不同工作表中的单元格，引用格式为"[工作簿名]+工作表名！+单元格引用"。例如，在工作簿 1 中引用工作簿 2 中的工作表"Sheet1"的第三行第五列单元格数据，可表示为"[工作簿 2]Sheet1!E3"。

3. 计算平均成绩、最高分和最低分

根据要求，需要计算期末考试的平均成绩、最高分和最低分。要计算这些结果，就要使用函数来完成。Excel 2010 提供了许多内置函数，包括财务、日期与时间、数学与三角函数、统计、查找与引用、数据库等 9 类几百种函数，为用户对数据进行运算和分析带来了极大的方便。Excel 2010 函数由函数名、括号和参数组成，如"=SUM（B2:E2）"。当函数以公式的形式出现时，应在函数名称前面输入等号"="。求期末考试的平均成绩，有以下几种方法。

（1）利用自动求和按钮快速输入函数

① 选择目标单元格 G21。

② 在"开始"选项卡的"编辑"组中单击"求和"按钮右侧的下拉箭头，选择"平均值"选项，如图 7-14 所示，选择 G3:G20 区域，按<Enter>键即可。

（2）开启"插入函数法"

① 选择目标单元格 G21。

② 在"公式"选项卡中单击"插入函数"按钮，打开"插入函数"对话框，在"选择函数"列表框中选择"AVERAGE"函数，打开"函数参数"对话框，单击"Number1"文本框右侧的"选择"按钮，选择 G3:G20 区域，然后单击"确定"按钮，如图 7-15 所示。

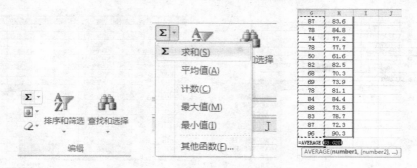

图 7-14　利用自动求和按钮计算平均值

图 7-15　插入函数

（3）手动输入函数

① 选择目标单元格 G21。

② 输入函数名的第一个字母时，Excel 会自动列出以该字母开头的函数名，如图 7-16（a）所示。

③ 按<Tab>键选择所选函数名，如 AVERAGE，并在其右侧自动输入一个"（"。Excel 会出现一个带有语法和参数的工具提示，如图 7-16（b）所示。

④ 选定要引用的单元格或区域，如 G3:G20，输入右括号，然后按<Enter>键即可。

通过以上 3 种方法计算出"G21"的值后，拖动单元格"G21"上面的填充柄（如图 7-17）至单元格"H21"，计算总评成绩的平均值。

用类似求平均值的操作求最大值和最小值，结果如图 7-18 所示。

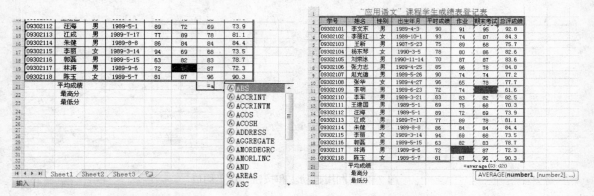

（a）函数自动匹配功能　　　　　　　　　（b）函数的语法和参数提示

图 7-16　手动输入函数

	A	B	C	D	E	F	G	H
1	"应用语文"课程学生成绩登记表							
2	学号	姓名	性别	出生年月	平时成绩	作业	期末考试	总评成绩
3	09302101	李文东	男	1989-4-3	90	91	95	92.8
4	09302102	李丽红	女	1989-10-1	93	74	87	84.3
5	09302103	王新	男	1987-5-23	75	89	68	75.7
6	09302104	杨东琴	女	1990-3-5	78	80	86	82.6
7	09302105	刘荣冰	男	1990-11-14	70	87	87	83.6
8	09302106	张力志	男	1989-4-25	85	96	78	84.8
9	09302107	赵光德	男	1989-5-26	90	74	74	77.2
10	09302108	张华	女	1989-4-27	96	65	78	77.7
11	09302109	李明	男	1989-6-23	72	74	50	61.6
12	09302110	李军	男	1989-3-21	83	83	82	82.5
13	09302111	王建国	男	1989-5-1	69	75	68	70.3
14	09302112	汪海	男	1989-5-1	89	72	69	73.9
15	09302113	江成	男	1989-7-17	77	89	78	81.1
16	09302114	朱健	男	1989-8-8	86	84	84	84.4
17	09302115	李丽	女	1989-3-14	94	69	68	73.5
18	09302116	郭磊	男	1989-5-15	63	82	83	78.7
19	09302117	林涛	男	1989-9-6	72	48	87	72.3
20	09302118	陈玉	女	1989-5-7	81	87	96	90.3
21	平均成绩						78.77778	79.29444
22	最高分							
23	最低分							

图 7-17　利用"填充柄"进行计算

18	09302116	郭磊	男	1989-5-15	63	82	83	78.7
19	09302117	林涛	男	1989-9-6	72	48	87	72.3
20	09302118	陈玉	女	1989-5-7	81	87	96	90.3
21	平均成绩						78.77778	79.29444
22	最高分						96	92.8
23	最低分						50	61.6

图 7-18　最高分和最低分的计算结果

任务 7-4　表格的优化和修饰

任务要求：制作如图 7-19 所示的工作表。

学号	姓名	性别	出生年月	平时成绩	作业	期末考试	总评成绩
				"应用语文"课程学生成绩表登记表			
09302101	李文东	男	1989-4-3	90	91	95	92.8
09302102	李丽红	女	1989-10-1	93	74	87	84.3
09302103	王新	男	1987-5-23	75	89	68	75.7
09302104	杨东琴	女	1990-3-5	78	80	86	82.6
09302105	刘荣冰	男	1990-11-14	70	87	87	83.6
09302106	张力志	男	1989-4-25	85	96	78	84.8
09302107	赵光德	男	1989-5-26	90	74	74	77.2
09302108	张华	女	1989-4-27	96	65	78	77.7
09302109	李明	男	1989-6-23	72	74	50	61.6
09302110	李军	男	1989-3-21	83	83	82	82.5
09302111	王建国	男	1989-5-1	69	75	68	70.3
09302112	汪海	男	1989-5-1	89	72	69	73.9
09302113	江成	男	1989-7-17	77	89	78	81.1
09302114	朱健	男	1989-8-8	86	84	84	84.4
09302115	李丽	女	1989-3-14	94	69	68	73.5
09302116	郭磊	男	1989-5-15	63	82	83	78.7
09302117	林涛	男	1989-9-6	72	48	87	72.3
09302118	陈玉	女	1989-5-7	81	87	96	90.3
	平均成绩					78.77778	79.29444
	最高分					96	92.8
	最低分					50	61.6

图 7-19 优化任务目标

1．单元格格式设置

① 选中标题，切换到功能区中的"开始"选项卡，单击"字体"选项组中的"对话框启动器"按钮，打开"设置单元格格式"对话框，在"字体"列表框中选择"宋体"选项，在"字号"列表框中选择"20"选项，如图 7-20 所示，单击"确定"按钮。

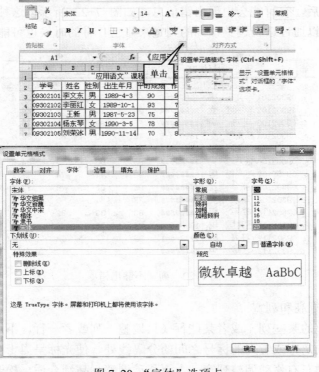

图 7-20 "字体"选项卡

　　② 选择数据区域"A3:H20"，重复步骤①，在"设置单元格格式"对话框的"字体"选项卡的"字号"下拉列表框中选择字号为"14"，在"字体"下拉列表框中选择"宋体"。

　　③ 选择"对齐"选项卡，在"水平对齐"下拉列表框中选择"居中"选项，在"垂直对齐"下拉列表框中选择"居中"选项，如图 7-21 所示，单击"确定"按钮。

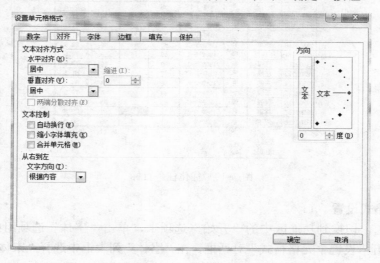

图 7-21　"对齐"选项卡

2. 设置行高与列宽

　　格式设置好了以后，有可能会出现出错信息，如图 7-22 所示，这种情况是由于单元格的列宽不够造成的，可以通过适当调整该列的列宽来修正。有的时候也可能需要调整行高。

	A	B	C	D	E	F	G	H
1	"应用语文"课程学生成绩登记表							
2	学号	姓名	性别	出生年月	平时成绩	作业	期末考试	总评成绩
3	09302101	李文东	男	1989-4-3	90	91	95	92.8
4	09302102	李丽红	女	########	93	74	87	84.3
5	09302103	王新	男	########	75	89	68	75.7
6	09302104	杨东琴	女	1990-3-5	78	80	86	82.6
7	09302105	刘荣冰	男	########	70	87	87	83.6
8	09302106	张力志	男	########	85	96	78	84.8
9	09302107	赵光德	男	########	90	74	74	77.2
10	09302108	张华	女	########	96	65	78	77.7
11	09302109	李明	男	########	72	74	50	61.6
12	09302110	李军	男	########	83	83	82	82.5
13	09302111	王建国	男	1989-5-1	69	75	68	70.3
14	09302112	汪海	男	1989-5-1	89	72	69	73.9
15	09302113	江成	男	########	77	89	78	81.1

图 7-22　列宽不够出错

（1）用鼠标调整行高和列宽

① 选定需要调整的某些列，或者某些行（只调整一列或者一行，不用选定）。

② 移动光标到选定行或者列的标号之间的分隔线处，使光标呈黑十字状。

③ 按住鼠标左键左右移动调整列宽，上下移动调整行高到合适，松开鼠标即可。

（2）用菜单命令调整行高和列宽

① 选定需要调整的列或者行。

② 在"开始"选项卡的"单元格"组中单击"格式"按钮右侧的向下箭头，从弹出的下拉列表中选择"列宽"或者"行高"命令，打开如图 7-23 所示的"列宽"（或者"行高"）对话框，在文本框中输入具体的列宽值（行高值），然后单击"确定"按钮。

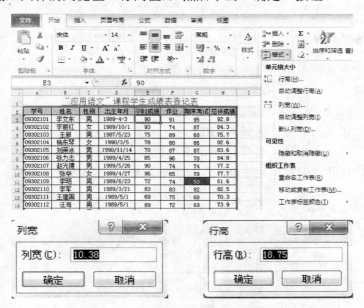

图 7-23　"列宽"和"行高"对话框

3．插入与删除行和列

（1）插入一行或者一列

想要在某一行的上方插入一行，可右击其行标，从弹出的快捷菜单中选择"插入"命令，或者在"开始"选项卡的"单元格"组中单击"插入"下拉按钮，在弹出的下拉列表中选择"插入工作表行"命令。若需要在多行的上方均要插入一行空行，可以选择这些行，然后同上操作，则可以在选中的行上方插入一行空行。

空列的插入方法与空行类似，新插入的列会出现在选中列的左边。

（2）插入空白的单元格

当要插入一个或者多个空白的单元格时，选择预插入位置的单元格或者单元格区域，右击，在弹出的快捷菜单中选择"插入"命令，或者选择功能区中的"开始"选项卡，单击"单元格"选项组中"插入"下拉按钮，选择"插入单元格"命令，弹出"插入"对话框，如图 7-24 所示，在对话框中选择相应的插入方式即可。

（3）删除行、列或单元格

① 选定要删除的行、列或者单元格。

② 右击，在弹出的快捷菜单中选择"删除"命令，或者在"开始"选项卡的"单元格"组中单击"删除"下拉按钮，选择相应的删除命令，当选择"删除单元格"命令时，将弹出"删除"对话框，如图 7-25 所示。

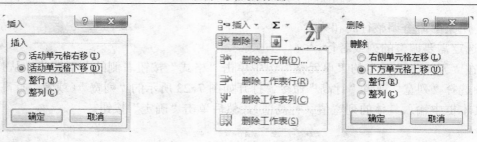

图 7-24　"插入"对话框　　　　　　　图 7-25　"删除"对话框

③ 在"删除"对话框中指定相应的删除方式即可。

4．边框和底纹

（1）将表格的外边框设置为双细线，内框设置为单细线。

① 选择要添加边框的单元格区域 A3:H21。

② 在"开始"选项卡的"字体"组中单击"边框"下拉按钮，在弹出的下拉列表中选择"其他边框"命令，打开"设置单元格格式"对话框，如图 7-26 所示。

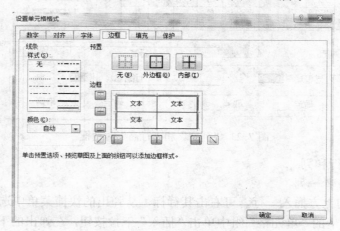

图 7-26　"边框"选项卡

③ 在"线条"选项组的"样式"列表框中选择双细线，在"预置"选项组中单击"外边框"按钮，为表格添加外边框。

④ 在"线条"选项组的"样式"列表框中选择单细线，在"预置"选项组中单击"内框"按钮，为表格添加内边框，单击"确定"按钮，效果如图 7-27 所示。

（2）添加表格列标题区域的填充效果。

① 选择表格列标题区域"A2:H2"。

② 切换到功能区的"开始"选项卡，单击"字体"选项组中"填充颜色"按钮右侧的下拉箭头，从下拉列表中选择"白色，背景 1，深色 25%"即可，如图 7-28 所示。

5．条件格式

成绩低于 60 分的单元格用蓝色，数值用红色显示。

① 选择数据区域 E3:H21。

	A	B	C	D	E	F	G	H
1				"应用语文"课程学生成绩登记表				
2	学号	姓名	性别	出生年月	平时成绩	作业	期末考试	总评成绩
3	09302101	李文东	男	1989-4-3	90	91	95	92.8
4	09302102	李丽红	女	1989-10-1	93	74	87	84.3
5	09302103	王新	男	1987-5-23	75	89	68	75.7
6	09302104	杨东琴	女	1990-3-5	78	80	86	82.6
7	09302105	刘荣冰	男	1990-11-14	70	87	87	83.6
8	09302106	张力志	男	1989-4-25	85	96	78	84.8
9	09302107	赵光德	男	1989-5-26	90	74	74	77.2
10	09302108	张华	女	1989-4-27	96	65	78	77.7
11	09302109	李明	男	1989-6-23	72	74	50	61.6
12	09302110	李军	男	1989-3-21	83	83	82	82.5
13	09302111	王建国	男	1989-5-1	69	75	68	70.3
14	09302112	汪海	男	1989-5-1	69	72	69	73.9
15	09302113	江成	男	1989-7-17	77	89	78	81.1
16	09302114	朱健	男	1989-8-8	86	84	84	84.4
17	09302115	李丽	女	1989-3-14	94	69	68	73.5
18	09302116	郭磊	男	1989-5-15	63	82	83	78.7
19	09302117	林涛	男	1989-9-6	72	48	87	72.3
20	09302118	陈玉	女	1989-5-7	81	87	96	90.3

图 7-27　边框设置效果

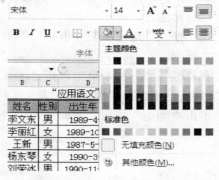

图 7-28　设置表格填充效果

② 切换到功能区的"开始"选项卡，在"样式"选项组中单击"条件格式"按钮，在弹出的下拉列表中选择设置条件的方式。例如，选择"突出显示单元格规则"→"其他规则"命令，打开"新建格式规则"对话框，在"编辑规则说明"选项组中从左边第二个下拉列表框中选择"小于"，在最右边的文本框中直接输入 60，单击下方的"格式"按钮，弹出"设置单元格格式"对话框，在"字体"选项卡中选择"红色"，在"填充"选项卡中选择"蓝色"。设置效果如图 7-29 所示。

③ 单击"确定"按钮，完成设置。

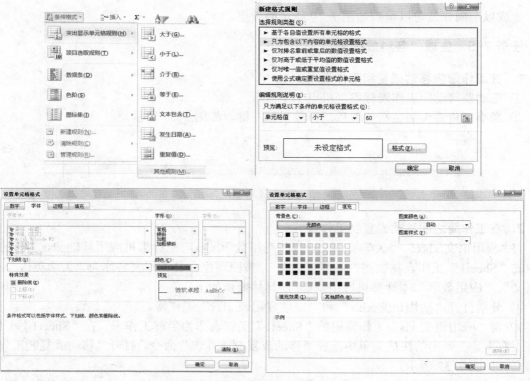

图 7-29　条件格式设置效果

6. 超链接

设置标题行超链接到"各科成绩登记表.xlsx",操作步骤如下。

① 选择标题行。

② 在"插入"选项卡的"链接"组中单击"超链接"按钮,打开"插入超链接"对话框,如图7-30所示。

③ 在"链接到"列表框中单击"现有文件或网页",单击"当前文件夹"按钮并选择需要的目标文件,这里选择"成绩登记表"工作簿。

④ 单击"确定"按钮,完成设置。

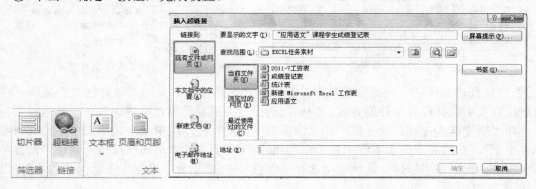

图7-30　"插入超链接"对话框

完成以上操作就可以得到如图7-19所示的效果。

任务7-5　生成"各科成绩表"

1. 在工作簿内移动或复制工作表

① 拖动要移动的工作表标签"机电121班"。

② 当小三角箭头到达新位置后,释放鼠标左键,如图7-31所示。

图7-31　移动工作表

2. 在工作簿之间移动或复制工作表

将"应用语文.xlsx"、"大学英语.xlsx"、"应用数学.xlsx"、"计算机应用基础.xlsx"4个工作簿中的"Sheet1"工作表复制到"成绩登记表",按照顺序命名工作表名称为"大学英语"、"应用语文"、"应用数学"、"计算机应用基础",具体操作如下。

① 分别打开"应用语文.xlsx"和"成绩登记表.xlsx"工作簿。

② 将"应用语文.xls"工作簿中的"Sheet1"工作表作为当前工作表,在"Sheet1"工作表标签上右击,在弹出的快捷菜单中选择"移动或复制工作表"命令,打开"移动或复制工作表"对话框,如图7-32所示。

③ 在对话框的"工作簿"下拉列表框中选择"成绩登记表.xlsx",在"在下列选定工作表

之前"列表框中选择"Sheet1"工作表，同时选中"建立副本"复选框，如图 7-33 所示。

图 7-32　"移动或复制工作表"对话框　　　　图 7-33　选择目标位置

④ 单击"确定"按钮，这时当前工作表"Sheet1（2）"变成了第一个工作表。双击工作表标签，输入"应用语文"，按<Enter>键确认。

⑤ 重复步骤①～④，用同样的方法将其他单科成绩表复制到"成绩登记表.xlsx"工作簿中。

⑥ 调整"成绩登记表"工作簿中各工作表的位置顺序为"大学英语"、"应用语文"、"应用数学"、"计算机应用基础"。

单击"计算机应用基础"工作表标签，按住鼠标左键，这时工作表标签的左上角出现一个黑色三角形，鼠标指针变成可移动状态。

按住鼠标左键向右拖动，当黑色三角形到达目标位置后，松开鼠标，如图 7-34 所示。此时，就把"计算机应用基础"工作表移动到了"应用语文"工作表后面了。

类似地重复以上操作，可以排列好各个工作表的位置。

图 7-34　工作表移动

3．工作表的删除与插入

（1）工作表的删除

删除"成绩登记表"工作簿中空的工作表"Sheet2"、"Sheet3"，具体操作步骤如下。

① 单击工作表"Sheet2"标签，在"开始"选项卡的"单元格"组中单击"删除"下拉按钮，在弹出的下拉列表中选择"删除工作表"命令，如图 7-35 所示。

② 可以右击"Sheet3"工作表标签，在弹出的快捷菜单中选择"删除"命令，删除"Sheet3"工作表。

（2）工作表的插入

在最左边插入一张新的工作表，修改工作表名称为"各科成绩表"，具体操作步骤如下。

① 选定"应用语文"工作表，在"开始"选项卡的"单元格"组中单击"插入"下拉按钮，在弹出的下拉列表中选择"插入工作表"命令，如图 7-36 所示。

② 在"应用语文"工作表的标签上右击，在弹出的快捷菜单中选择"插入"命令，打开"插入"对话框，选择"工作表"，单击"确定"按钮，完成操作。

图 7-35　删除工作表　　　　　图 7-36　插入工作表

③ 右击"Sheet1"工作表标签，在弹出的快捷菜单中选择"重命名"命令，输入新工作表名称"各科成绩表"，按<Enter>键确认。

4．单元格数据的移动与复制

将"成绩登记表"工作簿中各科科目工作表中的"学号"、"姓名"、"性别"和"总分"数据复制到"各科成绩表"工作表中。具体操作步骤如下。

（1）方法一

① 选定"应用语文"工作表，选择单元格区域 A2:C20。在"开始"选项卡的"剪贴板"组中单击"复制"按钮，将数据复制到剪贴板中，如图 7-37 所示。

② 选择"各科成绩表"工作表，定位到工作表的目标单元格 A1 中。在"开始"选项卡的"剪贴板"组中单击"粘贴"下拉按钮，选择"粘贴"命令，如图 7-37 所示。

③ 此时，学生的"学号"、"姓名"、"性别"信息就出现在"各科成绩表"工作表中。

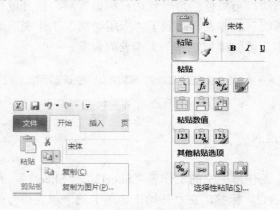

图 7-37　复制、粘贴单元格内容

（2）方法二

① 选定"应用语文"工作表，选择单元格区域 H2:H20（即应用语文总评成绩区域），在所选区域的任意处右击，从弹出的快捷菜单中选择"复制"命令。

② 选择"各科成绩表"工作表，定位到工作表的目标单元格 D1 中。右击，在弹出的快捷菜单中选择"粘贴"命令。此时，"应用语文"课程的"总评成绩"信息本该出现在"各科成绩表"工作表中 D 列中，但是出现的结果却是"#VALUE!"，如图 7-38 所示。

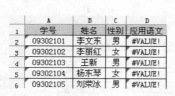

（a）　选择源数据

（b）　粘贴单元格数据后出现错误结果　　（c）　粘贴单元格数值选项

图 7-38　数据选择和粘贴

为什么会出现这样的错误呢？主要问题是公式的粘贴使用的是数据的相对引用，如图 7-38（a）中的复制前 H3 单元格中的公式为 "E3*0.2+F3*0.3+G3*0.5"，用于计算利用该行左边 3 个单元格的数据求和的结果；而粘贴后如图 7-38（b）所示 D2 单元格中的公式是 "A3*0.2+B3*0.3+C3*0.5"。同样是用于计算利用该行左边 3 个单元格的数据求和的结果，但是左边 3 列的数据不是数值，都是文本，不具备数值计算的条件，于是产生了 "#VALUE!" 的错误信息。

③　正确的步骤应该是：右击后，在弹出的快捷菜单中选择 "粘贴选项" → "数值" 命令即可，如图 7-38（c）所示。

在 Excel 中输入计算公式或者函数后，经常会出现错误信息，这时由于执行了错误的操作导致的，为了便于检查和排除错误，现将常见的错误信息和处理方法汇总如表 7-1 所示。

表 7-1　常见的错误信息和处理方法

错误信息	错误原因	处理方法
###	单元格中数据太长，单元格显示不下	适当增加列宽
#DIV/0!	出现分母为 0 的情况	修改单元格中公式引用的位置，或者在用做除数的单元格中输入不为零的值
#NAME?	公式包含了 Excel 不能识别的文本或者引用了一个不存在的名称	添加或修改相应的名称
#REF!	公式或者函数中引用了无效的单元格，或者被引用的单元格被删除等	更改公式或函数中的单元格引用或者撤销该操作
#VALUE!	使用了错误的参数或者运算对象类型	确认公式或者函数中所需的参数或运算符号是否正确
#N/A	在公式或者函数中引用了一个无效的单元格	如果公式正确，可以在被引用的单元格中输入一个有效的数据

提示

　　对于包含公式的单元格来说，通常有"公式"和"值"两种属性。所以在粘贴的时候，也可以选择性地粘贴这两个部分中的一个或者全部。此操作称为"选择性粘贴"。

　　更改列标题选定 D1 单元格，把"总评成绩"改为"应用语文"。

　　用类似的方式将其他课程的总评成绩全部复制到"各科成绩"工作表中，结果如图 7-39 所示。

	A	B	C	D	E	F	G
1	学号	姓名	性别	应用语文	大学英语	应用数学	计算机基础
2	09302101	李文东	男	92.8	73	82.2	78.8
3	09302102	李丽红	女	84.3	79.2	86.4	77
4	09302103	王新	男	75.7	65.5	78.7	57.5
5	09302104	杨东琴	女	82.6	70.7	81.9	78
6	09302105	刘宗冰	男	83.6	72.7	83.4	82.3
7	09302106	张力志	男	84.8	68.8	84.9	63.7
8	09302107	赵光馆	男	77.2	71.7	77.1	69
9	09302108	张华	女	77.7	73.2	88.3	76.7
10	09302109	李明	男	61.6	67	75.5	82.8
11	09302110	李军	男	82.5	64.8	79	67.4
12	09302111	王建国	男	70.3	76.7	75	77.3
13	09302112	汪海	男	73.9	77	86.7	68.6
14	09302113	红成	男	81.1	74.2	84.1	62.1
15	09302114	宋蛀	男	84.4	75.5	81.8	72.8
16	09302115	李丽	女	73.5	75.3	79.9	77.1
17	09302116	邹磊	男	78.7	77	72.6	72.3
18	09302117	秣浩	男	72.3	缺考	72.8	75.4
19	09302118	陈玉	女	90.3	65.4	69.2	74.6

图 7-39　"各科成绩表"工作表数据

　　将各列成绩的排列顺序调整为与工作表顺序相同，即按照"应用语文"、"大学英语"、"应用数学"、"计算机应用基础"的顺序排列，所以，需要调换"大学英语"和"应用数学"两列数据的位置。具体操作步骤如下。

　　① 选定"应用数学"所在的数据列（单击 E 列的"列标"E）。

　　② 在"开始"选项卡中单击"剪切"按钮。

　　③ 选定 G1 单元格，右击 G1 单元格，在弹出的快捷菜单中选择"粘贴"命令，此时在 G1 单元格的左边添加了被剪切的"应用英语"列的全部内容。

　　④ 也可以按住<Shift>键，同时利用鼠标左键拖动来调整它们的位置。

　　5．函数与单元格引用

　　计算各位学生的总分，使用自动求和。具体操作步骤如下。

　　① 选中 H2 单元格。

　　② 在"开始"选项卡的"编辑"组中单击"自动求和"下拉按钮，选择"求和"选项，Excel 将自动出现求和函数以及求和数据区域，如图 7-40 所示。

　　③ 如果 Excel 推荐的数据区域并不是想要的，则输入新的数据区域；如果数据区域是正确的，按<Enter>键即可。

　　④ 使用"自动填充"功能计算其他学生的总分成绩。

　　在总分右边添加名次列，利用 RANK 函数计算各位学生总分的名次，具体操作步骤如下。

　　① 在总分右边的单元格 I1 中输入"名次"。

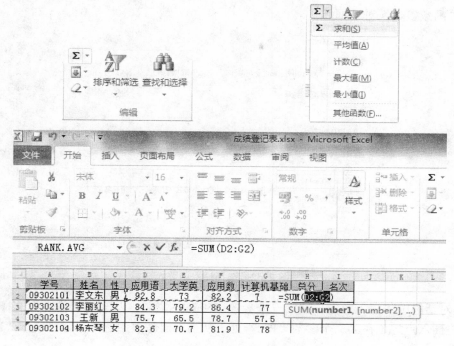

图 7-40 自动求和

② 单击"总分"单元格 H1，右击，从弹出的快捷菜单中选择"复制"命令。

③ 右击"名次"单元格 I1，从弹出的快捷菜单中选择"选择性粘贴"命令，选择"格式"选项。此时相当于将"总分"单元格 H1 的格式应用到了"名次"单元格 I1 中。

④ 选定 I2 单元格，在"公式"选项卡中单击"插入函数"按钮，打开"插入函数"对话框，在"或选择类别"下拉列表框中选择"统计"命令，如图 7-41 所示。

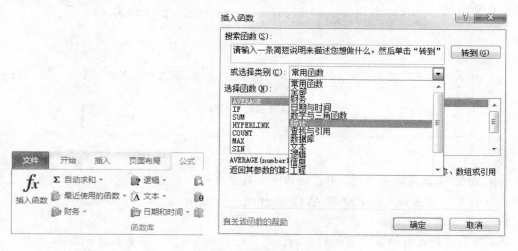

图 7-41 选择插入函数的类别

⑤ 在"选择函数"列表框中选择"RANK.AVG"函数，如图 7-42 所示。单击"确定"按

钮，打开"函数参数"对话框。

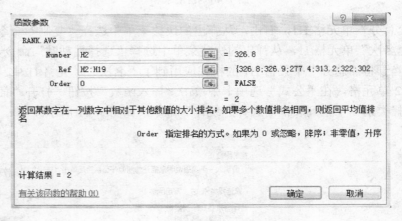

图 7-42　选择插入函数

⑥ 在对话框中将插入点定位在第一个参数"Number"处，从当前工作表中选择"H2"单元格；再将插入点定位在第二个参数"Ref"处，从当前工作表中选择单元格区域"H2:H19"，如图 7-43 所示。

图 7-43　"函数参数"对话框

 说明

　　RANK.AVG 函数是排名函数，用于返回一个数值在一组数值中的排序，排序时不改变该数值原来的位置。语法格式是 RANK.AVG(number,ref,order)，包括 3 个参数，其中：

- Number 为需要找到排位的数字。
- Ref 为数字列表数组或对数组列表的引用。Ref 中的非数值型参数将被忽略。
- Order 为一数字，指明排位的方式，如果 Order 值为 0 或者省略，为降序排列，如果 Order 值非零，按照升序排列。

⑦　单击"确定"按钮，在 I2 单元格中返回计算结果"I2"，双击填充柄。总分排名结果如图 7-44 所示。

	A	B	C	D	E	F	G	H	I
1	学号	姓名	性别	应用语文	大学英语	应用数学	计算机基础	总分	名次
2	09302101	李文东	男	92.8	73	82.2	78.8	326.8	2
3	09302102	李丽红	女	84.3	79.2	86.4	77	326.9	1
4	09302103	王新	男	75.7	65.5	78.7	57.5	277.4	15
5	09302104	杨东琴	女	82.6	70.7	81.9	78	313.2	4
6	09302105	刘荣冰	男	83.6	72.7	83.4	82.3	322	1
7	09302106	张力志	男	84.8	68.8	84.9	63.7	302.2	5
8	09302107	赵光裕	男	77.2	71.7	77.1	69	295	9
9	09302108	张华	女	77.7	73.2	88.3	76.7	315.9	1
10	09302109	李明	男	61.6	67	75.5	82.8	286.9	9
11	09302110	李军	男	82.5	64.8	79	67.4	293.7	8
12	09302111	王建国	男	70.3	76.7	75	77.3	299.3	7
13	09302112	汪海	男	73.9	77	86.7	68.6	306.2	2
14	09302113	江成	男	81.1	74.2	84.1	62.1	301.5	3
15	09302114	朱键	男	84.4	75.5	81.8	72.8	314.5	1
16	09302115	李丽	女	73.5	75.3	79.9	77.1	305.8	1
17	09302116	郭磊	男	78.7	77	72.6	72.3	300.6	1
18	09302117	林涛	男	72.3	缺考	72.8	75.4	220.5	2
19	09302118	陈玉	女	90.3	65.4	69.2	74.6	299.5	1
20	平均分			79.29	72.22	79.97	72.97		

图 7-44　名次排序图

在图 7-44 所示的"名次"中发现，有多个是第一的，为什么会出现这种问题呢？选择 I2 单元格，发现其编辑栏中的公式为"=RANK.AVG(H2,H2:H19,0)"；选择 I3 单元格，发现其编辑栏中的公式为"=RANK.AVG(H3,H3:H20,0)"；选择 I6 单元格，发现其编辑栏中的公式为"=RANK.AVG(H6,H6:H25,0)"。很明显，数据区域在随着单元格的变化而变化，但是正确的情况是区域不应该变化。所以，对于区域的选择应该使用"绝对引用"而不是"相对引用"。

⑧　修改⑥中的操作，选定"I2"单元格，把编辑栏中的公式"=RANK.AVG(H2,H2:H19,0)"改为"=RANK.AVG(H2,H\$2:H\$19,0)"，然后使用"填充柄"双击填充可以得到排名情况，如图 7-45 所示。

I2	▼		fx	=RANK.AVG(H2,H\$2:H\$19,0)					
	A	B	C	D	E	F	G	H	I
1	学号	姓名	性别	应用语文	大学英语	应用数学	计算机基础	总分	名次
2	09302101	李文东	男	92.8	73	82.2	78.8	326.8	2
3	09302102	李丽红	女	84.3	79.2	86.4	77	326.9	1
4	09302103	王新	男	75.7	65.5	78.7	57.5	277.4	17
5	09302104	杨东琴	女	82.6	70.7	81.9	78	313.2	6
6	09302105	刘荣冰	男	83.6	72.7	83.4	82.3	322	3

图 7-45　调整后的"名次"计算结果

计算各科目的平均成绩，并对平均成绩四舍五入，保留两位小数。具体操作步骤如下。

①　利用"AVERAGE"函数计算各科目的平均成绩，显示在最底端，利用"格式刷"设置与列标题同样的格式（选定"学号"单元格，在"开始"选项卡中单击"格式刷"按钮，此时鼠标变成"刷子"形状，移动鼠标到目标位置"平均分"，单击即可），如图 7-46 所示。

②　选定"D20"单元格，此时编辑栏中显示的是"=AVERAGE(D2:D19)"，选中编辑栏中的"=AVERAGE(D2:D19)"，利用快捷键<Ctrl+X>，将它剪切到剪贴板上保存。

③　在"公式"选项卡中单击"插入函数"按钮，打开"插入函数"对话框，在"搜索函数"文本框中输入"四舍五入"，单击"或选择类别"下拉列表框中选择"数学与三角函数"选

项，在"选择函数"列表框中选择"ROUND"函数，如图 7-47 所示，单击"确定"按钮。

	A	B	C	D	E	F	G	H	I
1	学号	姓名	性别	应用语文	大学英语	应用数学	计算机基础	总分	名次
2	09302101	李文东	男	92.8	73	82.2	78.8	326.8	2
3	09302102	李丽红	女	84.3	79.2	86.4	77	326.9	1
4	09302103	王新	男	75.7	65.5	78.7	57.5	277.4	17
5	09302104	杨东琴	女	82.6	70.7	81.9	78	313.2	6
6	09302105	刘荣冰	男	83.6	72.7	83.4	82.3	322	3
7	09302106	张力志	男	84.8	68.8	84.9	63.7	302.2	9
8	09302107	赵光德	男	77.2	71.7	77.1	69	295	14
9	09302108	张华	女	77.7	73.2	88.3	76.7	315.9	4
10	09302109	李明	男	61.6	67	75.5	82.8	286.9	16
11	09302110	李军	男	82.5	64.8	79	67.4	293.7	15
12	09302111	王建国	男	70.3	76.7	75	77.3	299.3	13
13	09302112	汪海	男	73.9	77	86.7	68.6	306.2	7
14	09302113	江成	男	81.1	74.2	84.1	62.1	301.5	10
15	09302114	朱健	男	84.4	75.5	81.8	72.8	314.5	5
16	09302115	李丽	女	73.5	75.3	79.9	77.1	305.8	8
17	09302116	郭磊	男	78.7	77	72.6	72.3	300.6	11
18	09302117	林涛	男	72.3	兼亏	72.8	75.4	220.5	18
19	09302118	陈玉	女	90.3	65.4	69.2	74.6	299.5	12
20	平均分			79.294444	72.21765	79.97222	72.96666667		

图 7-46 计算"平均分"结果

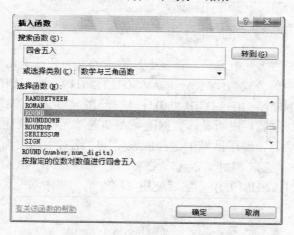

图 7-47 四舍五入函数"ROUND"

④ 在"函数参数"对话框中将插入点放置在第 1 个参数处，利用快捷键<Ctrl+V>将剪贴板中的公式粘贴进去，在第 2 个参数处输入"2"，如图 7-48 所示，单击"确定"按钮。此时 D20 单元格中的显示结果为"79.29"，编辑栏中的公式为"=ROUND(AVERAGE(D2:D19),2)"。

图 7-48 "ROUND"函数参数设置

说明

ROUND 函数返回某个数按指定定位数四舍五入后的数值。它的语法格式为：ROUND(number,num_digits)。其中包括如下两个参数。
- Number 为需要进行四舍五入的数。
- Num_digits 为四舍五入限定的位数。

所谓嵌套函数就是指在某些情况下，将一个函数作为另一个函数的参数使用。如图 7-48 所示，在使用 ROUND 函数的时候，将 AVERAGE 函数作为它的第一个参数使用了，它的整体含义是对计算出了的平均值进行四舍五入，保留两位小数，对于一个公式中的嵌套函数最多可以达到 7 级嵌套函数。

⑤ 鼠标移动到 D20 单元格的右下角，拖动自动填充柄到 G20，将 4 门科目的平均成绩全部四舍五入保留两位小数。

⑥ 利用图表美化操作，简单整理，可得如图 7-49 所示的效果。

	A	B	C	D	E	F	G	H	I
1	学号	姓名	性别	应用语文	大学英语	应用数学	计算机基础	总分	名次
2	09302101	李文东	男	92.8	73	82.2	78.8	326.8	2
3	09302102	李丽红	女	84.3	79.2	86.4	77	326.9	1
4	09302103	王新	男	75.7	65.5	78.7	57.5	277.4	17
5	09302104	杨东琴	女	82.6	70.7	81.9	78	313.2	6
6	09302105	刘荣冰	男	83.6	72.7	83.4	82.3	322	3
7	09302106	张力志	男	84.8	68.8	84.9	63.7	302.2	9
8	09302107	赵光德	男	77.2	71.7	77.1	69	295	14
9	09302108	张华	女	77.7	73.2	88.3	76.7	315.9	4
10	09302109	李明	男	61.6	67	75.5	82.8	286.9	16
11	09302110	李军	男	82.5	64.8	79	67.4	293.7	15
12	09302111	王建国	男	70.3	76.7	75	77.3	299.3	13
13	09302112	汪海	男	73.9	77	86.7	68.6	306.2	7
14	09302113	江成	男	81.1	74.2	84.1	62.1	301.5	10
15	09302114	朱健	男	84.4	75.5	81.8	72.8	314.5	5
16	09302115	李丽	女	73.5	75.3	79.9	77.1	305.8	8
17	09302116	郭磊	男	78.7	77	72.6	72.3	300.6	11
18	09302117	林涛	男	72.3	缺考	72.8	75.4	220.5	18
19	09302118	陈玉	女	90.3	65.4	69.2	74.6	299.5	12
20	平均分			79.29	72.22	79.97	72.97		

图 7-49　效果图

任务 7-6　成绩表的排序和筛选

1. 排序

数据的排序是实际应用中常用到的整理和管理数据的方法。对数据进行排序，可以方便数据的查找。排序需要指定：
- 关键字：即按照它来进行排序。
- 顺序：按递增顺序（升序）排列还是按递减顺序（降序）排列。

排序方式有升序和降序两种。升序是指数字从小到大排列，文本按 0～9、空格、各种符号、A～Z 的次序排列；降序正好和升序相反。但是无论是升序还是降序，空白单元格始终都在最后面。

排序不仅可以按照某一列的数据大小先后关系排序，而且可以按照某一行来进行。

对于汉字的排序在默认的情况下按照拼音顺序，在此情况下按照拼音从左往右的拼音字母的先后排，比如"老"的拼音为"lao"，"乐"的拼音为"le"，在升序的情况下"老"在前，"乐"在后，在降序的情况下"乐"在前，"老"在后；除了采用拼音排序以外，汉字也可以按照笔画来排序。

对于多关键字的作用，主要体现在排序的优先权上，排序时必须优先按照"主要关键字"排序，在"主要关键字"无法进行排序时，才会使用"次要关键字"，同样，在"次要关键字"不能起作用的时候，才会依据"第三关键字"排序。

（1）按列简单排序

例如，在"应用数学"工作表中将"总评成绩"列的成绩按升序排列，具体操作步骤如下。

① 在"应用数学"工作表中选择"总评成绩"列的任意一个单元格。

② 在"数据"选项卡的"排序和筛选"组中单击"升序"按钮，此时"应用数学"工作表的数据以总评成绩为依据，从上往下，由低到高的顺序，重新排列每一个行的数据，如图 7-50 所示。

	A	B	C	D	E	F	G	H
1	"应用数学"课程学生成绩登记表							
2	学号	姓名	性别	出生日期	平时成绩	作业	期末考试	总评成绩
3	09302118	陈玉	女	1989年5月7日	84	83	55	69
4	09302116	郭磊	男	1989年5月15日	80	82	64	73
5	09302117	林涛	男	1989年9月6日	84	80	64	73
6	09302111	王建国	男	1989年5月1日	90	55	81	75
7	09302109	李明	男	1989年6月23日	75	60	85	76
8	09302107	赵光德	男	1989年5月26日	64	81	80	77
9	09302103	王新	男	1987年5月23日	63	77	86	79
10	09302110	李军	男	1989年3月21日	74	79	81	79
11	09302115	李丽	女	1989年3月14日	80	88	75	80
12	09302114	朱健	男	1989年8月8日	87	83	79	82
13	09302104	杨东琴	女	1990年3月5日	73	86	83	82
14	09302101	李文东	男	1989年4月3日	80	79	85	82
15	09302105	刘荣冰	男	1990年11月14日	77	80	88	83
16	09302113	江成	男	1989年7月17日	79	81	88	84
17	09302106	张力志	男	1989年4月25日	87	80	87	85
18	09302102	李丽红	女	1989年10月1日	85	83	89	86
19	09302112	汪海	男	1989年5月1日	83	82	91	87
20	09302108	张华	女	1989年4月27日	85	86	91	88

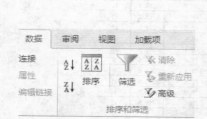

图 7-50　升序排列结果

（2）多关键字复杂排序

例如，在"计算机应用基础"工作表中以"性别"为依据降序排列；在"性别"相同时，以"总评成绩"为依据降序排列，"总评成绩"也相同时，以"姓名"为依据升序排列。具体操作步骤如下。

① 在"计算机应用基础"工作表中单击数据中的任一单元格。

② 在"数据"选项卡的"排序和筛选"组中单击"排序"按钮 。

③ 在"排序"对话框的"主要关键字"下拉列表框中选择"性别"字段，将"排序依据"设置为"数值"，将"次序"设置为"降序"。

④ 单击"添加条件"按钮，在"次要关键字"下拉列表框中选择"总评成绩"字段，将"排序依据"设置为"数值"，将"次序"设置为"降序"。

⑤ 再单击"添加条件"按钮，在"次要关键字"下拉列表框中选择"姓名"字段，将"排

序依据"设置为"数值",将"次序"设置为"升序",设置结果如图 7-51 所示。

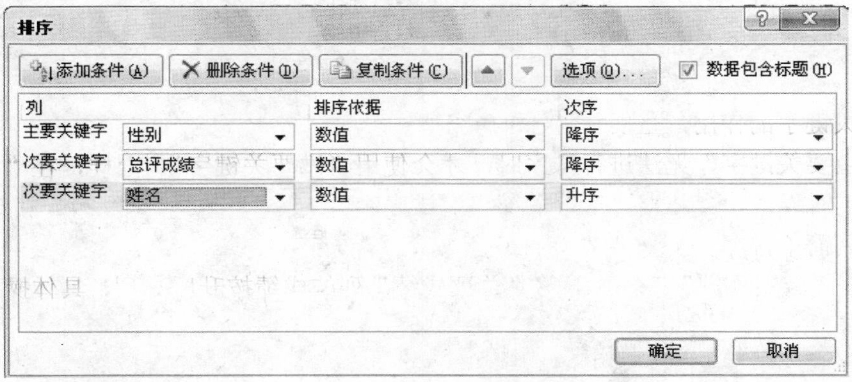

图 7-51　"排序"对话框设置

⑥ 单击"确定"按钮。完成操作,结果如图 7-52 所示。

	A	B	C	D	E	F	G	H
1	"计算机应用基础"课程学生成绩登记表							
2	学号	姓名	性别	出生日期	平时成绩	作业	期末考试	总评成绩
3	09302104	杨东琴	女	1990-3-5	85	70	80	78
4	09302115	李丽	女	1989-3-14	91	78	71	77
5	09302102	李丽红	女	1989-10-1	71	91	71	77
6	09302108	张华	女	1989-4-27	80	74	77	77
7	09302118	陈玉	女	1989-5-7	75	72	76	75
8	09302109	李明	男	1989-6-23	90	71	87	83
9	09302105	刘荣冰	男	1990-11-14	79	80	85	82
10	09302101	李文东	男	1989-4-3	74	85	77	79
11	09302111	王建国	男	1989-5-1	77	73	80	77
12	09302114	朱健	男	1989-8-8	80	80	74	77
13	09302117	林涛	男	1989-9-6	79	77	76	77
14	09302116	郭磊	男	1989-5-15	86	77	64	72
15	09302107	赵光德	男	1989-5-26	80	55	73	69
16	09302112	汪海	男	1989-5-1	84	76	58	69
17	09302110	李军	男	1989-3-21	81	64	64	67
18	09302106	张力志	男	1989-4-25	74	58	63	64
19	09302113	江成	男	1989-7-17	77	64	55	62
20	09302103	王新	男	1987-5-23	73	33	66	58

图 7-52　排序设置效果图

2. 自动筛选

将"各科成绩表"工作表复制一份,重命名为"自动筛选 1"。在该工作表中自动筛选出"性别"为"男"的数据。具体操作步骤如下。

① 选择"各科成绩表"工作表标签,按住<Ctrl>键,把"各科成绩表"工作表拖动到目标位置后松开鼠标。将"各科成绩表(2)"工作表重命名为"自动筛选 1"。

② 在"自动筛选 1"工作表中单击数据中的任意一个单元格,在"数据"选项卡的"排序和筛选"组中单击"筛选"按钮 ,此时每个标题右侧将显示一个向下的箭头。

③ 单击"性别"右侧的向下箭头,在弹出的下拉菜单中取消选中"全选"复选框,选择"男",单击"确定"按钮即可,如图 7-53 所示。筛选结果如图 7-54 所示。

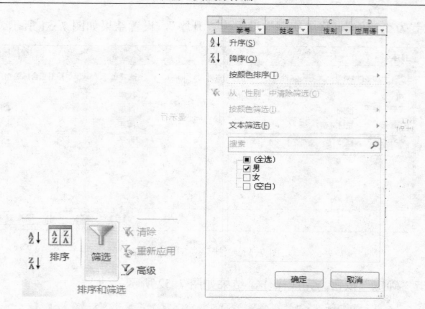

图 7-53 自动筛选设置

	A	B	C	D	E	F	G	H	I
1	学号	姓名	性别	应用语	应用数	大学英	计算机基础	总分	名次
2	09302101	李文东	男	92.8	82.2	73	78.8	326.8	2
4	09302103	王新	男	75.7	78.7	65.5	57.5	277.4	18
6	09302105	刘棠冰	男	83.6	83.4	72.7	82.3	322	3
7	09302106	张力志	男	84.8	84.9	68.8	63.7	302.2	9
8	09302107	赵光裕	男	77.2	77.1	71.7	69	295	14
10	09302109	李明	男	61.6	75.5	67	82.8	286.9	17
11	09302110	李军	男	82.5	79	64.8	67.4	293.7	15
12	09302111	王建国	男	70.3	75	76.7	77.3	299.3	13
13	09302112	汪海	男	73.9	86.7	77	68.6	306.2	7
14	09302113	江成	男	81.1	84.1	74.2	62.1	301.5	10
15	09302114	朱健	男	84.4	81.8	75.5	72.8	314.5	5
17	09302116	郭磊	男	78.7	72.6	77	72.3	300.6	11
18	09302117	林涛	男	72.3	72.8	66.8	75.4	287.3	16

图 7-54 自动筛选结果

④ 如果要取消对某一列进行的筛选，单击该列右侧的向下箭头，从下拉菜单内选中"全选"复选框，然后单击"确定"按钮。

3. 自定义筛选

将"各科成绩表"工作表复制一份，重命名为"自动筛选 2"。在该工作表中自定义筛选出姓"李"的"男同学"的数据。具体操作步骤如下。

① 选择"各科成绩表"工作表标签，按住<Ctrl>键，把"各科成绩表"工作表拖动到目标位置后松开鼠标。将"各科成绩表（2）"工作表重命名为"自动筛选 2"。

② 在"自动筛选 2"工作表中单击数据中的任意一个单元格，切换到功能区中，在"数据"选项卡的"排序和筛选"组中单击"筛选"按钮，此时每个标题右侧出现下拉箭头。

③ 单击"性别"右侧的下拉箭头，选择"文本筛选"→"自定义筛选"命令，打开"自定义自动筛选方式"对话框，在"等于"后选择"男"，单击"确定"按钮，如图 7-55 所示。

④ 同样，单击"姓名"右侧的下拉箭头，选择"文本筛选"命令，打开"自定义自动筛选方式"对话框，在"开头是"后填写"李*"单击"确定"按钮，如图 7-55 所示。筛选结果如图 7-56 所示。

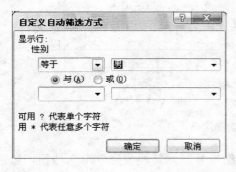
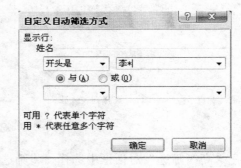

图 7-55　自定义筛选"李"姓"男"同学数据

	A	B	C	D	E	F	G	H	I
1	学号	姓名	性别	应用语文	应用数学	大学英语	计算机基础	总分	名次
2	09302101	李文东	男	92.8	82.2	73	78.8	326.8	2
10	09302109	李明	男	61.6	75.5	67	82.8	286.9	17
11	09302110	李军	男	82.5	79	64.8	67.4	293.7	15

图 7-56　自动筛选"李"姓"男"同学数据结果

4．高级筛选

将"各科成绩表"工作表复制一份，重命名为"高级筛选1"。在该工作表中筛选出总分小于 300 分的女同学或者名次在前 5 的男同学数据。具体操作步骤如下。

① 选择"各科成绩表"工作表标签，按住<Ctrl>键，把"各科成绩表"工作表拖动到目标位置后松开鼠标。将"各科成绩表（2）"工作表重命名为"高级筛选"。

② 新建条件区域。在进行高级筛选前必须构造一个条件区域，条件区域与数据之间通常至少有一个空白行或者一个空白列。在 K4:M6 区域构造如图 7-57 所示的条件区域。

③ 在"数据"选项卡的"排序和筛选"组中单击"高级"按钮，打开"高级筛选"对话框。在"方式"选项组中选择"在原有区域显示筛选结果"单选按钮，然后单击"列表区域"文本框右侧的 按钮，如图 7-58 所示。

性别	总分	名次
男		<=5
女	<300	

图 7-57　条件区域设置

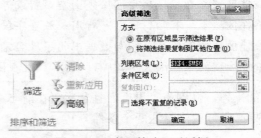

图 7-58　"高级筛选"对话框

④ 选择列表区域。返回工作表中选择 A1:A20，单击"选择"按钮，如图 7-59（a）所示。

⑤ 选择条件区域。用相同的方法，将"条件区域"设置为$K$4:$M$6，如图 7-59（b）所示。

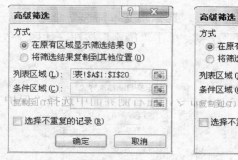
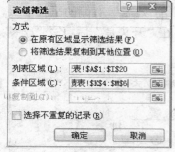

（a）选择列表区域　　　　　　　　（b）选择条件区域

图 7-59　高级筛选设置

⑥ 在"高级筛选"对话框中选择"将筛选结果复制到其他位置"单选按钮，激活"复制到"文本框，选择一个起始单元格为 A25，对话框设置如图 7-60 所示。

⑦ 显示筛选结果。单击"确定"按钮，数据记录最后筛选结果如图 7-61 所示。

图 7-60　"高级筛选"对话框

	A	B	C	D	E	F	G	H	I
25	学号	姓名	性别	应用语文	应用数学	大学英语	计算机基础	总分	名次
26	09302101	李文东	男	92.8	82.2	73	78.8	326.8	2
27	09302105	刘荣冰	男	83.6	83.4	72.7	82.3	322	3
28	09302114	朱健	男	84.4	81.8	75.5	72.8	314.5	5
29	09302118	陈玉	女	90.3	69.2	65.4	74.6	299.5	12

图 7-61　高级筛选结果

 说明

在高级筛选中主要定义 3 个区域：一是定义查询的列表区域；二是定义查询的条件区域；三是定义查询后结果存放的区域（复制到）。其中，条件区域的设置是高级筛选中最后复制的。条件区域的设置遵循以下原则。

- 条件区域与数据区域之间必须由空白行或者空白列隔开。
- 条件区域至少有两行，第一行用来放置字段名，下面的各行用来放置条件。
- 条件区域的字段名必须与数据中的字段名完全一致，最好使用复制得到。
- 条件区域的条件设置中，"与"运算放置在同一行，"或"运算放置在不同行。

上面的操作，性别为"男"而且名次"在前 5 名"，这两个条件应该出现在同一行，表示筛选的结果必须同时满足这两个条件。

任务 7-7　成绩表的保密设置与打印

1. 保密设置

在实际工作中，很多时候需要对文档（如学生的成绩登记表等）进行保密；或者对文档中的一些内容设置保护，以免因误操作导致严重的后果；或者有时为了突出某些数据，可以将一些无关紧要的过程数据进行隐藏。

例如，为工作簿"成绩登记表.xlsx"设置打开密码，密码为 123456，有两种方法可以设置工作簿密码，具体操作步骤如下。

① 在"文件"选项卡中选择"信息"命令，在右侧界面中选择"保护工作簿"→"用密码进行加密"命令，打开"加密文档"对话框，在"密码"文本框中输入"123456"，单击"确定"按钮，如图 7-62 所示。

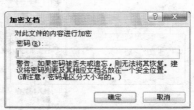

图 7-62　加密文档

② 在"文件"选项卡中选择"另存为"命令，在打开对话框的左下角选择"工具"→"常规选项"命令，在"常规选项"对话框中设置打开权限密码"123456"（如果在修改权限密码中输入密码，则在修改内容时，需要输入正确的密码，否则只能以只读形式打开内容）。单击"确定"按钮，弹出"确认密码"对话框，在"重新输入密码"文本框中输入密码"123456"，单击"确定"按钮。返回到"另存为"对话框，设置相应的保存位置，单击"保存"按钮，如图 7-63 所示。

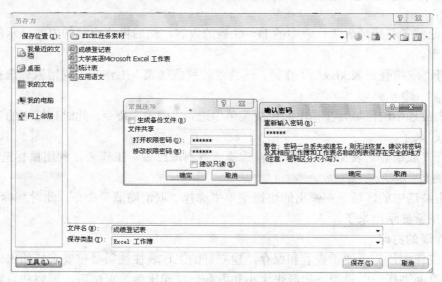

图 7-63　"另存为"加密文档

保护工作簿"成绩登记表.xlsx"中的"各科成绩表"工作表，隐藏"总分"列和"名次"

列的所有数据计算使用的公式，具体操作步骤如下。

① 打开"成绩登记表.xlsx"工作簿，选择"各科成绩表"工作表，利用鼠标选择"总分"和"名次"的数据所在的 H1:I19 区域。

② 右击"各科成绩表"工作表标签，在弹出的快捷菜单中选择"隐藏"命令。

③ 用同样的方法，右击"各科成绩表"工作表标签，在弹出的快捷菜单中选择"保护工作表"命令。在弹出对话框的"取消工作表保护时使用的密码"文本框中输入密码。在"允许此工作表的所有用户进行"列表框中选择可以进行的操作。如选中"设置单元格格式"复选框，则允许用户设置单元格格式，如图 7-64 所示。

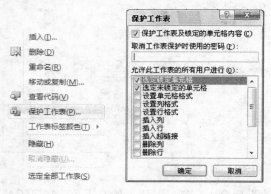
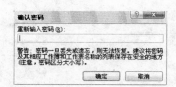

图 7-64　保护工作表

④ 单击"确定"按钮，弹出"确认密码"对话框，在"重新输入密码"文本框中输入密码，单击"确定"按钮即可。

隐藏或显示工作表。隐藏工作表能够避免对重要数据和机密数据的误操作，当需要显示时再将其恢复。

例如，隐藏各科成绩表工作表中的 D～G 列的内容，然后再将隐藏的内容显示出来，具体操作步骤如下。

① 打开"成绩登记表.xlsx"工作簿，选择"各科成绩表"工作表，利用鼠标选择 D～G 列的数据区域。

② 右击被选中的区域，在弹出的快捷菜单中选择"隐藏"命令，此时列标中的 D～G 列的数据被隐藏起来了。

③ 打开"成绩登记表.xlsx"工作簿，选择"各科成绩表"工作表，利用鼠标选择"C"列到"H"列的数据区域。

④ 右击被选中的区域，在弹出的快捷菜单中选择"取消隐藏"命令，此时列标中的 D～G 列的数据被重新显示出来了。

2. 工作表的打印

在实际工作中，为了便于查看和保存，建立好的工作表往往需要按要求打印出来。打印之前需要对其页面进行一些设置，如纸张大小和方向、打印比例、页边距、页眉和页脚、设置分页、设置要打印的数据区域等。

切换到功能区中的"页面布局"选项卡，在"页面设置"选项组中可以设置页边距、纸张方向、纸张大小、打印区域与分隔符等。

（1）设置页边距

① 在"页面布局"选项卡的"页面设置"组中单击"页边距"按钮，在弹出的下拉列表中选择一种 Excel 提供的页边距方案，或者选择"自定义边距"命令，如图 7-65 所示。

② 打开"页面设置"对话框，在"页边距"选项卡的"上"、"下"、"左"、"右"数值框中调整打印数据与页边之间的距离，如图 7-66 所示。

③ 选择"版式"选项卡，在"页眉和页脚"选项组的"页眉"、"页脚"数值框中输入具体的数值来设置距离纸张上边缘、下边缘多远来打印页眉或者页脚。

④ 在"页面"选项卡中设置纸张大小、方向等内容。

⑤ 单击"确定"按钮即可。

图 7-65　"页边距"下拉列表　　　　　　　　图 7-66　"页边距"选项卡

（2）设置打印区域

正常情况下打印工作表时，会将整个工作表打印输出，如果仅打印部分区域，可以选定要打印的单元格区域。在"页面布局"选项卡的"页面设置"组中单击"打印区域"按钮，选择"设置打印区域"命令，此时被选择的打印区域会出现虚线边框，如图 7-67 所示。

（3）打印预览

在使用打印机打印工作表之前，可以使用"打印预览"功能在屏幕上查看打印的整体效果，满意时进行打印，不满意时再进行相应的调整。

（4）打印

经过页面设置、打印预览后，工作表即可进行打印。切换到功能区的"文件"选项卡，选择其中的"打印"命令，在右侧的界面中设置"打印机"、"打印的范围"、"份数"等参数，最后单击"打印"按钮进行打印，如图 7-68 所示。

图 7-67 "页边距"打印显示虚框　　　　　　图 7-68 "打印"设置界面

7.1.3　案例总结

本案例主要介绍了工作表的操作，如 Excel 的基本输入方法，工作表的格式化，单元格的复制和移动，公式和函数的计算，工作表的插入和删除、重命名、移动和复制等。

在 Excel 中有很多快速输入数据的技巧，如自动填充、自定义序列等。熟练掌握这些方法可以提高输入速度。在输入数据时，要注意数据单元格的数据分类，例如对于学号、电话号码、姓名等数据应该设置为文本类型。

Excel 中对工作表的格式化操作包括工作表中各种类型数据的格式化、字体格式、行高、列宽、数据的对齐、表格的边框和底纹、超链接等。

在进行公式和函数计算时，要熟悉公式的输入规则、函数的输入方法、单元格的引用方法等。另外，还要注意下面几点。

① 公式是对单元格中数据进行计算的等式，公式必须以"="开始。

② 函数的引用形式为"函数名（参数 1，参数 2，…）"，参数之间必须使用逗号。如果单独使用函数，需在函数名称前输入"="构成公式。

③ 公式中的单元格引用可分为相对引用、绝对引用、混合引用和三维引用 4 种，按<F4>键可在前 3 种引用之间进行转换，要特别注意这几种引用所适用的场合。复制公式时，当公式中使用的单元格引用需要随着所在位置的不同而改变时，应该使用"相对引用"；当公式中使用的单元格引用的公式，在位置改变时不发生改变，应该使用"绝对引用"。

7.2　Excel 综合应用——制作成绩统计分析表

本节通过对学生成绩表的统计分析，介绍 Excel 中统计函数"COUNT"、"COUNTA"、"COUNTIF"、逻辑函数"IF"的使用以及 Excel 中的图表制作等。

7.2.1　"成绩统计分析表"案例分析

在上一节中，张老师已经顺利完成了"各科成绩表"的制作，现在他要根据"各科成绩表"

中的数据，完成"成绩统计表"（如图 7-69 所示）及"各科等级表"（如图 7-70 所示）的制作，此外还要根据"成绩统计表"中的数据，制作"各阶段人数统计图"（如图 7-71 所示），以便对全班的成绩进行各种统计分析。

	A	B	C	D	E
1			各科成绩统计数据		
2		应用语文	大学英语	应用数学	计算机基础
3	平均成绩	79.29	72.22	79.97	72.97
4	最高分	92.8	79.2	88.3	82.8
5	最低分	61.6	64.8	69.2	57.5
6	应到人数	18	18	18	18
7	实到人数	18	17	18	18
8	缺考人数	0	1	0	0
9	90分以上	2	0	0	0
10	80-90分	7	0	9	2
11	70-80分	8	12	8	10
12	60-70分	1	5	1	5
13	60分以下	0	0	0	1
14	优秀率	11.11%	0.00%	0.00%	0.00%
15	及格率	100.00%	100.00%	100.00%	94.44%

图 7-69　成绩统计表

	A	B	C	D	E	F	G
1	学号	姓名	性别	应用语文	大学英语	应用数学	计算机基础
2	09302101	李文东	男	优秀	中等	良好	及格
3	09302102	李丽红	女	良好	中等	良好	及格
4	09302103	王新	男	中等	及格	中等	不及格
5	09302104	杨东琴	女	良好	中等	中等	及格
6	09302105	刘荣冰	男	良好	中等	良好	及格
7	09302106	张力志	男	良好	及格	良好	及格
8	09302107	赵光德	男	中等	中等	良好	及格
9	09302108	张华	女	中等	中等	中等	及格
10	09302109	李明	男	及格	及格	中等	及格
11	09302110	李军	男	良好	及格	中等	及格
12	09302111	王建国	男	中等	中等	中等	及格
13	09302112	汪海	男	中等	及格	中等	及格
14	09302113	江成	男	良好	中等	良好	及格
15	09302114	朱健	男	良好	中等	良好	及格
16	09302115	李丽	女	中等	中等	中等	及格
17	09302116	郭磊	男	中等	中等	中等	及格
18	09302117	林涛	男	中等	缺考	中等	及格
19	09302118	陈玉	女	优秀	及格	及格	及格

图 7-70　各科等级表

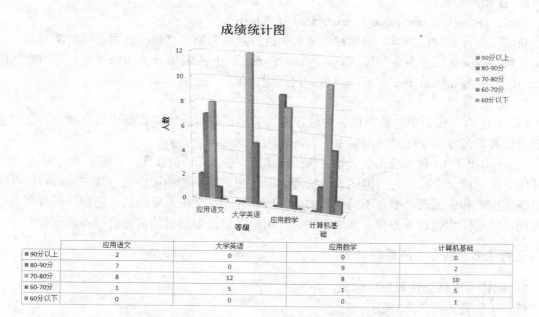

成绩统计图

	应用语文	大学英语	应用数学	计算机基础
■90分以上	2	0	0	0
■80-90分	7	0	9	2
■70-80分	8	12	8	10
■60-70分	1	5	1	5
■60分以下	0	0	0	1

图 7-71　各阶段人数统计图

7.2.2　相关知识点

1. 统计函数 COUNT、COUNTA、COUNTIF

（1）COUNT

格式：COUNT(number1,number2,…)。

功能：返回参数列表中数字的个数。

参数：number1，number2，…为1～30共30个参数，可为数字、文本式的数字、逻辑值、单元格引用等。

举例：COUNT("30",2,TRUE, "缺考")=3。

（2）COUNTA

格式：COUNTA(number1,number2,…)。

功能：返回参数列表中非空值的个数，利用 COUNTA 可以计算数组或者单元格区域中数据项的个数。

参数：number1，number2，…为1～30共30个参数。在这种情况下，参数值可以是任何类型，它们可以是空字符，但不包括空白单元格。如果参数是数组或单元格引用，则数组或引用中的空白单元格将被忽略。如果不需要统计逻辑值、文字或错误值，则使用函数 COUNT。

（3）COUNTIF

格式：COUNTIF(range,criteria)。

参数：range 为1～30共30个参数；criteria 为预先设定的条件。

功能：返回参数列表中满足条件的数据的个数。

2．逻辑判断函数 IF

格式：IF(logical_test,value_if_true,value_if_false)。

功能：执行真假值判断，根据对指定条件进行逻辑判断的真假而返回不同的结果。

参数：logical_test 为条件表达式，value_if_true 是 logical_test 为 true（真）时的返回值，value_if_false 为 logical_test 为 false（假）时的返回值。

3．图表

Excel 能将工作表中的数据以各种统计图表的形式显示，使得数据更加直观、易懂，当工作表中的数据源发生变化时，图表中的对应项的数据也自动更新。

Excel 提供了14种标准图表类型，包括柱状图、条形图、折线图、饼图、散点图、面积图、圆环图、雷达图、曲面图、气泡图、股价图、圆柱图、圆锥图和棱锥图。其中，每种标准图还可以变化出多种子图表类型。不同类型的图表所表达的意义也不尽相同，例如，折线图表达趋势走向，柱形图强调数量差异。生成图表时，用户可以根据自己的需要进行不同选择。

任务 7-8　制作"成绩统计表"

1．制作"成绩统计表"工作表

统计工作簿如图 7-72 所示。

2．计算平均成绩、最高分和最低分

引用平均成绩，具体操作步骤如下。

① 在"成绩统计表"中选择目标单元格 B3，在 B3 单元格中先输入"="，再单击"各科成绩表"工作表标签。在"各科成绩表"中单击"平均分"对应的单元格 D20。

② 按<Enter>键确认。在"成绩统计表"中，B3 单元格的数值变成为"79.29"，同时编辑栏中的公式为"=各科课程表! $D$20"，如图 7-73 所示。

③ 利用自动填充柄，从单元格 B3 向右拖动到单元格 E3，得出4门课程的"班级平均分"。

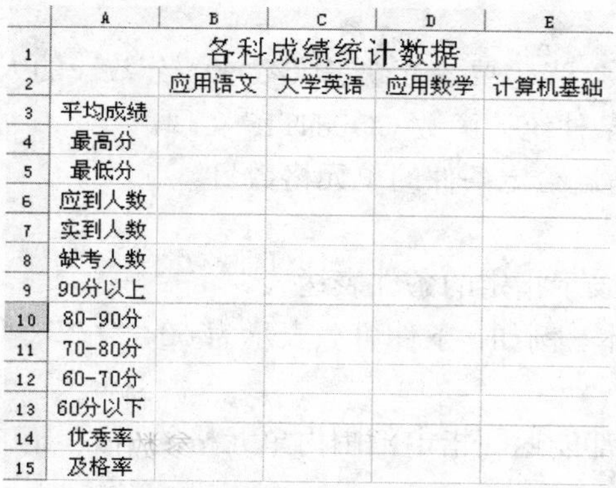

	A	B	C	D	E
1	各科成绩统计数据				
2		应用语文	大学英语	应用数学	计算机基础
3	平均成绩				
4	最高分				
5	最低分				
6	应到人数				
7	实到人数				
8	缺考人数				
9	90分以上				
10	80-90分				
11	70-80分				
12	60-70分				
13	60分以下				
14	优秀率				
15	及格率				

图 7-72　统计表工作簿

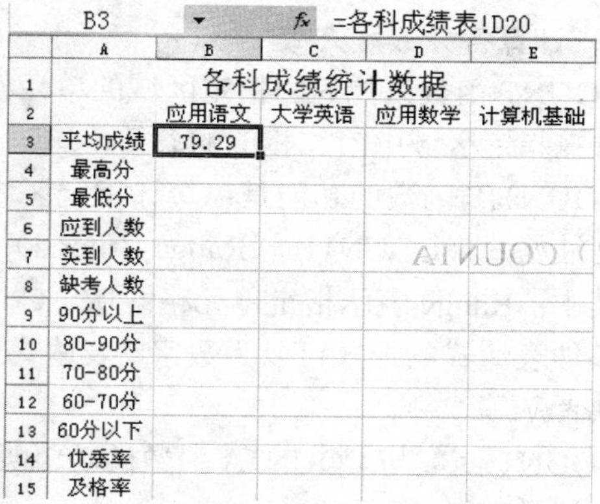

B3　=各科成绩表!D20

	A	B	C	D	E
1	各科成绩统计数据				
2		应用语文	大学英语	应用数学	计算机基础
3	平均成绩	79.29			
4	最高分				
5	最低分				
6	应到人数				
7	实到人数				
8	缺考人数				
9	90分以上				
10	80-90分				
11	70-80分				
12	60-70分				
13	60分以下				
14	优秀率				
15	及格率				

图 7-73　跨工作簿引用

说明

如果要引用同一个工作簿中其他工作表的单元格，可以在单元格地址前面加上工作表名称。跨工作表引用的一般格式为“工作表名！单元格地址”。例如，在“成绩统计表”的 B3 单元格中输入“=各科成绩表！D20”，表明要引用“各科成绩表”工作表中的单元格 D20 的内容。请注意“!”是工作表和区域引用之间的分隔符。

在“成绩统计表”中，能够利用“填充柄”复制 4 门课程“班级平均分”的前提条件是：在“成绩统计表”中，4 门课程的排列顺序必须与“各科成绩表”中 4 门课程的排列顺序相同，否则将会导致错误的结果。

利用公式计算最大值和最小值，这部分在上一节已经介绍过了，这里不再赘述。

3. 统计应考人数和实到人数

将“各科成绩表”中各门课程的“应考人数”和“实到人数”的统计结果放置到“成绩统计表”的相应单元格中。具体操作步骤如下。

① 在“成绩统计表”中选择目标单元格 B6。

② 单击编辑栏左边的“插入函数”按钮，打开“插入函数”对话框，在“或选择类别”下拉列表框中选择“统计”选项，在“选择函数”列表框中选择“COUNTA”函数，单击“确定”按钮，打开“函数参数”对话框。

③ 在“函数参数”对话框中，将插入点定位在第一个参数“Valuel”处，删除此处的默认参数，再单击“各科成绩表”工作表标签，在“各科成绩表”中直接用鼠标重新选择参数范围 D2:D19，此时编辑栏中的函数为“=COUNTA（各科成绩表！D2:D19）”，单击“函数参数”对话框中的“确定”按钮或编辑栏中的“输入”按钮确认。在 B6 单元格中显示出计算结果。

④ 从 B6 单元格向右拖动“填充柄”至 E6 单元格，得到 4 门课程的“应考人数”。

⑤ 在“成绩统计表”中选择目标单元格 B7。

⑥ 在“开始”选项卡中单击“自动求和”按钮旁的下拉按钮，选择“计数”命令。

⑦ 单击“各科成绩表”工作表标签，重新选择参数范围 D2:D19，此时编辑栏中的函数为“=COUNT(各科成绩表！D2:D19)”，按<Enter>键确认。

⑧ 拖动 B7 单元格右下角的“填充柄”至 E7 单元格，得到 4 门课程的“实到人数”。

4．计算各分数段人数

COUNT 函数只能返回指定区域的单元格个数，当需要统计缺考人数或各分数段的人数时，还必须在指定区域中附加相应的条件，这时可用条件统计函数 COUNTIF 实现。

COUNTIF 函数的功能是：统计指定区域内满足给定条件的单元格数目。

语法格式：COUNTIF（Range,Criteria）

其中：Range 表示指定单元格区域，Criteria 表示指定的条件表达式。

条件表达式的形式可以为数字、表达式或文本。例如，条件可以表示为 60、"60"、">=90" 或 "缺考" 等。

COUNT 函数与 COUNTA 函数的功能类似，都能返回指定范围内单元格的个数，但在使用中它们还是有以下区别的：

- COUNTA 函数返回指定范围内所有非空值的单元格的个数，单元格的类型不限。
- COUNT 函数返回指定范围内所有数字以及数字型单元格的个数。

由于在 "应考人数" 中包括 "缺考" 人数（含有非数值单元格），所以应该使用 COUNTA 函数；而 "参考人数" 中不包括 "缺考" 人数，故应使用 COUNT 函数。

用 COUNTIF 函数，将 "各科成绩表" 中各门课程的缺考人数以及各个分数段的人数的统计结果放置到 "成绩统计表" 的相应单元格中，操作步骤如下。

① 在 "成绩统计表" 中选择目标单元格 B8。利用公式 "应到人数–实到人数=缺考人数" 计算缺考人数。

② 在 "成绩统计表" 中选择目标单元格 B9（对应 "90-100 人数"）。单击编辑栏左边的 "插入函数" 按钮，打开 "插入函数" 对话框，在 "或选择类别" 下拉列表框中选择 "统计" 选项，在 "选择函数" 列表框中选择 "COUNTIF" 函数，单击 "确定" 按钮，打开 "函数参数" 对话框。

③ 在 "函数参数" 对话框中将插入点定位在第 1 个参数 "Range" 处，再单击 "各科成绩表" 工作标签，在 "各科成绩表" 中选择参数范围 D2:D19；将插入点定位在第 2 个参数 "Criteria" 处，输入统计条件 ">=90"，如图 7-74 所示，单击 "确定" 按钮。此时编辑栏中的函数为 "=COUNTIF（各科成绩表!D2:D19,">=90"）"。

④ 在 "成绩统计表" 中选择目标单元格 B10（对应 "80-89 人数"）。

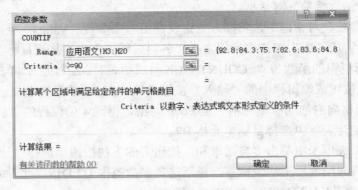

图 7-74　"COUNTIF" 函数参数设置效果

⑤ 在编辑栏处输入"= COUNTIF（各科成绩表!D2:D19, ">=80"）"，按<Enter>键确认。检查统计结果后，发现其中包含"90-100"分数段的人数，只有减去这部分人数才能得到"80-89"分数段的人数。所以，编辑栏中的公式应改为"=COUNTIF（各科成绩表!D2:D19, ">=80"）-B9"。

⑥ 单元格 B11（70-79 人数）的公式为"=COUNTIF（各科成绩表！D2:D38,">=70"）-B9-B10"。

⑦ 单元格 B12（60-69 人数）的公式为"=COUNTIF（各科成绩表！D2:D38,">=60"）-B9-B10-B11"。

⑧ 在"成绩统计表"中选择目标单元格 B13（对应"59 以下人数"）。

⑨ 在编辑栏中输入"= COUNTIF（各科成绩表！D2:D38,"<60"）"。

⑩ 在"成绩统计表"中选择单元格区域 B8:B13，鼠标指向 B13 单元格右下角的填充柄，当鼠标变成"+"时，向右拖动至 E13 单元格，统计出其他 3 门课程的各个分数段人数。

💡 **小技巧**

在 B10、B11、B12 单元格中分别统计 80-89、70-79、60-69 这 3 个分数段的人数时，还可以按以下步骤完成。

① 双击 B10 单元格，直接输入"=COUNTIF（各科成绩表！D$2: D$38,">=80"）-COUNTIF（各科成绩表！ D$2:D$38,">=90"）"，统计出 80-90 分数段的人数。

② 拖动 B10 单元格的填充柄，将公式复制到 B11、B12 单元格。

③ 双击 B11 单元格，将公式中第一个条件改为">=70"第二个条件改为">=80"，修改后的公式为"=COUNTIF（各科成绩表！ D$2:D$38,">=70"）-COUNTIF（各科成绩表！D$2:D$38,">=80"）"，用于统计出 70-79 分数段的人数。

④ 用同样的方法将 B12 单元格中的第一个条件改为">=60"，第二个条件改为">=70"。

如果 COUNTIF 函数的使用公式需要复制，在"Range"参数的引用区域固定不变的情况下，通常使用"绝对引用"或"区域命名"方式实现。

COUNTIF 函数的第二个参数"Criteria"如果是表达式，应该为">=90"的形式，表示在第一个参数 Range 的范围内统计出满足"Criteria"给定条件的单元格数目。注意：必须在表达式或字符串两边加上西文双引号。

---

5. 计算及格率和优秀率

在"成绩统计表"中计算各门功课的及格率和优秀率，具体操作步骤如下。

① 在"成绩统计表"中选择目标单元格 B14（计算优秀率）。

② 编辑栏的公式为"=COUNTIF（各科成绩表！D$2:D$38,">=90"）/COUNT（各科成绩表！D$2:D$38）"。

③ 在"开始"选项卡的"数字"组中单击"百分比样式"按钮，将及格率设置成百分比样式，单击"增加小数位数"按钮，将及格率保留 2 位小数，如图 7-75 所示。

④ 拖动 B14 单元格的填充柄，将公式复制到 B15 单元格（计算及格率）。

⑤ 在编辑栏中，将公式中的条件由">=90"改为">=60"，修改后的公式为"=COUNTIF（各科成绩表！D$2:D$38,">=90"）/COUNT（各科成绩表！D$2:D$38）"。

⑥ 选择单元格区域 "B14:B15"，拖动 B15 单元格右下角的 "填充柄" 至 E15 单元格，统计出其他 3 门课程的及格率和优秀率。

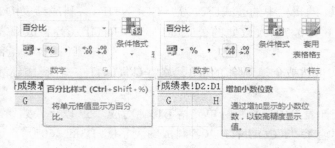

图 7-75　设置优秀率显示格式

这样就把这个 "成绩统计表" 的各项数据都已经制作好了，效果如图 7-76 所示。

	A	B	C	D	E
1	各科成绩统计数据				
2		应用语文	大学英语	应用数学	计算机基础
3	平均成绩	79.29	72.22	79.97	72.97
4	最高分	92.8	79.2	88.3	82.8
5	最低分	61.6	64.8	69.2	57.5
6	应到人数	18	18	18	18
7	实到人数	18	17	18	18
8	缺考人数	0	1	0	0
9	90分以上	2	0	0	0
10	80-90分	7	0	9	2
11	70-80分	8	12	8	10
12	60-70分	1	5	1	5
13	60分以下	0	0	0	1
14	优秀率	11.11%	0.00%	0.00%	0.00%
15	及格率	100.00%	100.00%	100.00%	94.44%

图 7-76　成绩统计表数据效果

任务 7-9　制作 "各科等级表"

1. 单元格数据的删除与清除

将 "各科成绩表" 工作表复制一份，并将复制后的工作表重命名为 "各科等级表"。在 "各科等级表" 中，清除 "大学英语"、"计算机应用"、"高等数学" 及 "应用文写作" 列中的分数内容，并清除 "总分"、"名次" 列的所有属性；删除 "班级平均分"、"班级最高分"、"班级最低分" 所在单元格区域，操作步骤如下。

① 选择 "各科成绩表" 工作标签，按住<Ctrl>键，把 "各科成绩表" 工作表拖动到目标位置后，先释放鼠标，再放开<Ctrl>键。将复制后的 "各科成绩表（2）" 工作表重命名为 "各科等级表"。

② 在 "各科等级表" 中选择分数内容所在的单元格区域 D2:G19。

③ 在 "开始" 选项卡的 "编辑" 组中单击 "清除" 按钮，选择 "清除内容" 命令，或者利用<Delete>键，只清除选定单元格的内容，而保留了单元格的格式。

④ 将鼠标移到工作表的最上方，指向 "总分" 所在列的 "列标" 处，单击选择该列，并

向右拖动至"名次"列。

⑤ 在"开始"选项卡的"编辑"组中单击"清除"按钮，选择"全部清除"命令，此时，这两列中的内容和格式全部被清除。

⑥ 选择"班级平均分"所在的单元格区域 A20:G20。

⑦ 在"开始"选项卡的"编辑"组中单击"清除"按钮，选择"全部清除"命令，发现该区域的内容和格式虽然被全部清除，但单元格本身仍保留在工作表中。重新选择单元格区域 A39:G39，在"开始"选项卡的"单元格"组中单击"删除"下拉按钮，选择"删除单元格"命令，打开"删除"对话框，选择"下方单元格上移"单选按钮，单击"确定"按钮。这时可以看到，A19:G19 的内容已由原 A40:G40 的内容替代。

注意

在 Excel 中"清除"与"删除"是有区别的："清除"命令只能将选定单元格中的内容或格式等清除，而单元格本身仍保留在工作表中；"删除"命令则会将选定单元格从工作表中移走，并用相邻的单元格来填充被删除的单元格，虽然外表看不出删除的痕迹，但实际上这些单元格已经不存在了。所以，如果有公式引用了被删除的单元格，该公式所在的单元格就会产生"# Ref!"错误信息，表示已经找不到引用的单元格了。

在"开始"选项卡的"编辑"组的"清除"下拉列表中选择"清除内容"，Excel 将只清除单元格中的内容（包括文字、数字及公式），而单元格格式等属性仍保留；如果选择"清除格式"，将只清除单元格中的格式，而保留内容；如果选择"全部清除"，则清除单元格的所有属性，包括内容及格式等。

2．IF 函数的使用方法

随着素质教育的推行，学校开始采用等级评定考试成绩，就是将卷面分数转化为相应的等级。采用逻辑判断函数 IF，可以很容易地将学生的分数转化为相应的等级。

IF 函数的功能是：判断给出的条件是否满足，如果满足返回一个值，如果不满足则返回另一个值。

语法格式：IF（logical_test,value_if_true,value_if_false），共包括如下 3 个参数。

- Logical_test：逻辑判断表达式。
- Value_if_true：表达式为真时返回的值。
- Value_if_false：表达式为假时返回的值。

利用 IF 函数将"各科成绩表"中的"计算机基础"成绩在 60 分以上的，在"各科等级表"中"计算机基础"的对应位置设置为"及格"，否则为"不及格"，操作步骤如下。

① 在"各科等级表"工作表中选择目标单元格 G2。

② 在"公式"选项卡的"函数库"组中单击"插入函数"按钮，打开"插入函数"对话框，在"逻辑"类别中选择"IF"函数，单击"确定"按钮，打开"函数参数"对话框。

③ 在"Logical_test"编辑框中先单击"各科成绩表"工作标签，再单击 G2 单元格，最后输入">=60"(或直接输入"各科成绩表! G2>=60")。

④ 在"Value_if_true"编辑框中输入"及格"；在"Value_if_false"编辑框中输入"不及格"，

如图 7-77 所示。

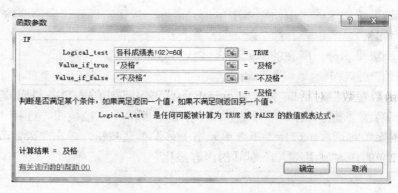

图 7-77　"函数参数"对话框

⑤ 单击"确定"按钮。"各科成绩表"中 G2 单元格的公式为"=IF（各科成绩表！G2>=60,"及格","不及格"）"。

⑥ 将鼠标指向 G2 单元格右下角的"填充柄"，当鼠标指针变成"十"时，按住鼠标向下拖动"填充柄"至最后的目标单元格时释放鼠标。

> **注意**
>
> 　　在 G2 单元格中，不能用双击"填充柄"的方法完成计算公式的复制。这是因为双击"填充柄"时，自动产生的序列数是由前一列向下直到遇到空白单元格为止的单元格个数决定的，而此时 G2 单元格左列为空白列，所以双击"填充柄"无效。
>
> 　　G2 单元格中的公式"=IF（各科成绩表！G2>=60,"及格","不及格"）"，其含义是：如果条件"各科成绩表！G2>=60"成立，则在 G2 单元格中显示"及格"，否则显示"不及格"。

通常 Logical_test 常用以下几种表示方法：A1>=60、B2<90、工资=1000、C6="优秀"、A1=B1。

一般来说，都是用一个单元格的内容去与指定的常量或另一个单元格中的值进行比较，如果满足条件，就返回逻辑计算的结果为真的值，否则，返回逻辑计算的结果为假的值。

除非某个对象本身是逻辑值，否则必须用比较运算符：=（等号）、>（大于号）、<（小于号）、>=（大于等于号）、<=（小于等于号）或<>（不等号）连接进行比较的两个对象。

逻辑判断函数 IF 最多可以嵌套 7 层，用 Value_if_false 或 Value_if_true 参数可以构造复杂的检测条件。现在以"根据学生分数评定成绩等级"为例，说明 IF 嵌套函数的使用方法。分数与等级的对应关系如表 7-2 所示。

表 7-2　分数与等级的对应关系表

分数	等级	分数	等级
>=90	优秀	>=60 且<70	及格
>=80 且<90	良好	<60	不及格
>=70 且<80	中等		

　　按表 7-2 所示的分数与等级的对应关系，利用 IF 嵌套函数对"各科成绩表"中的"应用语文"、"大学英语"、"应用数学"3 门课程的分数，在"各科等级表"的对应科目中进行相应的等级设置，操作步骤如下。

　　① 在"各科等级表"工作表中选择目标单元格 D2，并在 D2 中输入"="。

　　② 在编辑栏左边的函数下拉列表框中选择"IF"函数。

　　③ 打开"函数参数"对话框，在"Logical_test"文本框中输入"各科成绩表！D2<60"，在"Value_if_true"文本框中输入"不及格"。

　　④ 将插入点定位在"Value_if_false"文本框中，如图 7-78 所示，再次单击编辑栏左边的"IF"函数，第 2 次打开"函数参数"对话框，在"Logical_test"文本框中输入"各科成绩表！D2<70"，在"Value_if_true"文本框中输入"及格"，如图 7-79 所示。

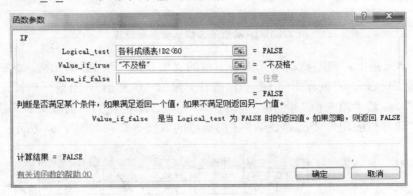

图 7-78　IF 函数第 1 级嵌套参数设置

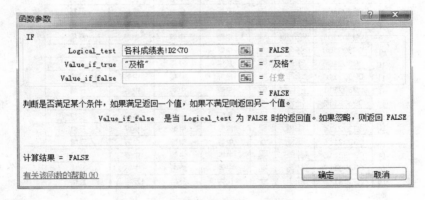

图 7-79　IF 函数第 2 级嵌套参数设置

　　⑤ 重复步骤④3 次。其中，"Logical_test"及"Value_if_true"处的参数依次设置为：第 3 次，"各科成绩表！D2<80"、"中等"；第 4 次，"各科成绩表！D2<90"、"良好"；第 5 次，"各科成绩表！D2<=100"、"优秀"。另外，第 5 次"函数参数"对话框中的"Value_if_fales"参数设置为"缺考"。图 7-80 所示是第 5 次"函数参数"对话框的参数设置。

　　⑥ 单击"确定"按钮。在 D2 单元格的编辑框中可以看到最终的公式为"=IF(各科成绩表！D2<60, "不及格",IF(各科成绩表！D2<70,"及格",IF(各科成绩表！D2<80, "中等",IF(各科成绩表！

D2<90,"良好",IF(各科成绩表！D2<=100,"优秀","缺考")))))"。

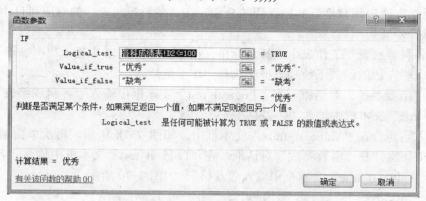

图 7-80 IF 函数第 5 级嵌套参数设置

⑦ 在 D2 单元格中，向右拖动单元格右下角的"填充柄"至 F2 单元格。此时 D2:F2 单元格区域处于被选中状态，将鼠标指向 F2 单元格右下角的"填充柄"，当鼠标指针变成"十"时，双击"填充柄"，或者"填充柄"将下拉至 G19 单元格。即可在"各科成绩表"工作表中得到"大学英语"、"计算机应用"、"高等数学" 3 门课程的成绩等级，如图 7-81 所示。

	A	B	C	D	E	F	G
1	学号	姓名	性别	应用语文	大学英语	应用数学	计算机基础
2	09302101	李文东	男	优秀	中等	良好	及格
3	09302102	李丽红	女	良好	中等	良好	及格
4	09302103	王新	男	中等	及格	中等	不及格
5	09302104	杨东琴	女	中等	中等	良好	及格
6	09302105	刘荣冰	男	良好	中等	良好	及格
7	09302106	张力志	男	良好	及格	良好	及格
8	09302107	赵光德	男	中等	中等	中等	及格
9	09302108	张华	女	中等	中等	良好	及格
10	09302109	李明	男	及格	及格	中等	及格
11	09302110	李军	男	良好	及格	良好	及格
12	09302111	王建国	男	中等	中等	中等	及格
13	09302112	汪海	男	中等	中等	良好	及格
14	09302113	江成	男	良好	中等	良好	及格
15	09302114	朱健	男	良好	中等	良好	及格
16	09302115	李丽	女	中等	中等	中等	及格
17	09302116	郭磊	男	中等	中等	中等	及格
18	09302117	林涛	男	中等	缺考	中等	及格
19	09302118	陈玉	女	优秀	及格	及格	及格

图 7-81 各科等级表的效果图

 注意

D2 单元格中的公式为"=IF(各科成绩!D2<60,"不及格",IF(各科成绩!D2<70,"及格",IF(各科成绩！D2<80,"中等",IF(各科成绩！D2<90,"良好",IF(各科成绩！D2<=100，"优秀"，"缺考")))))"。

也可以将 D2 单元格中的公式改为 "=IF(各科成绩！D2="缺考","缺考",IF(各科成绩！D2>=90,"优秀",IF(各科成绩！D2>=80,"良好",IF(各科成绩！D2>=70,"中等",IF(各科成绩！D2>=60,"及格","不及格")))))"。

在 D2 单元格的公式中，成绩等级"优秀"、"良好"、"中等"、"及格"、"不及格"以及"缺考"都是字符串常量，在编辑栏输入的时候，务必在字符串两边加上西文双引号，如"优秀"。

在编辑栏中输入 IF 函数时，要注意正确应用参数分隔符","以及正确进行括号的配对。必须使左右括号的数量相同。通常配对的括号用相同的颜色表示，不同的括号对之间用不同的颜色区分。

任务 7-10　制作"成绩统计图"

利用工作表中的数据制作"图表"，可以更加清晰、直观和生动地表现数据。"图表"比数据更易于表达数据之间的关系以及数据变化的趋势。

1．使用"图表向导"创建图表

在"成绩统计表"中，根据各分段人数及缺考人数制作"图表"。要求如下：图表类型为"簇状柱形图"，数据系列产生在"列"，图表标题为"成绩统计图"，"分类（X）轴"为"等级"，"数值（Y）轴"为"人数"，将图表"作为对象插入"到"成绩统计表"中。操作步骤如下。

① 在"成绩统计表"工作表中选择目标单元格区域 A8:E13。

② 在"插入"选项卡的"图表"组中单击"柱形图"按钮，在"柱形图"下拉列表的"二维柱形图"选项组中选择"簇状柱形图"，如图 7-82 所示，在工作表中将会自动创建一个"簇状柱形图"图表，如图 7-83 所示。

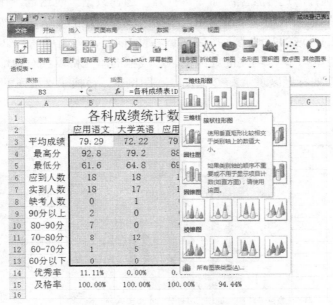

图 7-82　创建"簇状柱形图"图表对话框

说明

也可以在选取源数据后，直接按<Alt+F1>组合键，快速在工作表中建立图表，不过所建立的图表类型则是预设的柱形图，如果有自行修改过默认的图表类型，那么将以设定的为主。

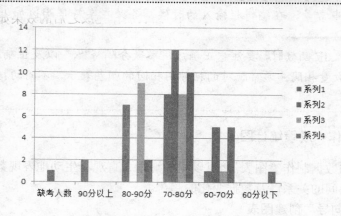

图 7-83   源数据对话框图例为系列

仔细观察后发现，事先选取的区域有问题，在图例中，是以"系列 1"、"系列 2"、⋯⋯代替系列名的，但"系列 1"、"系列 2"、⋯⋯是什么呢？能否用具体的标题内容来替代呢？答案是肯定的，只要对选定的区域略加修改就可以了。

③ 在簇状柱形图的图表区中单击"绘图区"空白区域，可以看到成绩统计表中"A8:E13"区域单元格被选中，该区域单元格周边出现闪亮的虚线框。此时在"绘图区"空白区域右击，在弹出的快捷菜单中选择"选择数据"命令，打开"选择数据"对话框。在"选择数据"对话框的"图表数据区域"选项卡中，单击"图表数据区域"旁边的"折叠"按钮，重新选择数据区域。在保留原有选的区域的基础上，按住<Ctrl>键的同时，再选择 A2:E2 区域，可以看到，工作表中选定的区域出现了两个闪亮的虚线框，虚线框的单元格以绝对地址的形式出现在"源数据"对话框中，新增的标题区域 A2:E2 已反映在图例中，替换了"系列 1"、"系列 2"、⋯⋯，如图 7-84 所示。

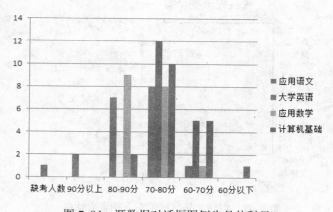

图 7-84   源数据对话框图例为具体科目

④ 选中图表区，在"图表工具"→"布局"选项卡中单击"坐标轴标题"按钮，选择"主要横坐标轴标题（H）"→"坐标轴下方标题"命令，即可为图表 X 轴添加标题，在 X 轴坐标轴标题区输入"等级"，操作步骤如图 7-85 所示。用同样的方法可以为 Y 轴添加标题"人数"。

⑤ 在"图表工具"→"布局"选项卡中单击"图表标题"按钮，选择"图表上方"命令，即可在图表区上方添加图表标题"成绩统计表"。图表制作完成之后的效果如图 7-86 所示。

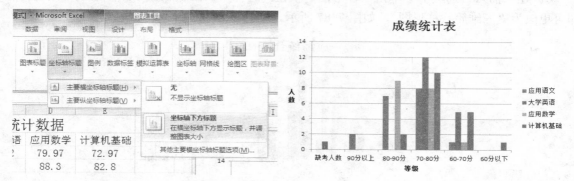

图 7-85　为图表添加坐标轴标题　　　　图 7-86　"图表选项"对话框

> **说明**
>
> 从图 7-86 中可以看出，刚制作完的嵌入式图表的位置、大小、格式都不太合适，需要调整图表的大小并移动位置。调整图表大小的方法是：单击"图表"，使图表处于激活状态，如图 7-86 所示，拖动"图表"外框上的黑色控制点；移动图表的方法是：单击图表中"图表区"的任意位置，按住鼠标拖动，将图表移动到目标位置后，释放鼠标。
>
> Excel 中的图表类型相当丰富，标准类型有 11 种，每种图表类型中又提供了包含二维、三维在内的若干子类型。此外还有很多种自定义类型。不同类型的图表可适用于不同特性的数据。对于不同的数据表，一定要选择最合适的图表类型才能使数据更加生动形象。下面是几种常用的标准类型图表的简要说明。
>
> ① "柱形图"：用于显示某一段时间内数据的变化，或比较各数据项之间的差异。分类在水平方向，而数据在垂直方向，以强调相对于时间的变化。
>
> ② "条形图"：用于显示各数据之间的比较。分类在垂直方向，而数据在水平方向，使用户的注意力集中在数据的比较上，而不在时间上。
>
> ③ "折线图"：用于显示各数据之间的变化趋势。分类在水平方向，而数据在垂直方向，以强调相对于时间的变化。
>
> ④ "饼图"：用于显示组成数据系列的各数据项与数据项总和的比例。饼图只适用于单个数据系列间各数据的比较。

2．修改图表

图表制作完成后，如果感到不满意，可以更改图表的"类型"、"源数据"、"图表选项"以及图表的位置等，使图表变得更加完善。

在"成绩统计表"工作表中，对图表进行如下修改：将图表类型改为"三维簇状柱形图"，数据系列产生在"行"，并从图表中删除缺考人数，在图表中"显示数据表"，将图表"作为新工作表插入"，并将新工作表命名为"成绩统计图"。操作步骤如下。

① 在"成绩统计表"工作表中单击图表，使之处于激活状态。

② 在"插入"选项卡中单击"柱形图"按钮，选择"三维簇状柱形图"选项，图表类型即可更改为"三维簇状柱形图"，如图 7-87 所示。

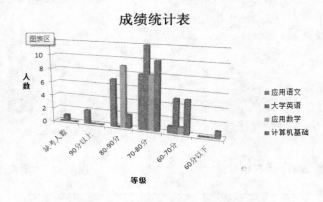

图 7-87 三维簇状柱形图

③ 右击"图表区"，在弹出的快捷菜单中选择"选择数据"命令，打开"选择数据源"对话框。

④ 在"选择数据源"对话框的"数据区域"选项卡中单击"切换行/列"按钮，此时图表数据系列将产生在"行"。选择"图例项（系列）"选项卡，在"系列"列表框中选择"缺考人数"系列，单击"删除"按钮，如图 7-88 所示，单击"确定"按钮。这样就从图表中删除了"缺考人数"系列，但不影响工作表中的相应数据。

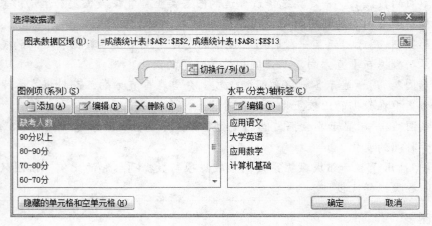

图 7-88 删除缺考设置

⑤ 在"图表工具"→"布局"选项卡的"标签"组中单击"模拟运算表"按钮，选择"显

示模拟运算表"命令，显示数据表，效果如图 7-89 所示。

⑥ 在图表中单击选取图表对象，在"图表工具"→"设计"选项卡中单击"移动图表"按钮，在弹出的"移动图表"对话框中选择"新工作表"单选按钮，在右边的文本框中输入"成绩统计图"，如图 7-90 所示。

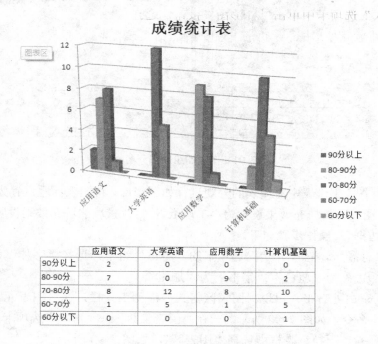

	应用语文	大学英语	应用数学	计算机基础
90分以上	2	0	0	0
80-90分	7	0	9	2
70-80分	8	12	8	10
60-70分	1	5	1	5
60分以下	0	0	0	1

图 7-89　显示数据表

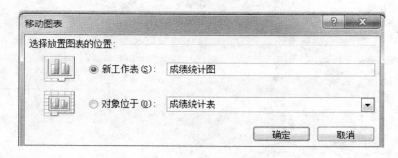

图 7-90　"移动图表"对话框

3. 图表美化

图表建立并修改完成后，如果显示的效果不太美观，可以对图表的外观进行适当的格式化，也就是对图表的各个对象进行一些必要的修饰，使其更协调、更美观。因此，在格式化图表之前，必须先熟悉图表的组成以及选择图表对象的方法。

下面以刚才生成的"成绩统计图"为例，介绍图表的组成及各对象的名称，如图 7-91 所示。了解图表的组成后，就可以对图表的外观进行格式化了。

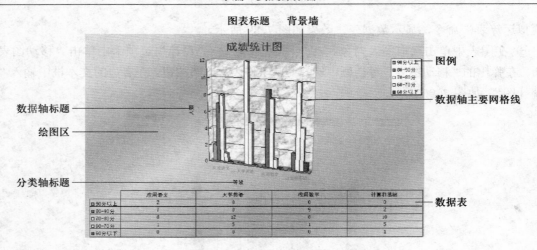

图 7-91　图表的组成部分名称

在"成绩统计图"工作表中对图表的外观进行如下修饰：将图表标题设置为"幼圆、22 号、蓝色、加粗"；将图表区的填充效果设置为"羊皮纸"；将背景墙的填充效果设置为"水滴"；为图例添加"阴影边框"。操作步骤如下。

① 单击图表标题区，在"开始"选项卡的"字体"组中，选择"字体"为"幼圆"、"字号"为"22"、"颜色"为"蓝色"、"字形"为"加粗"。

② 在图表区空白处右击，出现"图表区格式"浮动工具栏，在"图表元素"下拉列表框中选择"图表区"命令，如图 7-92 所示。或在"图表工具"→"格式"选项卡的"当前所选内容"组的"图表元素"下拉列表框中选择"图表区"，如图 7-93 所示。

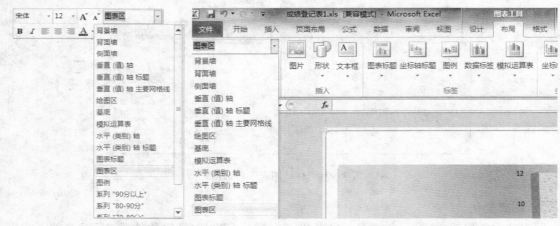

图 7-92　图表工具栏　　　　　　　　图 7-93　图表区格式对话框

③ 右击图表区空白处，在弹出的快捷菜单中选择"设置绘图区格式"命令，打开"设置绘图区格式"对话框，在"填充"设置界面中选择"渐变填充"单选按钮，在"预设颜色"下拉列表框中选择"金色年华"选项，在"方向"下拉列表框中选择"线性向右"选项，如图 7-94 所示。设置完成后单击"关闭"按钮。

④ 右击"背景墙"区域，在弹出的快捷菜单中选择"背景墙格式"命令，打开"背景墙格式"对话框，在"图案"设置界面中单击"填充效果"按钮，打开"填充效果"对话框。

⑤ 选择"纹理"选项卡，在"纹理"列表框中选择"白色大理石"，如图 7-95 所示，单击"确定"按钮。再单击"背景墙格式"对话框中的"确定"按钮。

图 7-94　"设置绘图区格式"对话框

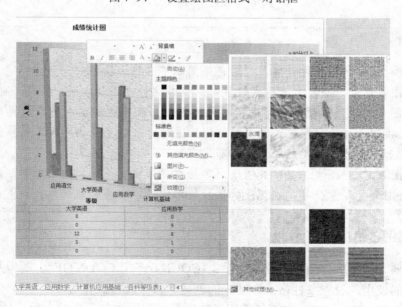

图 7-95　填充效果设置

⑥ 右击"图例"区域，在弹出的快捷菜单栏中选择"设置图例格式"命令，打开"设置

图例格式"对话框，在"发光和柔化边缘"设置界面的"发光"选项组的"预设"下拉列表框中选择"蓝色，8pt 发光，强调文字颜色 1"，在"颜色"下拉列表框中选择"青色"，如图 7-96 所示，单击"关闭"按钮。

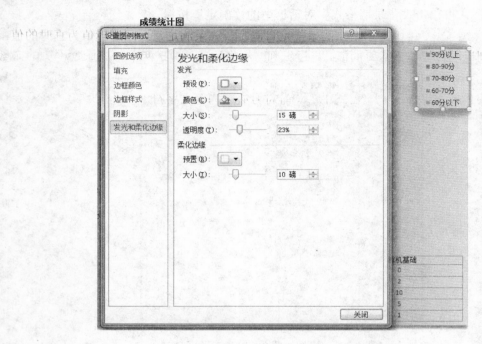

图 7-96 "设置图例格式"对话框

 说明

选择图表对象进行格式化设置，通常可采用以下 3 种方法。

① 双击图表对象，直接打开格式设置对话框，这种办法最方便、快捷，也最常用。

② 在"图表工具"选项卡的"图表对象"下拉列表中选择图表对象，再单击"设置所选内容格式"按钮，打开对象格式设置对话框。这种方法对于一些不太容易从图表中直接去选择的对象，如网格线、分类轴等的选择非常有效。

③ 激活图表时，"图表工具"选项卡通常会自动弹出，如果"图表工具"选项卡没有出现，只要右击图表的任意位置，在弹出的快捷菜单中选择相应区域的格式设置命令即可。

7.2.3　案例总结

本小节主要介绍了统计函数"COUNT"、"COUNTA"、"COUNTIF"、逻辑判断函数"IF"以及嵌套函数的使用；设置条件格式；图表的创建、修改及格式化等。

COUNT、COUNTA、COUNTIF 函数用于统计指定范围内单元格的个数，它们的区别如下。

① COUNT 函数返回包含数字以及包含参数列表的数字型的单元格的个数。

② COUNTA 函数返回参数列表中非空值的单元格个数，单元格的类型不限。

③ COUNTIF 函数返回指定区域内满足给定条件的单元格个数。

在使用 COUNTIF 函数时应该注意，当公式需要复制时，如果参数"range"的引用区域固定不变，通常应使用绝对引用或区域命名方式实现；如果参数"criteria"是表达式或字符串，必须在两边加上西文上引号。

逻辑判断函数"IF"用于判断给出的条件是否满足，如果满足，返回逻辑值为真时的值；如果不满足，则返回逻辑值为假时的值。当逻辑判断给出的条件多于两个时，通常采用 IF 函数的嵌套，也就是将一个 IF 函数的返回值作为另一个 IF 函数的参数。在使用 IF 函数时，应注意函数多层嵌套时的括号匹配，并且公式中的所有符号必须为西文字符。

条件格式用于突出显示满足特定条件的单元格。使用条件格式时，首先必须正确选择要设置条件格式的数据区域。

图表比数据更易于表达数据之间的关系以及数据变化的趋势。对图表的操作主要包括：创建各种类型的图表、图表的修改、图表的格式化等。

制作图标时，应了解表现不同的数据关系时，如何选择合适的图表类型，特别要注意正确选择源数据。图表既可以插入到工作表中，生成嵌入图表，也可以生成一张单独的工作表。如果工作表中作为图表原数据的部分发生变化，图表中的对应部分也会自动更新。在图表的制作过程中，"图表类型"、"源数据"、"图表选项"、"位置"4 步中的任何一步出错都不必重新开始，只要选定图表使之处于激活状态，就可以在"图表"菜单中选择对应的命令进行修改。在对图表近视格式化时，要注意正确选择图表中的对象，不同对象的格式化设置选项是不同的。

本案例介绍的内容广泛使用在日常生活的各个领域中，如在统计表中统计人数、统计考勤、统计销售情况等；在工资表中计算工资所得税、在销售表中计算销售提成等；并可根据需要生成各种统计图。

7.3　Excel 高级应用——工资表数据分析

7.3.1　"工资表数据分析"案例分析

本节以工资表数据的处理为例，介绍查找与引用函数 VLOOKUP 的应用。同时还介绍了名称的定义、绝对引用与相对引用、IF 函数和 ISERROR 函数的嵌套应用，分类汇总和数据透视表的使用。

1. 任务的提出

小张在某企业人事部实习，他的工作任务就是对各个员工的工资情况进行统计然后进行分析。为了方便，他打算用 Excel 工作表来管理工资数据。图 7-97 所示是他制作的各员工工资表。该企业员工的工资分"个人奖金"、"部门津贴"和"职务工资"三个部分，"职务工资表"工作表给出了每种职务的职务工资，如图 7-98 所示；"部门津贴表"工作表记录了该月各部门的津贴情况，如图 7-99 所示。

	A	B	C	D	E	F	G	H
1	工号	姓名	部门	职务	个人奖金	部门津贴	职务工资	应发工资
2	G0001	陈翔	工程部	主管	2000			
3	G0002	陈玉	培训部	经理	6000			
4	G0003	仇月	销售部	主管	2000			
5	G0004	丁炜	工程部	主管	2000			
6	G0005	傅程	人事部	助理	2000			
7	G0006	顾晓	培训部	主管	1500			
8	G0007	郭磊	宣传部	主管	3000			
9	G0008	何宇	销售部	主管	2000			
10	G0009	胡鹏	销售部	经理	6000			
11	G0010	黄波亮	销售部	助理	2000			
12	G0011	江成	策划部	主管	6000			
13	G0012	蒋锋	销售部	助理	2000			

图 7-97　工资表

	A	B
1	职务	职务工资
2	总经理	6000
3	副总经理	4500
4	经理	3500
5	主管	2500
6	主管	2500
7	助理	1000

图 7-98　职务工资表

	A	B
1	部门	津贴
2	董事会	2000
3	人事部	1500
4	工程部	2000
5	策划部	1500
6	宣传部	1500
7	培训部	2000
8	销售部	2500

图 7-99　部门津贴表

　　现在小张想要统计各员工的工资情况，计算每位员工的部门津贴、职务工资和应发工资。看着长长的工资表，小李发愁了，因为"工资表"工作表中只记载了个人信息和个人奖金。

　　为了统计"工资表"工作表中的"部门津贴"和"职务工资"，必须去"部门津贴表"工作表中查找每种部门的"津贴"情况，去"职务工资表"工作表中查找每种职务的"职务工资"情况。这个工作量实在太大，而且还容易出错。

　　他的需求是：输入部门名称后，让 Excel 根据这个部门名称就能自动查找该部门的"津贴"，输入职务信息后，让 Excel 根据这个职务信息就能自动查找该职务的"职务工资"，并将这些引用到"工资表"工作表的相应单元格中。

　　此外，他还希望统计出各部门的平均工资。

　　为了提高效率、减少失误，小张还打算对前面的"工资表"工作表进行改进，制作一张可以直接从列表中选择个人工号，并可以自动计算出该员工工资的"新工资表"工作表。

2. 解决方案

　　通常情况下，如果不借助其他方法的帮助要想在 Excel 中解决这个问题，只能到"职务工资表"工作表中一条一条地查找各位员工的"职务"，并找出职务对应的职务工资。如果不想这么做，还有什么更好的办法吗？

　　对于这个实际需求，开发 Excel 的工程师已经想到了。在 Excel 中有一个函数，就是专门为解决这类问题而设计的，这个函数就是 VLOOKUP。

　　小张遇到的这个问题，就可利用 Excel 中的查找函数 VLOOKUP 来解决。VLOOKUP 函数的功能是：在数据区域的第 1 列中查找指定的数值，并返回数据区域当前行所指定的列中位置的数值。

　　至于统计各部门的平均工资情况，则可以用分类汇总来实现。

7.3.2　相关知识点

1．VLOOKUP 函数

VLOOKUP 函数的功能：查找数据区域首列满足条件的元素，并返回数据区域当前行中指定处的值。

VLOOKUP 函数的语法如下：

VLOOKUP(lookup_value,table_array,col_index_num,range_lookup)

- lookup_value 为需要在表格数组第一列中查找的数值。lookup_value 可以为数值或引用。若 lookup_value 小于 table_array 第一列中的最小值，则 VLOOKUP 返回错误值 #N/A。
- table_array 为两列或多列数据。使用对区域或区域名称的引用。table_array 第一列中的值是由 lookup_value 搜索的值。这些值可以是文本、数字或逻辑值。文本不区分大小写。
- col_index_num 为 table_array 中待返回的匹配值的列序号。col_index_num 为 1 时，返回 table_array 第一列中的数值；col_index_num 为 2，返回 table_array 第二列中的数值，以此类推。如果 col_index_num 小于 1，VLOOKUP 返回错误值#VALUE!。如果 col_index_num 大于 table_array 的列数，VLOOKUP 返回错误值 #REF!。
- range_lookup 为逻辑值，指希望 VLOOKUP 查找精确的匹配值还是近似匹配值：如果为 TRUE 或省略，则返回精确匹配值或近似匹配值。也就是说，如果找不到精确匹配值，则返回小于 lookup_value 的最大数值，在此情况下 table_array 第一列中的值必须以升序排序，否则 VLOOKUP 可能无法返回正确的值；如果为 FALSE，VLOOKUP 将只寻找精确匹配值。在此情况下，table_array 第一列的值不需要排序。如果 table_array 第一列中有两个或多个值与 lookup_value 匹配，则使用第一个找到的值。如果找不到精确匹配值，则返回错误值#N/A。

2．名称的定义

在工作表中，可以用列标和行标引用单元格，也可以用名称来表示单元格、单元格区域。

3．ISERROR 函数

ISERROR 函数的功能是检测一个值是否为错误值（#N／A、#VALUE、#REF!等），如果这个值是错误值，则 ISERROR 函数的返回值是 TRUE，否则 ISERROR 函数的返回值是 FALSE。

4．分类汇总

分类汇总是指对工作表中的某一项数据进行分类，在对需要汇总的数据进行汇总计算。在分类汇总前要先对分类字段进行排序。

5．数据透视表

数据透视表是一种交互式工作表，用于对现有工作表进行会综合分析。创建数据透视表后，可以按不同的需要、依不同的关系来提取和组织数据。

任务 7-11　计算"部门津贴"和"职务工资"

先在"部门津贴表"工作表中创建一个"部门津贴"数据区域，目的是为了在"VLOOKUP"函数的"table_array"参数中使用这些区域名称。由于这个数据区域的第 2 列存放了各个"部门"的"部门津贴"数据，因此可以在"部门津贴"数据区域中通过查找"部门"得到其相对应的"津贴"数值。

1. 在"部门津贴表"工作表中创建"部门津贴"区域

① 选择"部门津贴表"工作表，选中"部门"、"津贴"所在的区域。

② 在"公式"选项卡中单击"定义名称"按钮，打开"新建名称"对话框，在"名称"文本框中输入"部门津贴"，如图 7-100 所示，单击"确定"按钮，"部门津贴"数据区域名称创建完成。

如果要删除定义的数据区域，应在"名称管理器"对话框中删除。方法是：在"公式"选项卡中单击"名称管理器"按钮，打开"名称管理器"对话框，在已定义的名称列表框中选中需要删除的名称，然后单击"删除"按钮，再单击"确定"按钮，即可删除已定义的数据区域。

定义数据区域名称也可以先选择要定义的区域，然后在名称框中直接输入定义的名称，如图 7-101 所示。

图 7-100　定义名称"部门津贴"　　　图 7-101　"职务工资"的定义区域

2. 用 VLOOKUP 函数查找"部门津贴"

① 选择"工资表"工作表，选中目标单元格"F2"，在"开始"选项卡的"公式"组中单击"插入函数"按钮，打开"插入函数"对话框，在"或选择类别"下拉列表框中选择"全部"选项，在"选择函数"列表框中选择"VLOOKUP"，如图 7-102 所示。单击"确定"按钮，弹出"函数参数"对话框。

② 由于要根据"工资表"（"C 列"）查找"部门"，所以 VLOOKUP 函数的第一个参数应该选择"部门"名称"C2"（"工程部"），如图 7-103 所示。

③ 单击"函数参数"对话框的第二个文本框右边的折叠按钮，接着在"公式"组中单击"用于公式"按钮，选择"粘贴名称"命令，打开"粘贴名称"对话框，选中粘贴名称"部门津贴"，单击"确定"按钮，区域名称"部门津贴"被插入到 VLOOKUP 函数第二个参数的位置，如图 7-104 所示。用这种方法在公式中输入区域名称既快捷又不容易出错。

④ 当在"部门津贴"区域找到"工程部"所在行后，需要返回该部门的"津贴"数值，由于"津贴"数据存放在"部门津贴"区域的第 2 列，所以 VLOOKUP 函数的第三个参数应该输入数字"2"。

⑤ 由于要求"部门"名称精确匹配，所以最后一个参数输入"false"，如图 7-105 所示。单击"确定"按钮，可以看到 VLOOKUP 函数找到了"工程部"的"部门津贴"是"2000"。

⑥ 双击"填充柄"，复制公式。

3. 按照与上面相同的方法，创建"职务工资"的查找公式，并计算"应发工资"

① 在"职务工资表"工作表中创建一个"职务工资"数据区域。

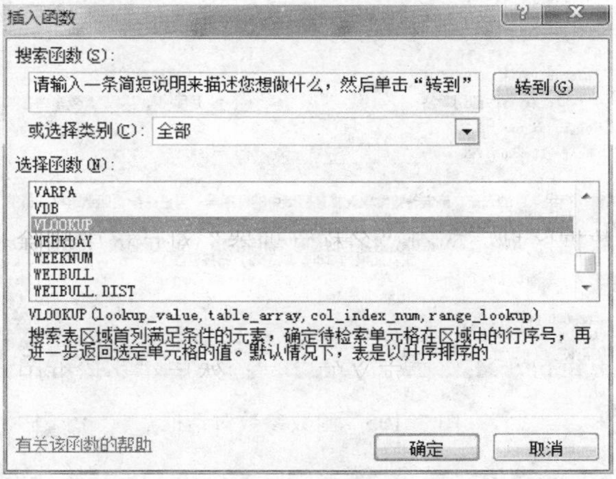

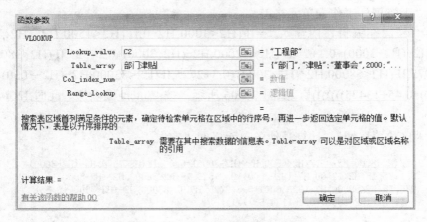

图 7-102　"插入函数"对话框

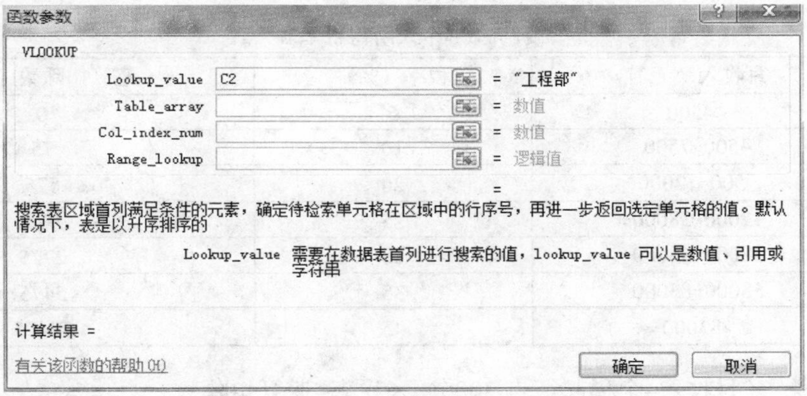

图 7-103　"函数参数"对话框

图 7-104　"函数参数"对话框

② 利用 VLOOKUP 函数在"职务工资"区域中查找各种职务的"职务工资"。

③ 用公式计算"应发工资"列的值（应发工资=个人奖金+部门津贴+职务工资）。

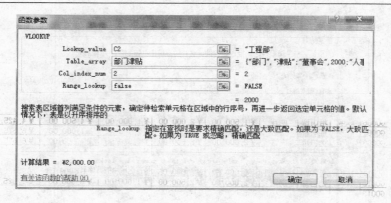

图 7-105   函数参数对话框

④ 利用 IF 函数计算实发工资。

根据 2011 年最新个人所得税税率表（如表 7-3 所示）计算实发工资数。

表 7-3   个人所得税率表

级数	月收入（元）	税率（%）	速算扣除数（元）
1	<4500	5	0
2	4500-7500	10	75
3	7500-12000	20	525
4	12000-38000	25	975
5	38000-58000	30	2725
6	58000-83000	35	5475
7	>83000	45	13475

个人所得税=（月收入–个税起征点 3000）×税率–速算扣除数

实发工资=应发工资–个人所得税

① 选择"工资表"工作表单元格 I2。

② 输入"="，在编辑栏内输入"=IF(H2<3000,H2-0,IF(H2<4500,H2-(H2-3000)*0.05, IF(H2<7500,H2-(H2-3000)*0.1+75,IF(H2<12000,H2-(H2-3000)*0.2+525,IF(H2<38000,H2-(H2-3000)*0.25+975,IF(H2<58000,H2-(H2-3000)*0.3+2725,IF(H2<83000,H2-(H2-3000)*0.35+5475, H2-(H2-3000)*0.45+13475)))))))"，如图 7-106 所示，按<Enter>键确认。此时 I2 单元格内显示"6225"。

③ 双击"自动填充柄"，计算其他各单元格的"实发工资"。

```
=IF(H2<3000,H2-0,IF(H2<4500,H2-(H2-3000)*0.05,IF(H2<7500,H2-(H2-3000)*
0.1+75,IF(H2<12000,H2-(H2-3000)*0.2+525,IF(H2<38000,H2-(H2-3000)*0.25+
975,IF(H2<58000,H2-(H2-3000)*0.3+2725,IF(H2<83000,H2-(H2-3000)*0.35+
5475,H2-(H2-3000)*0.45+13475)))))))
```

图 7-106   编辑栏输入公式效果

4．对"工资表"工作表进行格式设置

选择"工资表"工作表中的"个人奖金"、"部门津贴"、""和"毛利润" 4 列，将其单元

格数字格式设置为"货币",小数位数设置为"2",如图 7-107 所示。

	A	B	C	D	E	F	G	H	I
1	工号	姓名	部门	职务	个人奖金	部门津贴	职务工资	应发工资	实发工资
2	G0001	陈翔	工程部	主管	¥2,000.00	¥2,000.00	¥2,500.00	¥6,500.00	¥6,225.00
3	G0002	陈玉	培训部	经理	¥6,000.00	¥2,000.00	¥3,500.00	¥11,500.00	¥10,325.00
4	G0003	仇月	销售部	主管	¥2,000.00	¥2,500.00	¥2,500.00	¥7,000.00	¥6,675.00
5	G0004	丁炜	工程部	主管	¥2,000.00	¥2,000.00	¥2,500.00	¥6,500.00	¥6,225.00
6	G0005	傅程	人事部	助理	¥2,000.00	¥1,500.00	¥1,000.00	¥4,500.00	¥4,425.00
7	G0006	顾晓	培训部	助理	¥1,500.00	¥2,000.00	¥1,000.00	¥4,500.00	¥4,425.00
8	G0007	郭磊	宣传部	主管	¥3,000.00	¥1,500.00	¥2,500.00	¥7,000.00	¥6,675.00
9	G0008	何宇	销售部	主管	¥2,000.00	¥2,500.00	¥2,500.00	¥7,000.00	¥6,675.00
10	G0009	胡鹏	销售部	经理	¥6,000.00	¥2,500.00	¥3,500.00	¥12,000.00	¥10,725.00
11	G0010	黄波亮	销售部	助理	¥2,000.00	¥2,500.00	¥1,000.00	¥5,500.00	¥5,325.00
12	G0011	江成	策划部	主管	¥6,000.00	¥1,500.00	¥2,500.00	¥10,000.00	¥9,125.00
13	G0012	蒋锋	销售部	助理	¥2,000.00	¥2,500.00	¥1,000.00	¥5,500.00	¥5,325.00
14	G0013	李军	工程部	经理	¥6,000.00	¥2,000.00	¥3,500.00	¥11,500.00	¥10,325.00
15	G0014	李丽	宣传部	经理	¥6,000.00	¥1,500.00	¥3,500.00	¥11,000.00	¥9,925.00
16	G0015	李丽红	董事会	副总经理	¥8,000.00	¥2,000.00	¥4,500.00	¥14,500.00	¥12,600.00
17	G0016	李明	工程部	经理	¥6,000.00	¥2,000.00	¥3,500.00	¥11,500.00	¥10,325.00
18	G0017	李文东	董事会	总经理	¥8,000.00	¥2,000.00	¥6,000.00	¥16,000.00	¥13,725.00
19	G0018	林涛	宣传部	主管	¥3,000.00	¥1,500.00	¥2,500.00	¥7,000.00	¥6,675.00
20	G0019	刘东	培训部	助理	¥1,500.00	¥2,000.00	¥1,000.00	¥4,500.00	¥4,425.00
21	G0020	刘荣冰	董事会	副总经理	¥8,000.00	¥2,000.00	¥4,500.00	¥14,500.00	¥12,600.00
22	G0021	刘耀	销售部	助理	¥2,000.00	¥2,500.00	¥1,000.00	¥5,500.00	¥5,325.00
23	G0022	马恒	销售部	助理	¥2,000.00	¥2,500.00	¥1,000.00	¥5,500.00	¥5,325.00

图 7-107　设置效果

任务 7-12　统计各部门平均工资

下面小张要根据"工资表"工作表统计出各个部门"应发工资"的平均值和各职务的"实发工资"的平均值。

在对"应发工资"和"实发工资"进行统计之前,先创建 3 个"工资表"工作表的副本。

创建"工资表"工作表的副本,操作步骤如下。

右击"工资表"工作表标签,在弹出的快捷菜单中选择"移动或复制"命令,并选中"建立副本"复选框,建立"工资表"工作表 3 个副本"工资表(2)"、"工资表(3)"、"工资表(4)"。

1. 利用"分类汇总"统计各个部门的"应发工资"平均值,并找出应发工资最高的部门

"分类汇总"含有两层意思:按什么分类——"所在部门"和对什么汇总——"应发工资"。

在进行"分类汇总"之前,应先对要分类的"部门"列,进行"排序",目的是为了把"部门"相同的记录放到一起,然后再对要汇总列的"应发工资"进行求平均值。

在"工资表(2)"工作表中,用"分类汇总"计算各个部门的"应发工资"平均值,操作步骤如下。

(1)在"工资表(2)"工作表中对"部门"字段进行排序

① 单击"工资表(2)"工作表中的任意一个单元格。

② 在"开始"选项卡的"数据"组中单击"排序"按钮,打开"排序"对话框,在"主要关键字"下拉列表框中选择"部门",选中"升序"单选按钮(默认值),如图 7-108 所示。

③ 单击"确定"按钮,则"工作表(2)"工作表中的记录,按"部门"升序排序。

(2)用"分类汇总"统计各区的"应发工资"平均值

① 单击"工作表(2)"工作表中的任意一个单元格。

② 在"开始"选项卡的"分级显示"组中单击"分类汇总"按钮，打开"分类汇总"对话框。

③ 在"分类字段"下拉列表框中选择"部门"，在"汇总方式"下拉列表框中选择"平均值"，在"选定汇总项"列表框中选择"应发工资"，如图 7-109 所示。

④ 单击"确定"按钮，单击分级显示符号，隐藏分类汇总表中的明细数据行，结果如图 7-110 所示。

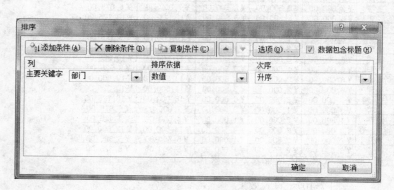

图 7-108　"排序"对话框

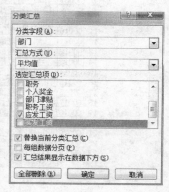

图 7-109　"分类汇总"对话框

1 2 3		A	B	C	D	E	F	G	H	I
	1	工号	姓名	部门	职务	个人奖金	部门津贴	职务工资	应发工资	实发工资
+	5			策划部 平均值					¥10,333.33	
+	11			董事会 平均值					¥14,800.00	
+	23			工程部 平均值					¥7,045.45	
+	30			培训部 平均值					¥6,833.33	
+	35			人事部 平均值					¥8,125.00	
+	48			销售部 平均值					¥6,416.67	
+	52			宣传部 平均值					¥8,333.33	
-	53			总计平均值					¥8,136.36	

图 7-110　分类汇总分级显示

2. 利用"分类汇总"统计各种职务的"实发工资"的平均值

用同样的方法，在"工资表（3）"工作表中用"分类汇总"统计每种职务的"实发工资"，并隐藏分类汇总表中的明细数据行，结果如图 7-111 所示。操作步骤略。

在分类汇总前，要先在"工资表（3）"工作表中按"职务"排序。

1 2 3		A	B	C	D	E	F	G	H	I
	1	工号	姓名	部门	职务	个人奖金	部门津贴	职务工资	应发工资	实发工资
+	6				副总经理 平均值					¥12,600.00
+	16				经理 平均值					¥10,236.11
+	30				主管 平均值					¥7,136.54
+	48				助理 平均值					¥4,769.12
+	50				总经理 平均值					¥13,725.00
-	51				总计平均值					¥7,502.27

图 7-111　分类汇总分级显示

3. 利用"嵌套分类汇总"统计各部门每种职务的"应发工资"的平均值

在上面的数据处理中，用"分类汇总"得到了各部门的"应发工资"平均值。现在，小张还想要统计各个部门中各职务的"应发工资"的平均值，并得到汇总结果。这个问题可以用"嵌套分类汇总"来解决。

在"工资表（4）"工作表中，用"嵌套分类汇总"统计各个部门和各职务"应发工资"的汇总，操作步骤如下。

① 单击"工作表（4）"工作表中的任意单元格。

② 在"开始"选项卡的"数据"组中单击"排序"按钮，打开"排序"对话框。"主要关键字"选择"部门"，"次要关键字"选择"职务"，单击"确定"按钮，如图 7-112 所示。

图 7-112　"排序"对话框

③ 在"开始"选项卡的"分级显示"组中单击"分类汇总"按钮，打开"分类汇总"对话框。"分类字段"选择"部门"，"汇总方式"为"平均值"，"选定汇总项"选择"应发工资"。

④ 在前面分类汇总的基础上，用同样的方法再进行第二次"分类汇总"。其中，"分类字段"为"职务"，"汇总方式"为"平均值"，"选定汇总项"为"应发工资"。

注意：这时不要选中"替换当前分类汇总"复选框，单击"确定"按钮。

各个部门的各职务"应发工资"平均值分类汇总结果如图 7-113 所示。

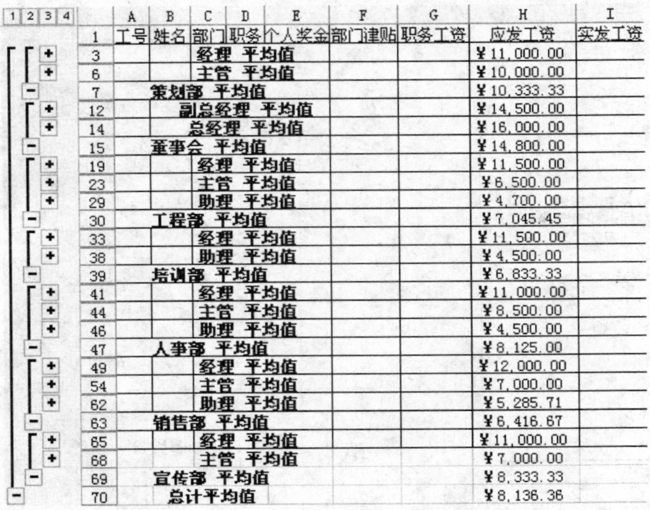

图 7-113　嵌套分类汇总结果

任务 7-13　分析各部门各职务应发工资情况

小张想知道各个部门的工资情况，更直观地显示各个部门中各职务的"应发工资"情况。

上面"嵌套分类汇总"的结果虽然给出了各个部门各种职务员工的"应发工资"的平均值,但还不是很直观,不够详细,如果用 Excel 2010 中的"数据透视表"进行数据分析,就可以非常方便地解决这个问题。

数据透视表是一种交互式工作表,可以用于对现有工作表进行汇总和分析。创建数据透视表后,可以按不同的需要、依不同的关系来提取和组织数据。

在"工资表"工作表中,用"数据透视表"统计各个部门每种职务的"工资情况"。

① 单击"工资表"工作表中的任一单元格,在"插入"选项卡中单击"数据透视表"按钮,打开"创建数据透视表"对话框,如图 7-114 所示。

② 单击"表/区域"文本框右侧的编辑按钮,选择工资所涉及区域,如图 7-115 所示。

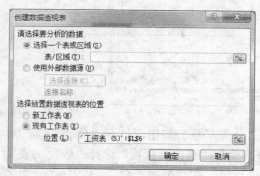

图 7-114　"创建数据透视表"对话框　　　　图 7-115　"数据透视表"对话框

③ 在"选择放置数据透视表的位置"选项组中选择"现有工作表"单选按钮,单击"确定"按钮,出现创建数据透视表的区域,如图 7-116 所示。

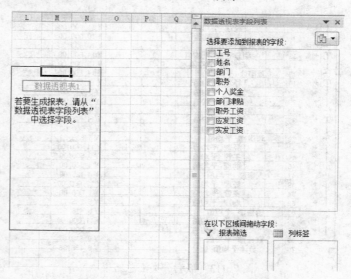

图 7-116　"数据透视表向导"对话框

④ 在图 7-116 右侧出现的"数据透视表字段列表"对话框的"选择要添加到报表的字段"列表框中将"部门"拖动到下面的"报表筛选"区域内,"姓名"拖动到"行标签"区域内,"职

务"拖动到"列标签"区域内,"实发工资"拖动到"Σ数值"区域中,如图 7-117 所示。

⑤ 上述操作完成后,即可得到所需的数据透视表信息,透视表的效果如图 7-118 所示,如果需要查看不同部门的"应发"工资情况,可以通过"部门"右边的下拉按钮进行选择。

⑥ 最后将数据透视表重命名为"工资统计"。

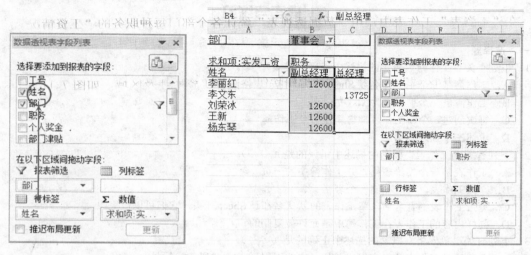

图 7-117　"数据透视表字段列表"对话框　　　　图 7-118　透视表效果

7.3.3　案例总结

本案例通过对工资表数据的处理,介绍了如下内容:"VLOOKUP"函数、名称的定义、"分类汇总"、"数据透视表"等。

1. 查找与引用函数 VLOOKUP

VLOOKUP 函数的使用是本案例的重点和难点。在使用 VLOOKUP 函数时,首先要正确地定义数据区域,注意把要查找的内容定义在数据区域的首列。数据区域的定义和删除可通过在"插入"选项卡的"定义的名称"组中单击"定义名称"和"名称管理器"按钮,打开"新建名称"对话框和"名称管理器"对话框来完成。

在实际应用中有很多需求可以用 VLOOKUP 函数解决,如在财务管理中要将客户信息表(包含客户的"ID"号和其他信息)与客户账户信息表(包含客户的"ID"号,"账号"、"户名"等信息)进行关联,则可以用 VLOOKUP 函数根据客户的"ID"号(注意:每个客户应具有唯一的"ID"号)将两张表进行关联。在学生成绩管理中也可以用 VLOOKUP 函数将学生信息表(包含"学号"、"姓名"、"性别"和"身份证号"等信息)与学生成绩表(包含"学号"和各门成绩等信息)通过"学号"(注意:每个学生具有唯一的"学号"进行关联)。从上面的介绍中可以看出,在进行两张工作表的关联时,首先要在两张工作表中找到可以进行关联的字段,如前面的"ID"号和"学号",然后再利用 VLOOKUP 函数进行查找和引用。

2. 分类汇总

在进行分类汇总之前,必须要对分类的字段进行排序。分类汇总是一种条件求和,很多统计类的问题都可以用"分类汇总"来完成。

3. 数据透视表

数据透视表是一个功能强大的数据分析工具，在使用数据透视表时，要注意数据区域的正确选取，只要选择数据中的任一单元格即可。

思考与练习

一、选择题

1. 下列有关"工作簿"概念的描述中正确的是（　　）。
   A. 工作簿是一个主文件名以 Sheet 开头的电子表格文件
   B. 工作簿是一个扩展名为.xlsx 的文件
   C. 每次创建一个新工作表都得新建一个工作簿
   D. 上述三个描述都错

2. 下列有关"工作表"概念的描述中错误的是（　　）。
   A. 工作表是一个二维表格，是工作簿中的一页
   B. 一张工作表，只能存储一个表格
   C. 每张工作表都有名字，新工作表的默认名都是 Sheet 开头，它们可以被更改
   D. 同样内容的工作表在工作簿中是允许被复制的

3. 下列有关"单元格"概念的描述中正确的是（　　）。
   A. 单元格是工作表的基本组成单位，它的引用形式为 <列名><行号>
   B. 单元格是工作表的基本组成单位，它的引用形式为 <行号><列名>
   C. 若单元格中输入 12/31/2003，该数据一定被解释为日期数据
   D. 若单元格中输入 3/4，该数据一定被解释为数值型数据

4. 在 Excel 中，当某一个单元格中输入的字符内容超出该单元格的宽度时（　　）。
   A. 超出的内容，肯定显示在右侧相邻的单元格中
   B. 超出的内容，肯定不会占据右侧相邻的单元格
   C. 单元格宽度自动变大
   D. 超出的内容可能被丢失

5. 下列说法中正确的是（　　）。
   A. 居中对齐与跨列居中的含义没有区别
   B. 跨列居中是将几个单元格合并成一个大的单元格，然后再居中对齐
   C. 跨列居中后，数据显示在所选区域的中间，但该数据仍然存储在原单元格中
   D. 跨列居中后，数据显示在所选区域的中间

6. 若往某单元格中输入公式："5">"10"，则单元格中将显示（　　）。
   A. YES　　　　　　　B. NO　　　　　　　C. TRUE　　　　　　　D. FALSE

7. 设 C1、D1、E1 三个单元格中已分别有数据 580、393、870，而且 F1 单元格中有公式：=IF(SUM(C1:E1)>1600,(SUM(C1:E1)-1600)*0.1,0)，则 F1 单元格中存储的计算结果为（　　）。
   A. TRUE　　　　　　B. FALSE　　　　　　C. 0　　　　　　　D. 24.3

8. 使用格式刷将某单元格的格式复制到剪贴板，再用它对其他单元格进行粘贴，则（　　）。
   A. 该单元格格式连同内容一起被复制到其他单元格中
   B. 该单元格的格式被复制到其他单元格中
   C. 该单元格的内容被复制到其他单元格中
   D. 该单元格的公式被复制到其他单元格中

9. 假设某 Excel 工作表存储的是人事档案信息（包括工号、姓名、年龄、部门等字段），如果想按部门查看平均年龄，以下做法中最合适的是（　　）。

　　A. 排序　　　　　　B. 筛选　　　　　　C. 建立图表　　　　　D. 分类汇总

10. 下面条件筛选区域的含义是（　　）。

地区	性别
江苏	男
浙江	

　　A. 筛选出江苏和浙江两地的男生记录

　　B. 筛选出江苏地区的男生记录以及浙江地区的全部学生记录

　　C. 筛选出江苏或浙江地区性别为"男"的全部学生记录

　　D. 筛选出江苏地区的学生记录和浙江地区男生记录

二、问答题

1. 如何设置单元格的边框和底纹？

2. Excel 能提供哪些排序功能？

3. Excel 对单元格引用时默认采用哪种格式？"Sheet3!$A$2:$C$5"表示什么意思？

4. 使用 Excel 提供的分类汇总功能的主要步骤是什么？

5. Excel 提供的数据透视表的报告功能有什么作用？如何操作？

6. 什么是嵌入式图表？什么是图表工作表？阐述建立图表的方法和步骤。

7. 页面设置主要包括哪几个方面的内容？如何进行设置？

8. 如何使用 Excel 提供的自动套用格式来快速格式化表格？

9. Excel 中如何查找满足条件的记录？按查找情况来分，其查找方法有哪些？如何操作？

三、操作题

1. 建立一个如表 7-4 所示的通信录表格，文件名为"EXCEL1.xlsx"。

表 7-4　通　信　录

姓名	电话号码	区号	地址	邮政编码
李海霞	62733245	010	清华大学	100084
张凡	83251235	010	清华大学	100084
岳珊	67321567	010	北京大学	100054
徐亮	26541289	021	同济大学	200095
朱惠	85436328	020	华南理工大学	510200
马晓勤	83623567	021	上海交通大学	200058
郑明明	26748216	021	华东师范大学	200035
张卫宁	83461677	010	北京邮电大学	100056
陆海波	26543267	020	暨南大学	510201
江冰	65438910	020	广东工学院	510205

 提示

　　"区号"数据的输入必须采用文本型的数字输入方法，"区号"和"地址"列数据有很多重复数据，可以采用相邻和非相邻的重复数据的填充方法进行快速填充，"电话号码"列数据可以采用数字小键盘。

2. 新建文件"工作簿 A"，在工作表中用"智能填充"数据的方法产生以下数据（注意：……代表的序列请填全）。

① "一月、二月、三月、……"。

② "星期一、星期二、星期三、……"。

③ "第一季、第二季、第三季……"。

④ "甲、乙、丙、……"。

⑤ "12003401，12003403，12003405，12003407，……，12003455"。

⑥ 在第六列输入序列"第一层、第二层，第三层、第四层、第五层"，再建立自定义序列。

3. 建立 EXCEL3.xlsx 文件，在工作表"Sheet1"中录入如图 7-119 所示的内容，完成下列操作。

	A	B	C	D	E	F	G
1	神风公司工资明细表						
2	姓名	性别	标准工资	活动工资	津贴	扣款	实际工资
3	刘铁	男	500	319	1220	450	1589
4	孙刚	男	615	378	1560	675	1878
5	陈凤	女	650	476	1480	890	1716
6	沈阳	男	580	385	1280	649	1596
7	秦强	男	890	485	1556	589	2342
8	陆斌	男	765	415	1435	564	2051
9	邹蕾	女	809	587	1600	780	2216
10	彭佩	女	775	506	1380	610	2051
11	雷曼	女	678	364	1260	626	1676

图 7-119　工资表

① 工作表"Sheet1"的 A1:G1 单元格区域合并及居中，设置字体为"隶书"、字号为"16 号"、颜色为"蓝色"。

② 其他各单元格水平及垂直居中。

③ 所有数字加千位分隔符、人民币符号"￥"、2 位小数。

④ "实际工资"中，超过 1600 元但低于 2000 元的用黄色底纹、红色字体表示。将所有红色数字倾斜 10°。

⑤ 将此工作表复制一份到所有工作表的最后，将此工作表命名为"工资副表"。

⑥ 将"工资副表"的边框设置为：外框线为绿色双线，内框线为黄色单细线，第一行的下框线为红色粗线。

⑦ 文件另存为 EXCEL3A.xlsx。

4. 建立 EXCEL4.xlsx 文件，在工作表"Sheet1"中录入如图 7-120 所示的内容，完成下列操作。

	A	B	C	D	E	F	G
1	某单位人员情况表						
2	职工号	性别	年龄	职称			
3	E001	男	34	工程师			
4	E002	男	45	高工		职称	人数
5	E003	女	26	助工		高工	
6	E004	男	29	工程师		工程师	
7	E005	男	31	工程师		助工	
8	E006	男	36	工程师			
9	E007	男	50	高工			
10	E008	男	42	高工			
11	E009	女	34	工程师			
12	E010	女	28	助工			
13		平均年龄					

图 7-120　员工情况表

① 将工作表"Sheet1"的 A1:D1 单元格合并为一个单元格，内容水平居中。

② 计算职工的平均年龄置于 C13 单元格内（数值型，保留小数点后 1 位）。

③ 计算职称为高工、工程师和助工的人数置于 G5:G7 单元格区域（利用 COUNT IF 函数）。

④ 选取"职称"列（F4:F7）和"人数"列（G4:G7）数据区域内的内容建立"簇状柱形图"，图表标题为

"职称情况统计图"，清除图例；将图插入到表的 A15:E25 单元格区域内。

⑤ 将工作表命名为"职称情况统计表"，保存文件。

5. 建立 EXCEL5.xlsx 文件，在工作表"Sheet1"中录入如图 7-121 所示的内容，完成下列操作。

	A	B	C	D	E	F	G	H	I	J	K	L	M
1	某地区经济增长指数对比表												
2	月份	2月	3月	4月	5月	6月	7月	8月	9月	10月	11月	12月	全年平均
3	03年	83.9	102.4	113.5	119.7	120.1	138.7	137.9	134.7	140.5	159.4	168.7	
4	04年	101	122.7	139.12	141.5	130.6	153.8	139.14	148.77	160.33	166.42	175	
5	05年	146.96	165.6	179.8	179.06	190.18	188.5	195.78	191.3	193.27	197.98	201.22	
6	最高值												
7	最低值												

图 7-121　温度变化表

① 将工作表"Sheet1"的 A1:M1 单元格合并为一个单元格，内容水平居中。

② 计算全年平均值列的内容（数值型，保留小数点后 2 位）。

③ 计算"最高值"和"最低值"行的内容。

④ 将 A2:M5 区域格式设置为自动套用格式"古典 2"，将工作表命名为"经济增长指数对比表"。

⑤ 选取"经济增长指数对比表"的 A2:L5 数据区域的内容建立"数据点折线图"（系列产生在"行"），标题为"经济增长指数对比图"。

⑥ 将图插入到表的 A15:E25 单元格区域内。

⑦ 设置 Y 轴刻度最小值为 50，最大值为 210，主要刻度单位为 20，分类（X 轴）交叉于 50。

⑧ 保存文件。

6. 建立 EXCEL6.xlsx 文件，在工作表"Sheet1"中录入如图 7-122 所示的内容，完成下列操作。

① 将工作表"Sheet1"的 A1:F1 单元格合并为一个单元格，内容水平居中。

② 计算"总积分"列的内容（金牌获 10 分，银牌获 7 分，铜牌获 3 分），按递减次序计算各队的积分排名（利用 RANK.AVG 函数）。

③ 按主要关键字"金牌"递减次序，次关键字"银牌"递减次序，第 3 关键字"铜牌"递减次序进行排序。

④ 将工作表重命名为"成绩统计表"。

⑤ 选取"成绩统计表"的 A2:D10 数据区域内的内容建立"簇状柱形图"，系列产生在"列"，图表标题为"成绩统计图"，图例位置为底部；将图插入到表的 A12:G26 单元格区域内。

⑥ 设置图表数据系列的金牌图案内部为"金色"，银牌图案内部为"蓝色"，铜牌图案内部为"绿色"，保存文件。

7. 建立 EXCEL7.xlsx 文件，在工作表"Sheet1"中录入如图 7-123 所示的内容，完成下列操作。

	A	B	C	D	E	F
1	某运动会成绩统计表					
2	队名	金牌	银牌	铜牌	总积分	积分排名
3	A队	29	77	69		
4	B队	22	59	78		
5	C队	18	45	78		
6	D队	34	46	62		
7	E队	21	41	53		
8	F队	26	72	60		
9	G队	17	49	45		

	A	B	C
1	某学校师资情况表		
2	职称	人数	所占百分比
3	教授	125	
4	副教授	436	
5	讲师	562	
6	助教	296	
7	总计		

图 7-122　积分表　　　　　　　　　　　图 7-123　师资情况表

① 将工作表"Sheet1"的 A1:C1 单元格合并为一个单元格，内容水平居中。

② 计算"人数"列"总计"行的项及"所占百分比"列（所占百分比＝人数/总计，"所占百分比"字段为百分比型，保留小数点后 2 位）。

③ 将工作表重命名为"师资情况表"。

④ 选取"职称"和"所占百分比"两列数据（不包括"总计"行）建立"分离型圆环图"（系列产生在"列"），图标题为"师资情况图"；图例靠右，数据标志为"百分比"；将图插入到表的 A8:E20 单元格区域内。

8. 打开 EXCEL3A.xlsx 文件（第 3 题建立的 EXCEL 文件），完成下列操作。

① 将工作表重命名为"工资表"，保存文件。

② 打开文件 EXCEL3.xlsx，对工作表"工资表"内数据清单的内容进行筛选，筛选条件为："性别"为"男"且"实际工资"大于 2000，文件另保存为 EXCEL8A.xlsx。

③ 打开文件 EXCEL3.xlsx，对工作表"工资表"内数据清单的内容进行筛选，筛选条件为："标准工资"大于 700 或者"扣款"大于 600，文件另保存为 EXCEL8B.xlsx。

9. 建立 EXCEL9.xlsx 文件，在工作表"Sheet1"中录入如图 7-124 所示的内容，完成下列操作。

	A	B	C	D	E	F	G
1	编号	姓名	学历	部门	基本工资	奖金	实发工资
2	1	周涛	本科	办公室	3000	1400	4400
3	2	张为	本科	财务部	3000	1350	3850
4	3	张浩	中专	广告部	2000	2500	4500
5	4	李鲲	本科	业务部	3000	2600	5600
6	5	赵芳	大专	财务部	2500	1500	3500
7	6	刘石	大专	办公室	2500	1500	4000
8	7	陈澍	大专	广告部	2500	2800	5300
9	8	殷倩	中专	办公室	2000	1600	3600
10	9	任乐	本科	财务部	3000	2000	5000
11	10	周忠	中专	广告部	2000	2700	4700
12	11	张静	本科	办公室	3000	1700	4700
13	12	尹军	中专	业务部	2000	2600	4600
14							

图 7-124　员工工资表

① 将工作表重命名为"员工工资表"。

② 对工作表"员工工资表"内数据清单的内容按主要关键字"学历"递增次序进行排序。

③ 对排序后的结果进行分类汇总，分类的字段为"学历"汇总方式为"计数"，汇总项为"学历"，汇总结果显示在数据下方。

④ 文件另存为 EXCEL9A.xlsx。

10. 建立 EXCEL10.xlsx 文件，在工作表"Sheet1"中录入如图 7-125 所示的内容，建立数据透视表，按行为"经销店"，列为"型号"，数据为"销售量"求和布局，并置于原工作表的 A12:F16 单元格区域，工作表名不变，保存。

	A	B	C	D	E
1			销售数量统计表		
2	经销店	型号	销售量	单价（元）	总销售额（元）
3	1分店	A001	267	33	8811
4	2分店	A001	273	33	9009
5	1分店	A002	271	45	12195
6	2分店	A002	257	45	11565
7	2分店	A003	232	29	6728
8	1分店	A003	226	29	6554
9	2分店	A004	304	63	19152
10	1分店	A004	290	63	18270

图 7-125　销售统计表

第8章 演示文稿——PowerPoint 2010 的使用

演示文稿是人们在介绍自身或者组织情况，阐述计划及观点时，向大家展示的一系列材料。这些材料集文字、图形、图像及声音于一体，由一组具有特定用途的幻灯片组成，能够极富感染力地表达出演讲人所要表达的内容。Microsoft PowerPoint 2010 是 Office 2010 办公软件组成部分之一，用于电子演示文稿的制作与放映。PowerPoint 2010 提供了各种工具以创建精美专业的演示文稿。它不仅能够制作出精美的电子贺卡、图文并茂的多媒体作品，而且也可以制作一些简单的动画影片，演示文稿可以在投影仪或者计算机上进行演示，也可以打印出来，或者制作成胶片，以便应用到更广泛的领域中。

8.1 PowerPoint 基本应用—— 教学课件的制作

使用 PowerPoint 制作教学课件是目前主流的教学方式，其信息形式多媒体化，表现力强。PowerPoint 可以很方便地呈现多媒体信息，这是 PowerPoint 相对于黑板最大的优点。PowerPoint 使教学中的信息形式不再仅仅是语言和文字，图片、表格、动画、音乐和影视这些多媒体形式可以方便地以组合的形式呈现，这使得教学信息形式更加丰富多彩，有利于学生的理解并提高他们的学习兴趣。

8.1.1 "计算机应用课件制作"案例分析

1. 任务的提出

老年活动中心负责人张阿姨需要对老人们进行计算机操作培训。关于计算机基本操作方面的教材虽然有很多，但大家反映看纸质材料学习进度缓慢，且不够形象，难以接受。于是，张阿姨决定在计算机上制作 PowerPoint 课件，以图文结合的方式教老人们学习计算机操作。

2. 解决方案

张阿姨是如何做到的呢？首先她上网搜集计算机基本操作的相关素材，包括图片、文字、视频等资料，然后拟好培训内容的提纲，选择培训内容，对每页的内容做了一个分配；接着制作课件的母版；最后制作完成每一页课件。注意，页面内容的数量不能太多，图片和文字的搭配尽量做到简洁明了。在课件制作过程中，张阿姨很快掌握了很多小技巧，活动中心的大爷大妈们也因此快速掌握了计算机的基本操作。

8.1.2 相关知识点

1. PowerPoint 2010 的工作界面

PowerPoint 2010 与 Word 2010、Excel 2010 有相似的组成部分，如快速访问工具栏、功能

区选项卡、状态栏等部分，同时也有自己的独特之处，如图 8-1 所示。对于与 Office 2010 其他组件中相同的窗口组成部分不再赘述，这里只对 PowerPoint 的特色部分进行简要介绍。

幻灯片窗格：该窗格是 PowerPoint 的核心窗格，也是区别于其他软件的地方。用户可以在该窗格中对幻灯片及演示文稿进行各种编辑操作。

大纲/幻灯片浏览窗格：用于显示演示文稿的大纲或幻灯片缩略图。在这里可以看到整个演示文稿的结构。

视图切换按钮：有"普通视图"、"幻灯片浏览"、"阅读视图"和"幻灯片放映"4 个按钮，可以帮助用户在不同的视图之间进行切换。

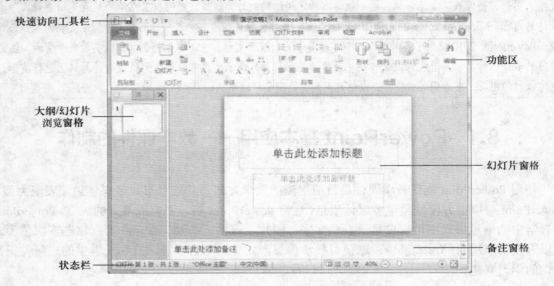

图 8-1　PowerPoint 2010 的工作界面

（1）视图方式

为方便用户编辑和播放演示文稿，PowerPoint 2010 提供了普通视图、幻灯片浏览视图、备注页视图、阅读视图和幻灯片放映视图 5 种视图方式。不同的视图方式适用于不同需要的场合，最常使用的 3 种视图是普通视图、幻灯片浏览视图和幻灯片放映视图。

1）普通视图

普通视图是将幻灯片、大纲（或幻灯片缩略图）和备注集成到一个视图中，既可以输入、编辑和排版文本，也可以输入备注信息。

普通视图包含 3 种窗格：幻灯片窗格、大纲/幻灯片浏览窗格和备注窗格。

2）幻灯片浏览视图

幻灯片浏览视图显示的是演示文稿中各幻灯片的缩略图。可以看到演示文稿的总体外观。在幻灯片浏览视图方式下，可以添加、移动或删除幻灯片等。

3）备注页视图

备注页视图由缩小的幻灯片与注释内容组成。

4）阅读视图

阅读视图便于整页浏览幻灯片内容，不能进行编辑操作。

5）幻灯片放映视图

幻灯片放映视图并不是放映单个的静止画面，而是像放映实际的幻灯片那样放映演示文稿。单击窗口右下角的"幻灯片放映"按钮 <img> 就可以从当前的幻灯片开始放映，按<F5>键可以从头开始放映幻灯片。按<Shift+F5>组合键则可以从当前幻灯片开始放映。

（2）功能区

功能区由多个选项卡组成，每个选项卡中包含了大量的命令，通过单击功能区的选项卡名称可以切换至不同的选项卡。每类选项卡中又划分成不同的组。功能区中的命令根据外观和功能，可以分为普通按钮、开关按钮、组合按钮、复选框、下拉列表等。单击功能区右上角的 <img> 按钮可以实现功能区选项卡内容的显示和隐藏。

（3）大纲 / 幻灯片浏览窗格

大纲 / 幻灯片浏览窗格有"大纲"和"幻灯片"两种视图方式，通过单击本窗格上方的"大纲"和"幻灯片"选项卡切换到相应的模式。

幻灯片模式是调整和修饰幻灯片最佳的显示模式。此时，幻灯片浏览窗格中显示的是幻灯片缩略图，在每一张幻灯片前面都有序号和动画播放按钮。单击某个幻灯片的缩略图，在幻灯片编辑窗格就出现该幻灯片，用户可以进行编辑等操作。

大纲模式有助于编辑演示文稿的内容和移动幻灯片等。大纲中的内容可以有很多来源，可以是直接输入的、使用"内容提示"向导所提供的准备好的文本、插入有标题或子标题样式的文本和其他格式文件中的文本。

（4）幻灯片窗格

在普通视图模式下，中间部分是幻灯片窗格，用于查看每张幻灯片的整体效果，可以进行输入文本、编辑文本、插入各种媒体文件和编辑各种效果等操作。幻灯片窗格是进行幻灯片处理和操作的主要环境。

（5）备注窗格

每张幻灯片都有备注页，用于保存幻灯片的备注信息，主要用于为对应的幻灯片添加提示信息，对使用者起备忘、提示作用，在实际播放演示文稿时观众看不到备注栏中的信息。

（6）状态栏

状态栏中显示了正在编辑的演示文稿的相关信息，如所包含幻灯片的总张数（分母）、当前处于第几张幻灯片（分子）及该幻灯片使用的主题名称。

2．演示文稿的创建

在 PowerPoint 2010 里创建一个文稿，就是创建一个以".pptx"为扩展名的文件。创建新演示文稿非常方便，根据用户的不同需要，可创建各种不同类型的演示文稿，具体操作如下。

（1）创建空白演示文稿

启动 PowerPoint 2010，单击功能区的"文件"选项卡，选择"新建"命令，如图 8-2 所示。选择"可用的模板和主题"中的"空白演示文稿"选项，单击"创建"按钮，即可完成空白演示文稿的创建。

（2）根据"可用的模板和主题"创建演示文稿

同创建空白演示文稿类似，在"可用的模板和主题"区域中显示的是本机在安装 Office 2010

时已安装的模板文件，如"样本模板"、"主题"、"我的模板"等，如图 8-3 所示。选择对应的主题，可方便快捷地新建基于某个主题模板的演示文稿。

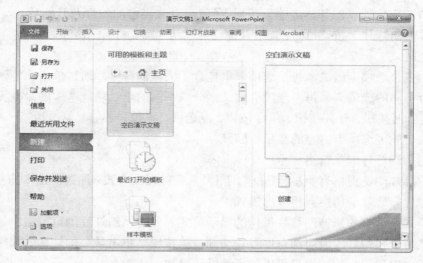

图 8-2　创建空白演示文稿

图 8-3　根据本机模板创建演示文稿

（3）根据"Office.com 模板"创建演示文稿

在"Office.com 模板"选项组中提供了更加丰富的可在线搜索的多种办公模板，如各种报表、信件、公文、证书等常用模板，如图 8-4 所示。用户可根据需要选择模板进行下载使用。

 提示

在根据"Office.com 模板"创建演示文稿的过程中，要确保计算机已连接到因特网，否则无法实现在线模板下载。

3．演示文稿的保存

演示文稿制作完成后需要将其保存，通常有如下 3 种保存方式。

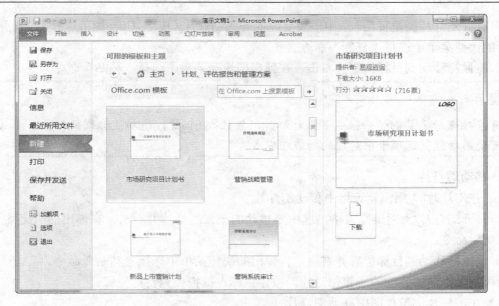

图 8-4 根据 Office.com 模板创建演示文稿

① 如果是初次保存或以原名保存，在"文件"选项卡中选择"保存"命令或单击快速访问工具栏上的"保存"按钮。设置保存的文件类型为"PowerPoint 演示文稿"，默认扩展名为".pptx"。

② 如果是更改名称或路径保存，则在"文件"选项卡中选择"另存为"命令。设置保存的文件类型为"PowerPoint 演示文稿"，默认扩展名为".pptx"。

③ 如果想保存为放映文件，则在"文件"选项卡中选择"另存为"命令。设置保存的文件类型为"PowerPoint 放映"，默认扩展名为".ppsx"。

4．编辑幻灯片

（1）添加幻灯片

可以使用以下两种方法来添加幻灯片。

① 选择功能区的"开始"选项卡，单击"幻灯片"组中的 按钮，可直接在当前幻灯片之后添加一张新的空白幻灯片。

② 选择功能区的"开始"选项卡，单击"幻灯片"组中的"新建幻灯片"下拉按钮，选择相应的幻灯片版式，也可在当前幻灯片之后添加一张新的幻灯片。

（2）复制幻灯片

可以使用以下两种方法来复制幻灯片。

1）在幻灯片/大纲浏览窗格中复制幻灯片

① 在幻灯片/大纲浏览窗格选中需要复制的一张幻灯片并右击，在弹出的快捷菜单中选择"复制"命令。

② 将鼠标移动到目标位置并右击，在弹出的快捷菜单中选择"粘贴"命令。

2）在幻灯片浏览视图中复制幻灯片

① 打开幻灯片浏览视图，选中需要复制的一张幻灯片（按下<Ctrl>键可选择多张）并右击，在弹出的快捷菜单中选择"复制"命令。

② 将鼠标移动到目标位置并右击，在弹出的快捷菜单中选择"粘贴"命令。

 提示

> 可直接选择要复制的一张或多张幻灯片，按住<Ctrl>键，拖动鼠标到目标位置。以上操作也可使用功能区选项卡中对应的功能组完成。

5．移动幻灯片

（1）在幻灯片/大纲浏览窗格中移动幻灯片

① 打开幻灯片/大纲浏览窗格，选中要移动的一张幻灯片并右击，在弹出的快捷菜单中选择"剪切"命令。

② 将鼠标移动到目标位置并右击，在弹出的快捷菜单中选择"粘贴"命令。

也可直接指向要移动的一张幻灯片，按住鼠标左键拖曳到目标位置。

（2）在幻灯片浏览视图中移动幻灯片

① 打开幻灯片浏览视图，选中要移动的一张幻灯片并右击，在弹出的快捷菜单中选择"剪切"命令。

② 将鼠标移动到目标位置并右击，在弹出的快捷菜单中选择"粘贴"命令。

 提示

> 也可直接选择要移动的一张幻灯片（按住<Ctrl>键可选择多张），按住鼠标左键拖动到目标位置。一条浮动的水平直线可以让用户知道放置幻灯片的确切位置。

6．删除幻灯片

（1）在幻灯片/大纲浏览窗格中删除幻灯片

打开幻灯片/大纲浏览窗格，选中需要删除的一张幻灯片并右击，在弹出的快捷菜单中选择"删除幻灯片"命令（也可按<Backspace>键或<Delete>键）。

（2）在幻灯片浏览视图中删除幻灯片

打开幻灯片浏览视图，选中需要删除的一张幻灯片并右击，在弹出的快捷菜单中选择"删除幻灯片"命令（也可按<Backspace>键或<Delete>键）。

7．幻灯片版式的设置

在有些情况下，需要通过改变幻灯片版式来改变幻灯片的布局。修改幻灯片版式的步骤如下。

① 在幻灯片窗格中的空白处右击需要改变版式的幻灯片，在弹出的快捷菜单中选择"版式"子菜单。

② 在"Office 主题"列表框中，用鼠标指针指向选定的版式，将会出现该版式的类型名称，如图 8-5 所示。

③ 单击选择相应的幻灯片版式即可。

图 8-5 幻灯片版式的设置

任务 8-1 幻灯片母版的创建

任务 8-1 和任务 8-2 要实现的幻灯片的总体效果如图 8-6 所示。

首先需要制作幻灯片的母版，详细步骤如下。

① 启动 PowerPoint 2010，选择功能区中的"开始"选项卡，在"新建幻灯片"下拉列表中选择"空白"版式。

② 选择"视图"选项卡，单击"母版视图"组中的"幻灯片母版"按钮，打开幻灯片母版页面。选择左侧第一张幻灯片，先将此页面的文本框占位符删除，然后在页面的最上端绘制一个文本框（具体操作方式为选择"插入"选项卡，单击"文本"组中的"文本框"下拉按钮，选择"横排文本框"选项），并在文本框中输入"计算机基础知识"，将文本框放置在正中位置，设置文本内容的格式为"隶书、32 磅"。

③ 选择"插入"选项卡，单击"插图"组中的"形状"下拉按钮，选择"椭圆"，在文本框的右面绘制一个小椭圆，添加文本内容为"第一讲"，然后设置椭圆的格式：填充颜色为绿色，字体格式为"白色、隶书、28 磅"。

④ 选择"插入"选项卡，单击"插图"组中的"形状"下拉按钮，选择"基本形状"下的"矩形"，在文本框的下面绘制一个长方形，设置长方形的填充颜色为粉色。

⑤ 选择"插入"选项卡，单击"插图"组中的"形状"下拉按钮，选择"基本形状"下

的"圆角矩形",在长方形上画一个圆角矩形,输入内容为"计算机的定义"。设置圆角矩形的填充颜色为青色的渐变颜色、文本框中文字的格式为"红色、隶书、32磅",并适当调整其位置。

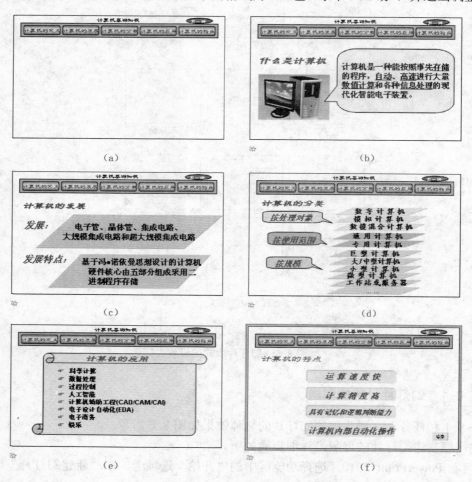

图 8-6　课件制作效果图

⑥ 按照步骤⑤的做法,再分别制作出"计算机的发展"、"计算机的分类"、"计算机的应用"、"计算机的特点"4 个圆角矩形(也可利用复制、粘贴的方法来完成),并适当调整其位置。制作完成后单击"关闭母版视图"命令,幻灯片母版就制作完成了,效果参见图 8-6(a)。

> 💡 **提示**
>
> 　　母版可以统一幻灯片的格式及外观。如果用户想要在演示文稿的每一张幻灯片上显示相同的图片、文本和特殊的格式,可以向该母版中添加和设置相应的内容。
> 　　母版分为"幻灯片母版"、"讲义母版"和"备注母版"。
> 　　幻灯片母版:用于控制在幻灯片上输入的标题和文本的格式和位置。
> 　　讲义母版:用于添加或修改幻灯片在讲义视图中每页讲义上出现的页眉和页脚信息。
> 　　备注母版:用于控制备注页的版式及备注文字的格式。

　　在实际应用中，经常需要修改幻灯片母版。修改幻灯片母版的操作步骤如下。

　　① 打开母版编辑页面，根据需要修改母版中的各个区域，主要包括：

　　编辑母版的各种区域，如更改区域位置、大小，删除区域等。

　　设置母版的文本属性，如修改字体、大小和颜色等。

　　设置母版的项目符号和编号，向母版中插入各种对象。

　　② 修改完成后，单击"关闭母版视图"命令。

任务 8-2　幻灯片内容的制作

1．建立第 2 张幻灯片

① 插入一张"空白"版式的新幻灯片。

② 在幻灯片的左上方绘制一个横排文本框，输入内容 "什么是计算机"，设置格式为"隶书、55 磅、红色"。然后适当调整其位置。

③ 在幻灯片的左下方插入一幅计算机外观的图片，并适当调整图片的大小。

④ 选择"插入"选项卡，单击"插图"组中的"形状"下拉按钮，选择"标注"中的"圆角矩形标注"，在标注中添加文本内容"计算机是一种能按照事先存储的程序，自动、高速进行大量数值计算和各种信息处理的现代化智能电子装置"，设置文字格式为"宋体、44 磅、加粗"。右击圆角矩形标注图形边框，在弹出的快捷菜单中选择"设置形状格式"命令，在弹出的对话框中选择"填充"选项，在"填充"选项组的"颜色"下拉列表中选择黄色（也可任选一种颜色）。然后适当调整其位置，并将标注指向左面的图片。第 2 张幻灯片的整体效果参见图 8-6(b)。

2．建立第 3 张幻灯片

① 插入一张"空白"版式的新幻灯片。

② 在幻灯片的左上方绘制一个横排文本框，输入内容 "计算机的发展"，设置格式为"隶书、55 磅、红色"，然后适当调整其位置。

③ 参照案例再绘制一个文本框，输入内容 "发展："，设置格式为"宋体、52 磅、蓝色"，并适当调整其位置。

④ 按照步骤③的做法，再制作一个文本内容为"发展特点："的文本框，其格式设置同步骤③。

⑤ 利用插入形状功能在本页的右上方绘制一个平行四边形，并添加文本内容"电子管、晶体管、集成电路、大规模集成电路和超大规模集成电路"。设置图形填充颜色为灰色（也可任选一种颜色），设置文本格式为"宋体、44 磅、加粗"，并适当调整其位置。

⑥ 同样按照步骤⑤的做法，在右下方再制作一个文本内容为"基于冯·诺依曼思想设计的计算机硬件核心由五部分组成，采用二进制程序存储"的平行四边形，其格式同步骤⑤设置。第 3 张幻灯片的整体效果参见图 8-6（c）。

3．建立第 4 张幻灯片

① 插入一张"空白"版式的新幻灯片。

② 在幻灯片的左上方绘制一个文本框，并添加文本内容 "计算机的分类"，设置格式为

"隶书、55 磅、红色"，然后适当调整其位置。

　　③ 选择"插入"选项卡，单击"插图"组中的"形状"下拉按钮，选择"基本形状"中的"平行四边形"，在本页的右上方分别绘制 3 个平行四边形，并分别添加文本内容"数字计算机"、"模拟计算机"、"数模混合计算机"，分别设置文本的格式为"宋体、44 磅、加粗"。选中 3 个平行四边形并右击，在弹出的快捷菜单中选择"组合"命令，选择组合后的图形，设置填充颜色为"黄色"（可任选一种颜色），并适当调整其大小和位置。

　　④ 同样按照步骤③的做法，在右下方再制作两组平行四边形，一组绘制 2 个平行四边形，其文本内容分别为"通用计算机"、"专用计算机"；另一组绘制 5 个平行四边形，其文本内容分别为"巨型计算机"、"大/中型计算机"、"小型计算机"、"微型计算机"、"工作站和服务器"的图形，按照步骤③的做法分别将两组图形进行组合，其填充颜色分别设置为"绿色"和"淡紫色"。其他格式同步骤③的设置。

　　⑤ 选择"插入"选项卡，单击"插图"组中的"形状"下拉按钮，选择"标注"中的"圆角矩形标注"，在本页左侧绘制一个圆角矩形标注图形，添加文本内容"按处理对象"，设置文本格式为"宋体、44 磅、加粗、蓝色"。设置图形填充颜色为黄色（可任选一种颜色），并适当调整其位置。拖动标注箭头指向的位置，将标注指向右侧的第一组图形。

　　⑥ 同样按照步骤⑤的做法，在"按处理对象"圆角矩形标注图形的下面再绘制出两个圆角矩形标注图形，文本内容分别为"按使用范围"和"按规模"。其填充颜色分别为"绿色"、"淡紫色"，其他格式设置同步骤⑤。拖动标注箭头指向的位置，将标注分别指向第二、第三组图形。第 4 张幻灯片的整体效果参见图 8-6（d）。

　　4. 建立第 5 张幻灯片

　　① 插入一张"空白"版式的新幻灯片。

　　② 利用插入形状功能，在本页的正中位置画一个竖卷形图形，输入内容 "科学计算、数据处理、过程控制、人工智能、计算机辅助工程（CAD/CAM/CAI）、电子设计自动化（EDA）、电子商务、娱乐"，并为文本添加一种项目符号。设置文本的格式为"宋体、36 磅、加粗"，并为竖卷形图形设置填充颜色为浅蓝色（可任选一种颜色），然后适当调整其位置和大小。

　　③ 在竖卷形的上边框处插入一个文本框，并添加文本内容"计算机的应用"，设置文本的格式为"隶书、55 磅、红色"，适当调整其位置。第 5 张幻灯片的整体效果参见图 8-6（e）。

　　5. 建立第 6 张幻灯片

　　① 插入一张"空白"版式的新幻灯片。

　　② 在左上方插入一个文本框，输入内容"计算机的特点"，设置文本格式为"隶书、55 磅、红色"，并适当调整其位置。

　　③ 插入矩形。在本页的正中位置分别绘制 4 个矩形，并分别添加文本内容"运算速度快"、"计算精度高"、"具有记忆和逻辑判断能力"、"计算机内部自动化操作"。设置文本的格式为"宋体、46 磅、加粗"，将 4 个图形进行组合。为组合后的图形设置填充颜色为浅蓝色（可任选一种颜色），再为其设置阴影颜色"白色，背景 1，深色 50%"、"透明度 50%"、"大小 100%"、"虚化 0 磅"、"角度 225 度"、"距离 8.5 磅"，然后适当调整其大小和位置。第 6 张幻灯片的整体效果参见图 8-6（f）。

8.1.3　案例总结

本案例制作的课件是关于计算机基础知识的第一讲内容，所以并不是一个完整的课件。在第一讲中的每一节都象征性地制作了一张幻灯片，以后在实际应用中可以根据具体的情况为每一节添加若干张幻灯片。通过幻灯片母版设置超链接，可形象自如地链接到各个小节。本案例涉及的知识点主要有幻灯片基本操作、幻灯片母版的应用、自定义动画的设置、超链接的设置及自选图形的应用等。通过本节的学习，大家能掌握 PowerPoint 的基本使用，演示文稿的建立、保存。在演示文稿中添加幻灯片，以及在幻灯片中添加文本、图片、图表、声音和视频等内容。

8.2　PowerPoint 综合应用——主题介绍

人们有时会向别人介绍相关主题，如学校简介、个人简介、公司简介、产品介绍、比赛项目介绍等。本案例以学校简介为例，介绍常州信息职业技术学院的相关情况，限于篇幅，在本节中未能全面介绍学院的情况。重点是通过案例的制作简单介绍主题介绍型 PPT 文档的制作方法，读者可以举一反三，完善在本案例中未能涉及的部分，提高自己的 PPT 文档制作水平。

8.2.1　"学校介绍幻灯片"案例分析

1．任务的提出

常州信息职业技术学院今年加大了推广招生宣传的力度，从以前的散发宣传彩页改为通过在各招生点采用多媒体手段进行宣传，负责招生工作的王老师需要制作学院今年招生宣传工作的 PowerPoint 文档，要求图文并茂，并在文档中加入视频、音乐等元素，力求更全面、更立体的展现国家示范性高职学院的风采。

2．解决方案

王老师分享了 PowerPoint 文档制作的一些经验，重点提到以下几点。

① 母版的重要性：它犹如摩天大厦的根基一般。一切的配色和文字方案都将取决于你用什么母版。如果母版上有一个动画，那这个动画会在每张幻灯片中出现。母版的特性决定了它所显示的必须是整个 PPT 中所共有的东西，如学院的 Logo、日期、页码或某些特殊的标记。

② 整个学院宣传文档中的要点：内容不在多，贵在精细；色彩不在多，贵在和谐；动画不在多，贵在需要；文字要少，公式要少，字体要大。

依据上面的主要原则对原文档做了相应的修改、增删，优化了版面内容，实现了在较少的版面下能够简练、形象地介绍学院特色的目标。

8.2.2　相关知识点

1．演示文稿的装饰

演示文稿默认的都是白底黑字，不太美观，因此需要对演示文稿进行装饰美化。

套用主题是美化演示文稿的简便方法，通俗地说，就是利用主题可以使幻灯片有背景，使幻灯片上的字都有颜色，内容都能排列得很整齐。

选择对应的幻灯片，选择"设计"选项卡，在"主题"组中可以选择套用不同的幻灯片主题，如图 8-7 所示。单击右侧"颜色"、"字体"、"效果"下拉按钮可以分别更改当前主题的颜色、字体和效果，这样可以由一种主题演变出多种不同风格的主题。主题"字体"下拉列表、"颜色"下拉列表分别如图 8-8 和图 8-9 所示。

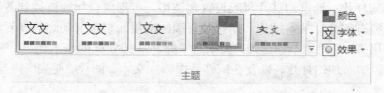

图 8-7　幻灯片主题

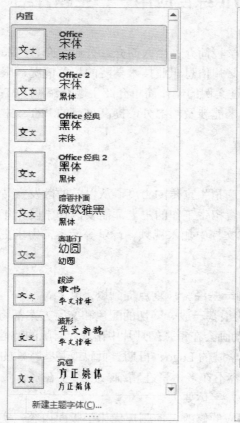

图 8-8　主题"字体"下拉列表

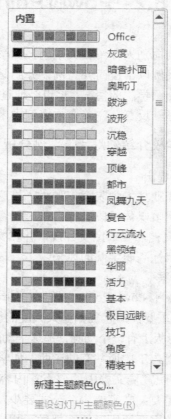

图 8-9　主题"颜色"下拉列表

除了系统自带的主题样式，用户还可以创建自己的主题字体和主题颜色。

单击右侧的 ▼ 按钮显示可套用的所有主题，如图 8-10 所示，下拉列表中列出了 PowerPoint 本身内置的几十种主题，同时也可以上网下载相应的 Office.com 主题。

可以根据演示文稿的内容和自己的爱好，选择合适的主题样式，文稿不但有了漂亮的背景，文字的字体和颜色都变了，整张幻灯片看起来很协调。

图 8-10　幻灯片所有主题

2．输入文字

在幻灯片中，需要有标题、解说或者备注等内容，用户可以在文本框中输入文字。

第一种：有占位符的，例如要输入一个标题，可单击标题占位符，输入标题文字即可。

第二种：重新插入文本框。在文本框中输入文字的步骤如下。

① 选中准备要输入文字的幻灯片。

② 选择"插入"选项卡，单击"文本框"下拉按钮，根据需要选择横排文本框或垂直文本框。

③ 在幻灯片中需要插入文字的地方单击，出现一个文本框。

④ 选择输入法，输入文字。

3．插入字符

要插入特殊字符，如"√"符号。具体步骤如下。

① 把光标定位在要插入特殊字符的位置，选择"插入"选项卡，单击"符号"按钮，打开"符号"对话框。如图 8-11 所示。

② 在"子集"下拉列表中选择"数学运算符"选项，找到"√"符号，单击"插入"按钮即可。

4．插入图像

（1）插入剪贴画

在幻灯片中，插入剪贴画的步骤如下。

① 选中准备要插入剪贴画的幻灯片。

② 选择"插入"选项卡，单击"图像"组中的"剪贴画"按钮，在幻灯片编辑窗口右侧显示出"剪贴画"任务窗格。

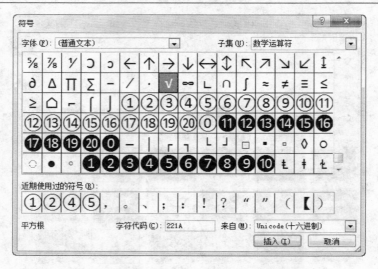

图 8-11　通过"符号"对话框插入特殊字符

③ 在"剪贴画"任务窗格中"结果类型"下拉列表中选择需要搜索的媒体类型。

④ 单击"剪贴画"任务窗格上的"搜索"按钮，在任务窗格下方图像列表中列出如图 8-12 所示的多种类型的剪贴画，选中其中一个剪贴画单击，即完成剪贴画的插入。

 提示

可以通过在幻灯片中插入图像来增加视觉效果，提高观众的注意力，给观众传递更多的信息。更重要的是图片能够传达语言难以描述的信息，有时需要长篇大论才能解决的问题，也许一幅图像就表达清楚了。

（2）调整图片大小

这时图片周围有几个小方块，即图片的 8 个控制点，表示此时图片处于被选中状态，利用这些控制点可以放大和缩小图片。把光标定位在一个控制点上，等鼠标变成双向箭头时按下鼠标左键进行拖动，将图片调整到合适大小。在图形外面单击，即取消图片的选中状态。

（3）插入图片

用户也可以将存放在其他地方的图片插入到文稿中。选择"插入"选项卡，单击"图像"组中的"图片"按钮，在打开的"插入图片"对话框中可以选择需要插入的图片插入到幻灯片中。

只要是 Office 支持的格式，都能插入到 PowerPoint 中。除了常见的 BMP、WMF、JPG、TIF 等格式外，PowerPoint 还支持 GIF 格式的动画图片。

（4）插入屏幕截图

Office 2010 新增了"屏幕截图"的功能，选择"插入"选项卡，单击"图像"组中的"屏幕截图"按钮，在打开的下拉列表中选择要截取的图片，即可将所选图片自动插入到文稿中。这些图片是当前系统中所有未最小化的窗口。

5. 插入艺术字

选择"插入"选项卡，单击"文本"组中的"艺术字"下拉按钮，打开艺术字样式下拉列表，如图 8-13 所示。

图 8-12　插入剪贴画

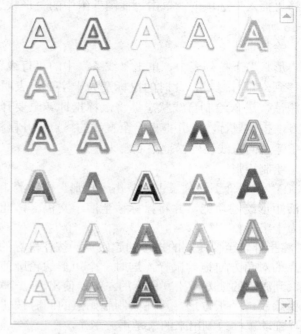

图 8-13　选择艺术字样式

　　选择其中任意一种艺术字样式，在文本框中输入要做成艺术字的文字，并设置文字的字体、字号等格式，在此输入"常州信息职业技术学院"，设置字体和文字大小分别为"华文行楷"、"48 磅"，若要修改艺术字样式，可选中插入的艺术字，选择"格式"选项卡，其"艺术字样式"组如图 8-14 所示，可以通过"文本填充"、"文本轮廓"、"文本效果"等下拉列表来修改艺术字样式。选择"填充-红色，强调文字颜色 2，暖色粗糙棱台"艺术字样式，最终艺术字效果图如图 8-15 所示。

图 8-14　"艺术字样式"组

图 8-15　艺术字效果图

6．插入形状

选择"插入"选项卡，单击"插图"组中的"形状"下拉按钮，打开可插入的形状列表，如图 8-16 所示。

（1）绘制直线

在"形状"下拉列表中，单击"线条"中的"直线"按钮，将鼠标移到幻灯片区域，此时的鼠标变为十字形，表明直线工具已被激活，进入绘制直线状态。将鼠标指针转至要开始画直线的地方，按住鼠标左键并拖曳，至直线的终点松开鼠标左键，于是一条笔直的直线便轻松地绘制出来了。

（2）绘制矩形

① 在"形状"下拉列表中，单击"矩形"中的"矩形"按钮，激活矩形绘图功能，并将鼠标移至演示文稿区，此时鼠标指针变为十字形。

② 将指针转至要绘制的矩形的起始点，按住鼠标的左键并向起始点的对角方向拖动鼠标，这时一个矩形的轮廓便随之显示出来，到满意的地方后松开鼠标的左键，便出现一个矩形。

若要绘制一个正方形，可在绘制起始点的同时按住<Shift>键不放，拖动鼠标绘制出来的就是正方形了。

（3）绘制椭圆形和圆形

① 在"形状"下拉列表中，单击"基本形状"中的"椭圆"按钮，激活椭圆绘图功能，并将鼠标移至演示文稿区，此时鼠标指针变为十字形。

② 将鼠标指针放到准备绘制的椭圆形的外切矩形起始点，并按住鼠标左键向此椭圆外切矩形起始点的对角点拖动鼠标。当拖到合适的位置时松开鼠标左键，即可绘制一个椭圆。

图 8-16　可插入的形状

如果需要绘制的是一个圆形，只需在单击"椭圆"按钮后，按住<Shift>键的同时拖动鼠标，所绘制的便是一个圆形。其他形状的绘制方法类似，在此不再赘述。

7．插入 SmartArt 图形

为了使图形功能更加强大，PowerPoint 2010 中使用 SmartArt 代替了早期 Office 版本中的图形功能。选择"插入"选项卡，在"插图"组中单击"SmartArt"按钮。打开如图 8-17 所示的"选择 SmartArt 图形"对话框。对话框左侧列出了图形类型，选择不同的类型后中间区域会显示该类型下的所有图形，对话框右侧将显示当前所选图形的简要介绍。

单击"确定"按钮将在插入点的位置创建图形，单击图形中的文本框可以在其中输入文字，选中所创建的 SmartArt 图形，在功能区会出现 "SmartArt 工具"→"设计"选项卡和"SmartArt 工具"→"格式"选项卡，这两个选项卡中的命令可以改变图形的外观和结构，包括图形的边框、填充色或三维立体等效果。

SmartArt 图形中常用的一个操作就是在原有图形中添加新的形状，从而调整图形的布局结构。如图 8-18 所示的初始创建的组织结构图。

假设现在需要制作一个公司各部门的整体结构，希望得到如图 8-19 所示的结果。很明显，

默认的组织结构图是不能满足要求的。

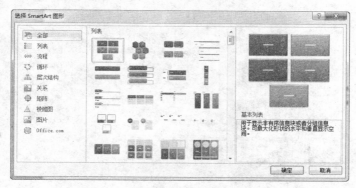

图 8-17　选择 SmartArt 图形

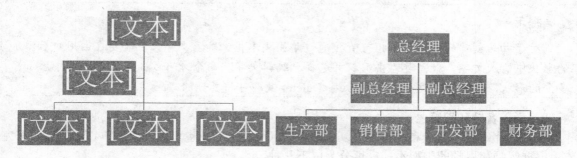

图 8-18　初始创建的组织结构图　　　　　　　图 8-19　公司组织结构图

为了获得上图的效果，就需要对默认创建的图形结构进行调整。重要的一点是要确定以哪个图形为参照来添加新图形。就本例而言，首先需要右击最顶层的形状，在弹出的快捷菜单中选择"添加形状"→"添加助理"命令，如图 8-20 所示。

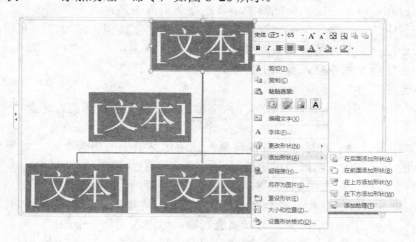

图 8-20　选择"添加助理"命令

接下来右击最后一层第三个文本框，在弹出的快捷菜单中选择"添加形状"→"在后面添加形状"命令，如图 8-21 所示。最后在形状中输入文字即可。

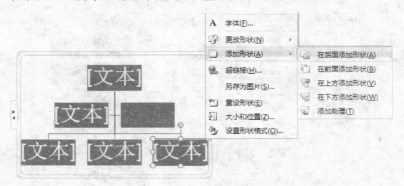

图 8-21　制作组织结构图形状

 提示

　　对于初始创建的图形文本框可直接通过单击文本框来输入文字，但若要在由用户后添加的形状中输入文字，就需要右击形状并选择"编辑文字"命令才可以。如果在图形中添加了多余的形状，只需单击这个形状然后按<Delete>键即可将其删除。

8．插入音频和视频

　　在幻灯片中插入音频和视频既可以使用功能区中的命令，也可以使用占位符中的按钮来完成。根据音频和视频的类型不同，可分为以下几种。

　　① 插入剪辑库中的音频和视频。

　　② 插入音频文件或视频文件。

　　③ 插入录制的声音。

　　④ 插入网站中的视频。

　　前面介绍过在幻灯片中插入剪贴画的步骤，在剪辑库中还包含音频和视频。只要在"结果类型"下拉列表中选择"音频"或"视频"，单击"搜索"按钮，就可以搜索到音频或视频，单击其中的某个缩略图即可将音频或视频插入到幻灯片中。

　　下面介绍在演示文稿中插入音频的方法。

　　（1）插入音频文件

　　① 选择"插入"选项卡，在"媒体"组中单击"媒体"下拉按钮，选择"文件中的声音"选项。

　　② 打开"插入音频"对话框。查找要插入到演示文稿中的声音文件。如果在当前目录下找不到要插入的声音文件，可以通过更换当前目录或是通过搜索工具来查找。

　　③ 选择声音文件，单击"插入"按钮，将该文件插入到演示文稿中。

　　④ 当向幻灯片中添加音频后，会在幻灯片中显示一个喇叭及其播放控制面板，如图 8-22 所示。单击面板左侧的第一个图标，可以播放音频；单击右侧第一个图标，可以调整音频的音量。其中灰色长条矩形代表当前播放的进度，而右侧显示的是当前播放的时间。

　　（2）设置放映时隐藏喇叭图标

　　当向幻灯片中添加音频后，会在幻灯片中显示一个喇叭图标。当进入放映状态后，默认显示这个图标,可以设置放映时隐藏该图标,先选中音频喇叭图标,再选中"播放"选项卡中的"放映时隐藏"复选框即可。

(3)设置放映过程中始终播放音频

在默认情况下,在放映状态下进入某张包含音频的幻灯片时,声音会开始播放,切换到其他幻灯片后,声音就会停止。如果需要无论切换到哪个幻灯片声音都一直播放,可以先选中音频喇叭图标,再选择"播放"选项卡,在"开始"下拉列表中选择"跨幻灯片播放"选项,并选中该组中的"循环播放,直到停止"复选框,如图 8-23 所示。

图 8-22　在幻灯片中插入音频时的外观　　　　　图 8-23　设置放映时音频选项

任务 8-3　幻灯片内容的制作

因本幻灯片内容较多,制作过程也比之前的案例要烦琐,因此可将其制作过程分为几步来完成。最终效果如图 8-24 所示。

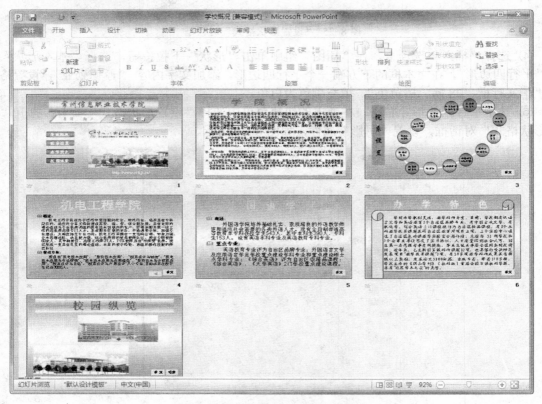

图 8-24　"学院介绍"幻灯片效果图

1.制作第 1 张幻灯片

① 插入第 1 张幻灯片,选择"空白"版式。

② 在标题位置插入一个横排文本框,输入内容"常州信息职业技术学院",设置格式为"华文行楷"、"60 磅"、"红色"、"水平居中"。

③ 设置文本框的填充效果。选中文本框并右击,在弹出的快捷菜单中选择"设置形状格式"命令,打开"设置形状格式"对话框,设置"填充"属性,如图 8-25 所示。

图 8-25 "设置形状格式"对话框

④ 选择"插入"选项卡,在"插图"组中单击"形状"下拉按钮,选择"基本形状"中的"平行四边形",在文本框的下方画一个平行四边形,添加文字内容 "厚德勤业",设置格式为"华文行楷、28 磅、橘黄色",填充颜色为白色。

⑤ 选中平行四边形并右击,在弹出的快捷菜单中选择"设置形状格式"命令,打开"设置形状格式"对话框,设置"阴影"属性,如图 8-26 所示。

图 8-26 阴影选项设置

⑥ 同理按照步骤④的做法，再绘制一个文字内容为"务实诚信"、文字颜色为白色、填充颜色为橘黄色的平行四边形。

⑦ 适当调整两个平行四边形的大小，按案例所示并排放置。

⑧ 插入一张关于学校的图片（可从学校网站下载），并适当调整图片的大小，将其放在幻灯片的右侧。

⑨ 选择"插入"选项卡，在"插图"组中单击"形状"下拉按钮，选择"基本形状"中的"圆角矩形"，在图片的左侧绘制一个圆角矩形，添加文字内容"学院概况"，设置文字格式为"楷体、28 磅、黄色"。类似步骤③的做法，任意选择一种渐变的填充颜色，并适当调整其大小。

⑩ 同理按照步骤⑨的做法，再绘制 3 个圆角矩形，文字内容分别为"院系设置"、"办学特色"、"校园纵览"。第 1 张幻灯片效果参见图 8-24 中的 1 所示。

2．制作第 2 张幻灯片

① 插入一张"空白"版式的新幻灯片。

② 插入任意一种样式的艺术字，内容为"学院概况"，将其移动到标题位置，并适当调整其大小。

③ 在标题下面插入一个横排的文本框，输入一段关于学院概况的内容。

④ 设置文本框中文字的格式"宋体、18 磅"、小标题颜色为红色。再将文本框设置为黄色填充效果。

3．制作第 3 张幻灯片

① 插入一张"空白"版式的新幻灯片。

② 在左侧绘制一个竖排文本框，添加文字内容"学院设置"，设置文字格式为"华文行楷、54 磅、白色"。再将文本框设置为紫色的填充效果。

③ 选择"插入"选项卡，在"插图"组中单击"形状"下拉按钮，再单击"椭圆"按钮，在页面的右侧绘制一个大的椭圆，按下椭圆上的绿色旋转手柄，旋转图形倾斜向右上方。设置椭圆图形填充颜色为无填充颜色，线条颜色为白色，线型为实线、粗细 4.5 磅，单击"关闭"按钮即可完成一个白色的大圆环。

④ 选择"插入"选项卡，在"插图"组中单击"形状"下拉按钮，再单击"椭圆"按钮，按下<Shift>键在圆环上绘制一个圆，并添加文本内容"机电工程学院"，设置文字格式为"楷体、16 磅"。按上面的做法再为"圆形"图形添加任意一种渐变的填充颜色，并适当调整其大小。

⑤ 同理按照步骤④的做法再画出 10 个圆形，并分别添加相应的院系名称。适当调整 11 个圆形的大小及位置，将它们均匀地放置在圆环上。第 3 张幻灯片效果参见图 8-24 中的 3 所示。

4．制作第 4 张幻灯片

① 插入一张"空白"版式的新幻灯片。

② 在标题位置插入任意一种样式的艺术字，内容为"机电工程学院"，然后适当调整其大小。

③ 在标题下面插入一个横排的文本框，输入一段关于机电工程学院概况的内容（内容可从学院网站上下载）。

④ 设置文本框中的文字格式为"宋体、32 磅"，再插入任意一种样式的项目符号。

5．制作第 5 张幻灯片

① 插入一张"空白"版式的新幻灯片。

② 在标题位置插入任意一种样式的艺术字，内容为"外国语学院"，然后适当调整其大小。

③ 在标题下面插入一个横排的文本框，输入一段关于外国语学院概况的内容（内容可从学校网站上下载）。

④ 设置文本框中的文字格式为"宋体、32 磅"，再插入任意一种样式的项目符号。

6．制作第 6 张幻灯片

① 插入一张"空白"版式的新幻灯片。

② 在标题位置插入任意一种样式的艺术字，内容为"办学特色"，然后适当调整其大小。

③ 选择"插入"选项卡，在"插图"组中单击"形状"下拉按钮，再单击"星与旗帜"中的"横卷形"按钮，在标题下面绘制一个横卷形图形，并向图形中输入一段关于"办学特色"的相关内容（内容可从学校网站上下载）。

④ 设置横卷形中的文字格式为"楷体、28 磅"。

7．制作第 7 张幻灯片

① 插入一张"空白"版式的新幻灯片。

② 在标题位置插入一个横排的文本框，输入内容"校园纵览"。设置文本框中文字的格式为"宋体、66 磅、绿色、水平居中对齐"。

③ 设置文本框的渐变填充效果为"雨后初晴"。

④ 选择"插入"选项卡，在"图像"组中单击"图片"按钮，选择 8 张有关校园生活的图片（可从学院网站上下载），单击"插入"按钮。然后适当调整图片的大小，将图片放在幻灯片的右侧边缘外边。

任务 8-4　幻灯片背景与动画效果制作

任何时候都可以对演示文稿中的一张、多张或全部的幻灯片设置背景效果，具体操作步骤如下。

① 本案例中，为所有幻灯片设置统一背景样式。选择"设计"选项卡，在"背景"组中单击"背景样式"下拉按钮，选择"设置背景格式"选项，在"设置背景格式"对话框中，选择"渐变填充"单选按钮，单击"预设颜色"下拉按钮，选择"雨后初晴"样式，如图 8-27 所示。

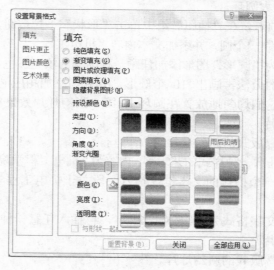

图 8-27　"设置背景格式"对话框

② 单击"全部应用"按钮，将背景设置应用到全部幻灯片。

下面将为制作的幻灯片设置动画效果。

1．设置第 1 张幻灯片中各对象的动画效果

① 选中第 1 张幻灯片中的标题，选择"动画"选项卡，在"动画"组中单击"动画窗格"按钮。

② 在打开的任务窗格中，单击"添加动画"下拉按钮，在弹出的下拉菜单中选择"更多进入效果"→"华丽型"→"挥鞭式"命令，设置动画选项为"从上一项之后开始、中速"。

③ 选中幻灯片左边的平行四边形，单击"添加动画"下拉按钮，选择"进入"→"飞入"命令。设置动画选项为"从上一项之后开始、自左侧、中速"。

④ 选中右边的平行四边形，单击"添加动画"下拉按钮，选择"进入"→"飞入"命令。设置动画选项为"从上一项开始、自右侧、快速"。

⑤ 选中右边图片，单击"添加动画"下拉按钮，选择"进入"→"圆形扩展"命令。设置动画选项为"从上一项之后开始、方向放大、中速"。

⑥ 选中左面的第一个"学院概况"图形对象，单击"添加动画"下拉按钮，选择"进入"→"展开"命令。设置动画选项为"从上一项之后开始、非常快"。

⑦ 同理分别选中下面的 3 个图形对象，添加与步骤⑥同样的动画效果。

⑧ 单击"播放"按钮（或按<F5>键），观看动画效果。

2．设置第 2 张幻灯片中各对象的动画效果

① 选中标题位置处的艺术字，单击"添加动画"下拉按钮，选择"进入"→"缩放"命令。设置动画选项为"从上一项之后开始、消失点为对象中心、中速"。

② 单击"播放"按钮（或按<F5>键），观看动画效果。

3．设置第 3 张幻灯片中图片的动画效果

① 选中左侧的文本框，单击"添加动画"下拉按钮，选择"进入"→"空翻"命令。设置动画选项为"从上一项之后开始、中速"。

② 选中右侧的大圆环，单击"添加动画"下拉按钮，选择"进入"→"圆形扩展"命令。设置动画选项为"从上一项之后开始、方向放大、慢速"。

③ 选中圆环上的任意一个圆形，单击"添加动画"下拉按钮，选择"进入"→"飞入"命令。设置动画选项为"从上一项之后开始、自右侧、非常快"。

④ 同理按照步骤③的方法，分别选中其他 10 个圆形对象，设置与步骤③相同的动画效果。（也可以将 11 个圆形对象分成上、下、左、右 4 组对象，分 4 个不同的方向飞入。）

⑤ 单击"播放"按钮（或按<F5>键），观看动画效果。

4．设置第 4 张幻灯片中各对象的动画效果

① 选中标题位置处的艺术字，单击"添加动画"下拉按钮，选择"进入"→"缩放"命令。设置动画选项为"从上一项之后开始、消失点为对象中心、快速"。

② 选中下面的文本框，单击"添加动画"下拉按钮，选择"进入"→"圆形扩展"命令。设置动画选项为"从上一项之后开始、方向放大、中速"。

③ 单击"播放"按钮（或按<F5>键），观看动画效果。

5．设置第 5 张幻灯片中各对象的动画效果

① 选中标题位置处的艺术字，单击"添加动画"下拉按钮，选择"进入"→"缩放"命

令。设置动画选项为"从上一项之后开始、消失点为对象中心、快速"。

② 选中下面的文本框,单击"添加动画"下拉按钮,选择"进入"→"缩放"命令。设置动画选项为"从上一项之后开始、快速"。

③ 单击"播放"按钮(或按<F5>键),观看动画效果。

6. 设置第 6 张幻灯片中对象的动画效果

① 选中标题位置处的艺术字对象,单击"添加动画"下拉按钮,选择"进入"→"弹跳"命令。设置动画选项为"从上一项之后开始、中速"。

② 选中下面的横卷形图形,单击"添加动画"下拉按钮,选择"进入"→"玩具风车"命令。设置动画选项为"从上一项之后开始、中速"。

③ 选中文本框,单击"添加动画"下拉按钮,选择"进入"→"菱形"命令。设置动画选项为"从上一项之后开始、放大、中速"。

④ 单击"播放"按钮(或按<F5>键),观看动画效果。

7. 设置第 7 张幻灯片中对象的动画效果

① 选中标题位置处的文本框,单击"添加动画"下拉按钮,选择"进入"→"中心旋转"命令。设置动画选项为"从上一项之后开始、中速"。

② 选中左边的第一张图片对象,单击"添加动画"下拉按钮,选择"进入"→"飞入"命令。设置动画选项为"从上一项之后开始、自左侧、慢速"。

③ 同理按照步骤②的方法,分别选中其他 7 张图片,除了设置动画选项为"从上一项之后开始"外,其他效果与②相同。注意这 7 张图片的延迟时间要分别设置为 1.5 秒、3 秒、4.5秒、6 秒、7.5 秒、9 秒、10.5 秒。

④ 单击"播放"按钮(或按<F5>键),观看动画效果。

8. 设置超链接

① 选择第 1 张幻灯片,在幻灯片的下方绘制一个文本框,输入常州信息职业技术学院网址"http://www.ccit.js.cn",选中该文本框,选择"插入"选项卡,单击"链接"组中的"超链接"按钮,在打开的对话框中选择链接到"现有文件或网页"选项,在下面的地址栏中输入网址"http://www.ccit.js.cn",单击"确定"按钮。在放映幻灯片时,单击超链接位置时将会打开学院的网站。

② 在幻灯片的右下角绘制一个文字为"结束"的文本框,选中该文本框,选择"插入"选项卡,单击"链接"组中的"动作"按钮,将该文本框链接到"结束放映"。

③ 将步骤②中的按钮复制粘贴到最后一张幻灯片的右下角处。当放映第 1 张或最后一张幻灯片时,单击按钮将结束放映。

④ 选择第 2 张幻灯片,按照步骤②的做法,在幻灯片的右下角绘制一个文字为"首页"的文本框,并将该文本框链接到第 1 张幻灯片上。

⑤ 复制步骤④中的按钮,将它分别粘贴到第 3~7 张幻灯片的右下角处。这样在放映幻灯片时,分别单击第 2~7 张中的"首页"按钮时,都将返回到第 1 张幻灯片中。

⑥ 选择第 3 张幻灯片中的"机电工程学院"图形,将其链接到幻灯片 4 上。

⑦ 选择第 3 张幻灯片中的"外国语学院"图形,将其链接到幻灯片 5 上。

⑧ 同理可以做其他院系的链接,本例只做了两个院系,其他院系并没有做页面和超链接。

⑨ 在"文件"选项卡中选择"另存为"命令,将文件命名为"学校简介.pptx",保存在适当的

位置。

8.2.3　案例总结

本案例涉及的知识点主要有幻灯片主题的应用、幻灯片背景效果的设置、自定义动画的设置和超链接的设置等。通过案例的学习，大家能够学会母版的使用，熟练掌握为演示文稿添加切换效果、动画效果及超链接的方法，以及组织结构图的制作方法。

8.3　PowerPoint 高级应用——贺卡的制作

在因特网不断发展的今天，电子贺卡已经成为大家逢年过节时相互祝福的一种形式，以往在网络中使用的电子贺卡主要是由 Flash 制作的。而通过使用 PowerPoint 也可制作出极具个性、动感十足的电子贺卡。本节就来介绍如何使用 PowerPoint 2010 制作一个声情并茂的新春贺卡。

8.3.1　"贺卡的制作"案例分析

1．任务的提出

新年将至，学生会宣传部的段同学需要给每个部门发送新春贺卡，为了能够给人耳目一新的感觉，段同学设想制作一份贺岁主题的 PPT，以动画形式为主，并配有贺岁词，喜庆的大红灯笼和鞭炮齐鸣的声音效果等节日元素，整体版面简洁大方，这令他大费了一番工夫。

2．解决方案

段同学是通过以下几个步骤来实现的。

① 制作合适的母版，选取适合节日气氛的色调搭配。

② 选择并向幻灯片插入相应的内容元素，包括贺岁词、红灯笼、鞭炮声和相应的图片等。

③ 编排幻灯片的内容和排列顺序。

④ 设置内容元素的动画效果、音效等。

⑤ 播放幻灯片，不断调节并完善其效果，直至满意。

幻灯片整体效果如图 8-28 所示。

8.3.2　相关知识点

1．母版

母版是一套幻灯片版式的集合，其中已经设置了幻灯片的标题、文本的格式和位置。主要用来统一文稿中所有幻灯片的版式。此外，如果要在演示文稿的每一张幻灯片上显示相同的图片、文本和特殊的格式，也可以向该母版中添加相应的内容。

PowerPoint 为每个演示文稿创建了一个母版集合：幻灯片母版、讲义母版和备注母版。母版中的信息往往是共有信息。例如，把学校标记、名称及制作者的姓名等信息制作成为一个幻灯片母版，这样就可以把这些信息添加到演示文稿的每一张幻灯片中。

2．设置幻灯片切换效果

切换效果是加在连续放映的幻灯片之间的特殊效果。设置幻灯片切换效果的步骤如下。

① 选择"切换"选项卡,"切换到此幻灯片"组如图 8-29 所示。

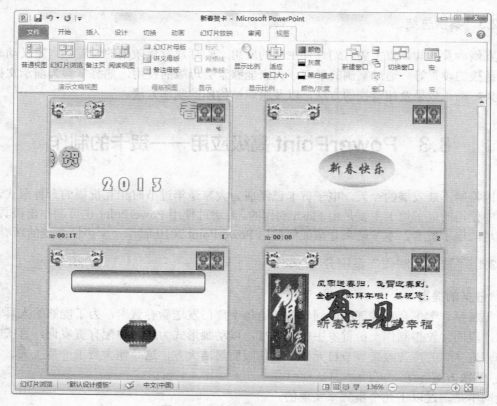

图 8-28　"新春贺卡"整体效果图

图 8-29　切换到此"幻灯片"选项卡

② 单击右侧的 ▼ 按钮显示系统预置的幻灯片切换效果。单击对应的切换效果即可,如图 8-30 所示。

3．设置动画效果

动画是为文本或对象添加的特殊视觉或声音效果,可以让文字以打字机的形式播放,让图片产生飞入效果等。用户可以自定义幻灯片中各种对象的动画效果,也可以利用系统提供的"动画方案"设置幻灯片的动画效果。在 PowerPoint 2010 中,将对象动画分为进入效果、强调效果、退出效果和动作路径效果 4 类,如图 8-31 所示。

（1）为单个对象设置多个动画

为了实现一些复杂的动画,通常需要在一个对象上设置多个动画。设置多个动画的方法与设置单个动画的方法类似，但是设置的命令位置不同。设置单个动画时是通过"动画"选项卡的"动画"组完成的，而为一个对象设置多个动画是通过"动画"选项卡的"高级动画"组中的"添加动画"完成的。虽然打开的动画列表相同，但选择动画后的效果不同，在"添加动画"下拉列表中选择的动画是可以在同一个对象上叠加的。

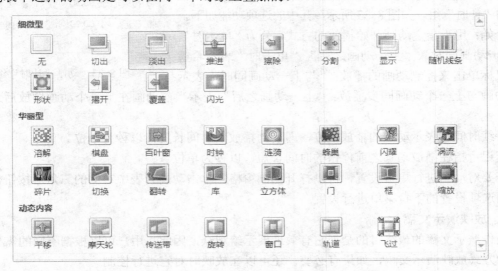

图 8-30　幻灯片内置切换效果

当为一个对象设置多个动画后，可以通过对象左侧的编号来了解该对象上动画的数量及动画的播放顺序。选择"动画"选项卡，单击"高级动画"组中的"动画窗格"按钮，打开动画窗格，如图 8-32 所示。列表框中显示的是当前幻灯片中所有对象的动画效果，可以直接拖动动画来调整动画的位置。

图 8-31　幻灯片对象动画效果　　　　　　　　图 8-32　动画窗格

（2）调整动画效果

在为对象设置动画效果后，可以对动画效果进行后期调整，包括动画的开始方式、运行方式、播放速度和声音效果等。

单击幻灯片窗口中表示动画顺序的编号，将激活与该动画对应的"计时"组，如图8-33所示，其中的选项功能如下。

图8-33　动画"计时"组

开始：用于指定动画开始播放的方式，分为"单击时"、"与上一动画同时"、"上一动画之后"。"单击时"表示希望通过鼠标单击来控制动画的播放；"与上一动画同时"表示当前动画与上一个动画同步播放；"上一动画之后"表示当前动画在上一个动画播放后才开始播放。

持续时间：表示动画的播放速度，即动画播放的时间长度，以秒为单位。

延迟：指在播放动画之前停留的时间长短，以秒为单位。

若要对动画进行更多设置，可以打开动画窗格，单击动画列表中右侧的三角形按钮，打开该动画选项设置的下拉菜单进行设置。

4．放映演示文稿

制作演示文稿的最终目的是把它有效地展示给观众，因此，用户可以根据不同的需要采用不同的方式放映演示文稿，如果有必要，还可以在放映时对它进行控制。

（1）创建自定义放映

设置自定义放映的步骤如下。

① 选择"幻灯片放映"选项卡，在"开始放映幻灯片"组中单击"自定义幻灯片放映"按钮，打开"自定义放映"对话框。

② 单击"新建"按钮，打开"定义自定义放映"对话框，如图8-34所示。

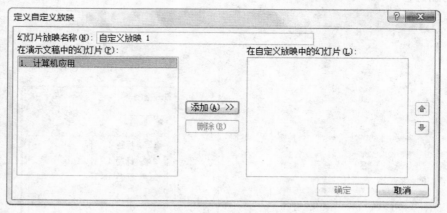

图8-34　"定义自定义放映"对话框

③ 在"幻灯片放映名称"文本框中输入自定义放映文件的名称。

④ 在"演示文稿中的幻灯片"列表框中选择要添加到自定义放映中的幻灯片，单击"添加"按钮。按此方法依次添加幻灯片到"在自定义放映中的幻灯片"列表框中。

⑤ 单击"确定"按钮，返回到"自定义放映"对话框，在"自定义放映"列表框中显示了刚才创建的自定义名称。

⑥ 用户可以根据需要单击"放映"或"关闭"按钮。

（2）设置放映方式

PowerPoint 提供了 3 种放映幻灯片的方法，即演讲者放映、观众自行浏览和在展台浏览。3 种方式各有特点，可以满足不同环境、不同对象的需要。

选择"幻灯片放映"选项卡，在"设置"组中单击"设置幻灯片放映"按钮，打开"设置放映方式"对话框。如图 8-35 所示。

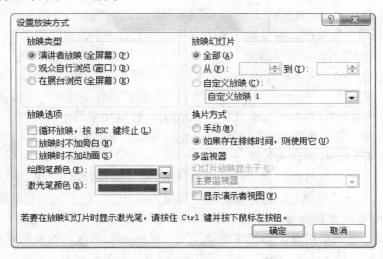

图 8-35　"设置放映方式"对话框

① 演讲者放映。演讲者放映方式是最常见的放映方式，采用全屏显示，通常用于演讲者亲自播放演示文稿的场合。使用这种方式，演讲者控制演示节奏，具有放映的完全控制权。

② 观众自行浏览。观众自行浏览方式以一种较小的规模运行放映。以这种方式放映演示文稿时，该演示文稿会出现在小型窗口内，并提供相应的操作命令，可以在放映时移动、编辑、复制和打印幻灯片。在这种方式下，可以使用滚动条从一张幻灯片移到另一张幻灯片，同时打开其他程序。也可以显示 Web 工具栏，以便浏览其他的演示文稿和 Office 文档。

③ 在展台浏览。展台浏览放映方式可自动运行演示文稿。运行时，大多数的菜单和命令都不可用，并且在每次放映完毕后重新开始。如果设置了"排练计时"，它会严格地按照"排练计时"设置的时间放映，按<Esc>键可退出放映。

当制作演示文稿的全部工作完成以后，就可以将它放映展示给观众。有 3 种方法可以启动幻灯片的放映。

① 选择"幻灯片放映"选项卡，单击"开始幻灯片放映"组中的"从当前幻灯片开始"按钮或者按下<Shift+F5>组合键，可以从当前幻灯片开始放映。

② 选择"幻灯片放映"选项卡，单击"开始幻灯片放映"组中的"从头开始"按钮或者按下<F5>键，从第一张幻灯片开始放映。

③ 单击状态栏中的"幻灯片放映"按钮，则从当前幻灯片开始放映。

任务 8-5　母版及首张幻灯片动画效果的制作

1. 幻灯片母版的创建

① 启动 PowerPoint 2010，建立一张空白版式的幻灯片。

② 打开幻灯片母版页面，先将此页面的上下两个文本框删除，然后插入两张有关贺新春的图片，将它们分别移至幻灯片的左上角及右上角，单击"关闭母版视图"按钮。

2. 建立第 1 张幻灯片

① 利用插入形状功能，在页面上绘制一个圆，输入文字"恭"，并设置格式为"华文彩云、72 磅"，设置填充颜色为茶色。再复制一个圆，将上面上的文字改成"贺"。适当调整其位置，将两个图形移动到幻灯片的左侧边缘处。

② 在页面上绘制一个文本框，添加文字"新"，设置文字的格式为"华文彩云、80 磅、红色"，再复制一个文字为"春"的文本框。将两个文本框移动到幻灯片上边缘的左右两处。

③ 再绘制一个横排的文本框，添加文字"2013"，设置文字的格式为"华文彩云、80 磅、浅蓝色"。适当调整位置，将文本框移动到幻灯片的中部靠下放置。

3. 设置第 1 张幻灯片的动画效果

① 选中"贺"字图形对象，在"动画"选项卡的"高级动画"组中，单击"添加动画"按钮，选择"进入"→"弹跳"选项。设置动画选项为"从上一项开始、自右侧、快速"。再选中"恭"字图形对象，并设置与"贺"字同样的动画效果。

② 选中"贺"字图形对象，选择"强调"→"陀螺旋"选项。设置动画选项为"从上一项之后开始、720 顺时针、慢速、延迟 2 秒"。再选中"恭"字图形对象，动画命令的设置与"贺"字相同。

③ 选中"贺"字图形对象，选择"强调"→"陀螺旋"选项。设置动画选项为"从上一项之后开始、720 顺时针、慢速"。再选中"恭"字图形对象，动画命令的设置与"贺"字相同。

④ 重复步骤③。

⑤ 选中"贺"字图形对象，单击"添加动画"按钮，选择"添加动作路径"→"向右"选项，适当调整路径的长度（参考图 8-36 所示）。设置动画选项为"从上一项之后开始、慢速"。再选中"恭"字图形对象，动画效果的设置与"贺"字相同。

⑥ 选中"贺"字图形对象，单击"添加动画"按钮，选择"强调"→"放大/缩小"选项。设置动画选项为"从上一项之后开始、150%、中速"。再选中"恭"字图形对象，除设置"从上一项开始"外，其他效果的设置与"贺"字相同。到此"恭"、"贺"两字的动画效果设置完成。

⑦ 选中"新"字文本框对象，单击"添加动画"按钮，选择"进入"→"更多进入效果"→"下浮"选项。设置动画选项为"从上一项之后开始、非常快"。再选中"春"字文本框对象，除设置"从上一项开始"外，其他效果的设置与"新"字相同。

⑧ 选中"新"字文本框对象，选择"动作路径"→"向下"选项，适当调整路径的长度（参考图 8-36 所示）。设置动画选项为"从上一项之后开始、快速"。再选中"春"字图形对象，

除设置"从上一项开始"外，其他效果的设置与"新"字相同。

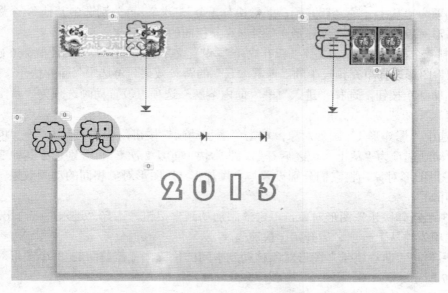

图 8-36　第 1 张幻灯片设置效果图

⑨ 选中"新"字文本框对象，选择"强调"→"放大/缩小"选项。设置动画选项为"从上一项之后开始、150%、中速"。再选中"春"字文本框对象，除设置"从上一项开始"外，其他效果的设置与"新"字相同。

⑩ 重复步骤⑨。到此"新"、"春"两字的动画效果设置完成。

⑪ 选中"2013"文本框对象，单击"添加动画"按钮，选择"进入"→"螺旋飞入"选项。设置动画选项为"从上一项之后开始、快速"。第 1 张幻灯片的设置效果图如图 8-36 所示。

⑫ 单击"播放"按钮（或按<F5>键），观看动画效果。当放映时，"恭"、"贺"两字同时从左面旋转进入，"新"、"春"两字随后从上面同时向下切入。

任务 8-6　其他幻灯片内容的制作

1. 建立第 2 张幻灯片及动画效果

① 插入一张"空白"版式的新幻灯片。

② 插入"星与旗帜"中的"爆炸形 1"。在页面上绘制一个图形并填充任意一种颜色。选中"爆炸形 1"图形对象，单击"添加动画"按钮，选择"动作路径"→"自定义路径"选项，从"爆炸形 1"图形对象上开始绘制一条曲线路径。设置动画选项为"从上一项之后开始、中速"。再复制出 3 个爆炸形图形，分别填充一种颜色，再将 3 个图形的曲线路径走向进行修改（可右击路径线，选择"编辑顶点"命令进行修改）。然后分别将 3 个图形设置为"从上一项开始"。

③ 选择"星与旗帜"中的"十字星"形状。同样按照步骤②的方法制作 4 个十字星图形，添加相同的动画效果，除了设置为"从上一项开始"。适当调整 8 个图形的位置，最好将爆炸形与十字星图形交叉放置。

④ 选中"爆炸形 1"图形对象，单击"添加动画"按钮，选择"强调"→"闪烁"选项。设置动画选项为"从上一项之后开始、非常快、重复 5 次"。再分别选中其他 3 个爆炸形和 4 个十字星图形对象，设置与"爆炸形 1"图形对象相同的动画效果。

⑤ 绘制一个椭圆，并添加文字"新春快乐"，设置文字的格式为"华文行楷、60 磅、红色"，再为"椭圆"图形选择填充预设中的"薄雾浓云"的背景效果。再选中"新春快乐"图形对象，单击"添加动画"按钮，选择"进入"→"向内溶解"选项。设置动画选项为"从上一项之后开始、中速"。

⑥ 再选中"爆炸形 1"图形对象，单击"添加动画"按钮，选择"退出"→"向外溶解"选项。设置动画选项为"从上一项之后开始、非常快、重复 2 次"。再分别选中其他 3 个爆炸形和 4 个十字星图形对象，将它们分别设置与"爆炸形 1"图形对象相同的动画效果，除了设置"从上一项开始"。

⑦ 选中"新春快乐"图形对象，单击"添加动画"按钮，选择"进入"→"出现"选项。设置动画选项为"从上一项之后开始、快速"。

⑧ 最后再将"新春快乐"图形对象移动到中间的位置，覆盖前面的 8 个图形对象。效果图如图 8-37 所示。

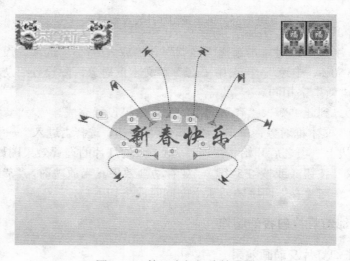

图 8-37　第 2 张幻灯片效果图

⑨ 单击"播放"按钮（或按<F5>键）观看动画效果。当放映时"新春快乐"图形对象时周围模拟礼花绽放的动画效果。

2. 建立第 3 张幻灯片及动画效果

① 插入一张"空白"版式的新幻灯片。

② 利用插入形状功能，在页面上端绘制一个圆角矩形，并填充黄色渐变效果，然后适当调整其大小和位置。选中该圆角矩形对象，单击"添加动画"按钮，选择"进入"→"展开"选项。设置动画选项为"从上一项之后开始、中速"。

③ 在页面上绘制 4 个文本框，并分别添加文字"万"、"事"、"如"、"意"，设置文字的格式为 "华文行楷"、"72 磅"、"红色"。

④ 将"万"字图形对象移到中间位置，单击"添加动画"按钮，选择"动作路径"→"自定义路径"选项，从"万"字对象上开始画一条斜向上的直线路径到上面的文本框上。设置动画选项为"从上一项之后开始、快速"。同理将其他 3 个字做同样的效果设置。

⑤ 选中"万"字对象，选择"进入"→"旋转"选项。设置动画选项为"从上一项之后开始、垂直、慢速"。同理将其他 3 个字做同样的效果设置。

⑥ 选中圆角矩形，选择"强调"→"补色 2"选项。设置动画选项为"从上一项之后开始、中速"。

⑦ 再选中"万"字对象，选择"强调"→"补色 2"选项。设置动画选项为"从上一项之后开始、慢速"。同理将其他 3 个字做同样的效果设置。

⑧ 插入一张灯笼图片，适当调整图片的大小，将图片移动到 4 个文本框的上面覆盖住 4 个文本框。第 3 张幻灯片的整体效果如图 8-38 所示。

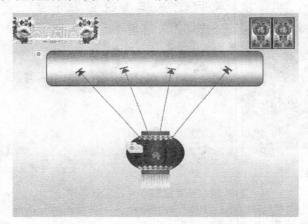

图 8-38   第 3 张幻灯片效果图

3．建立第 4 张幻灯片及动画效果

① 插入一张"空白"版式的新幻灯片。

② 在幻灯片的左侧插入一张"贺春"的图片，适当调整图片的大小。选中图片，单击"添加动画"按钮，选择"进入"→"向内溶解"选项。设置动画选项为"从上一项之后开始、中速"。

③ 在页面右上端插入一个文本框，添加文字"风雨送春归，飞雪迎春到。金蛇给你拜年啦！恭祝您："，设置文字的格式为"华文隶书、40 磅"。然后适当调整其位置。选中文本框，单击"添加动画"按钮，选择"进入"→"出现"选项。设置动画选项为"从上一项之后开始、非常快"。

④ 在上一文本框的下面再插入一个文本框，并添加文字"新春快乐阖家幸福"，设置文字的格式为"华文隶书、60 磅、红色"。然后适当调整其位置。选中文本框，单击"添加动画"按钮，选择"进入"→"飞入"选项。设置动画选项为"从上一项之后开始、快速"。

⑤ 选中"风雨送春归…"文本框，单击"添加动画"按钮，选择"退出"→"玩具风车"选项。设置动画选项为"从上一项之后开始、中速"。

　　⑥ 选中"新春快乐阖家幸福"文本框，选择"退出"→"玩具风车"选项。设置动画选项为"从上一项之后开始、中速"。

　　⑦ 选中图片，选择"退出"→"向外溶解"选项。设置动画选项为"从上一项之后开始、非常快"。

　　⑧ 再插入艺术字"再见"，设置其格式为"华文行楷、60 磅、红色"，参照案例适当调整其位置。选中艺术字，选择"进入"→"螺旋飞入"选项。设置动画选项为"从上一项之后开始、快速"。再单击"添加动画"按钮，选择"退出"→"玩具风车"选项。设置动画选项为"从上一项之后开始、中速"。第 4 张幻灯片的整体效果图如图 8-39 所示。

图 8-39　第 4 张幻灯片设置效果图

4. 设置幻灯片背景效果

设置幻灯片背景，具体设置如图 8-40 所示。单击"全部应用"按钮。

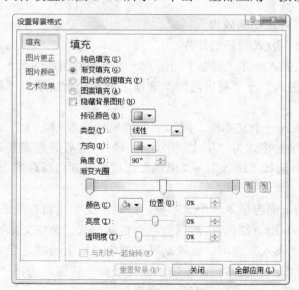

图 8-40　设置幻灯片背景

5．向幻灯片中插入声音文件

返回第 1 张幻灯片，选择"插入"选项卡，在"媒体"组中单击"音频"下拉按钮，选择"文件中的声音"选项，在打开的"插入声音"对话框中选择一个有关贺新春的声音文件，单击"插入"按钮。

6．保存

在"文件"选项卡中选择"另存为"命令，将文件命名为"新春贺卡.pptx"，保存在适当的位置。

8.3.3　案例总结

本案例涉及的知识点主要有幻灯片母版的应用、动画设置、图形插入、多媒体对象插入及设置放映时间等。其中，重点介绍了幻灯片动画设置的相关技巧，使读者能够熟练掌握自定义幻灯片动画的相关设置、切换技巧及如何合理有效地向幻灯片插入艺术字、音乐和视频等多媒体元素。

思考与练习

一、选择题

1. 利用 PowerPoint 2010 制作演示文稿并将其保存以后，默认的文件扩展名是（　　）。
   A．.pptx　　　　　　　　B．.exe　　　　　　　　C．.bat　　　　　　　　D．.bmp
2. 在 PowerPoint 中，"视图"这个名词表示（　　）。
   A．一种图形　　　　　　　B．显示幻灯片的方式
   C．编辑演示文稿的方式　　D．一张正在修改的幻灯片
3. 在下列 PowerPoint 的各种视图中，可编辑、修改幻灯片内容的视图是（　　）。
   A．普通视图　　　　　　　B．幻灯片浏览视图　　　　C．幻灯片放映视图　　　　D．都可以
4. 幻灯片中占位符的作用是（　　）。
   A．表示文本长度　　　　　　　　　　　　　　　B．限制插入对象的数量
   C．表示图形的大小　　　　　　　　　　　　　　D．为文本、图形预留位置
5. 在幻灯片中可以插入（　　）多媒体信息。
   A．音乐、图片、Word 文档　　　　　　　　　　B．声音和超链接
   C．声音和动画　　　　　　　　　　　　　　　　D．剪贴画、图片、声音和影片
6. PowerPoint 母版有（　　）种类型。
   A．3　　　　　　　　　　B．5　　　　　　　　　　C．4　　　　　　　　　　D．6
7. PowerPoint 的"超链接"命令可实现（　　）。
   A．幻灯片之间的跳转　　　　　　　　　　　　　B．演示文稿中幻灯片的移动
   C．中断幻灯片的放映　　　　　　　　　　　　　D．在演示文稿中插入幻灯片
8. 在幻灯片中，将同时选中的多个对象进行组合，需按住鼠标左键和（　　）。
   A．<Ctrl>键　　　　　　　B．<Insert>键　　　　　　C．<Alt>键　　　　　　　D．<Shift>键
9. 在 PowerPoint 编辑状态下，采用鼠标拖动的方式进行复制，要先按住（　　）。
   A．<Ctrl>键　　　　　　　B．<Shift>键　　　　　　C．<Alt>键　　　　　　　D．<Tab>键
10. 下列关于插入形状对象操作描述不正确的是（　　）。
    A．通过"插入"选项卡中的"形状"下拉列表可插入形状图形
    B．同一幻灯片中的自选图形对象可任意组合，形成一个对象

C. 在插入的形状图形中不能添加文本

D. 采用鼠标拖动的方式能够改变形状图形的大小与位置

11. 在 PowerPoint 的幻灯片浏览视图下，不能完成的操作是（　　）。

A. 调整个别幻灯片位置　　　　　　　　B. 删除个别幻灯片

C. 编辑个别幻灯片内容　　　　　　　　D. 复制个别幻灯片

12. 在 PowerPoint 中，背景设置中的填充效果所不能处理的效果是（　　）。

A. 图片　　　　　B. 图案　　　　　C. 纹理　　　　　D. 文本和线条

13. 要从一张幻灯片"溶解"到下一张幻灯片，应使用演示文稿的（　　）功能。

A. 动作设置　　　B. 动画方案　　　C. 幻灯片切换　　　D. 自定义动画

14. 要从第 2 张幻灯片跳转到第 8 张幻灯片，应使用演示文稿的（　　）功能。

A. 动作设置　　　B. 动画方案　　　C. 幻灯片切换　　　D. 自定义动画

15. PowerPoint 超链接的目标中不包括（　　）。

A. 书签　　　　　B. 文件　　　　　C. 文件夹　　　　　D. Web 页

16. 在 PowerPoint 中保存演示文稿时，若要保存为"PowerPoint 放映"文件类型时，其扩展名为（　　）。

A. .txt　　　　　B. .pptx　　　　　C. .ppsx　　　　　D. .bas

17. 下列关于幻灯片打印操作的描述不正确的是（　　）。

A. 不能打印幻灯片　　　　　　　　　　B. 彩色幻灯片能以黑白方式打印

C. 能够打印指定编号的幻灯片　　　　　D. 打印纸张大小由"打印"命令定义

18. 在 PowerPoint 中，下列有关选定幻灯片的说法错误的是（　　）。

A. 在幻灯片浏览视图中单击，即可选定

B. 要选定多张不连续的幻灯片，在幻灯片浏览视图下按住<Ctrl>键并单击各幻灯片即可

C. 在幻灯片浏览视图中，若要选定所有幻灯片，应使用<Ctrl+A>组合键

D. 在幻灯片放映视图下，也可以选定多个幻灯片

19. 在 PowerPoint 中，对于已创建的多媒体演示文档，可以用下列（　　）命令转移到其他未安装 PowerPoint 的计算机上放映。

A. 文件/保存并发送　　B. 文件/打印　　　C. 复制　　　　　D. 幻灯片放映

20. 关于 PowerPoint 幻灯片母版的使用，下列说法不正确的是（　　）。

A. 通过对母版的设置可以控制幻灯片中不同部分的表现形式

B. 通过对母版的设置可以预定幻灯片的前景颜色、背景颜色和字体大小

C. 修改母版不会对演示文稿中任何一张幻灯片带来影响

D. 标题母版为使用标题版式的幻灯片设置了默认格式

21. 关于幻灯片切换，下列说法正确的是（　　）。

A. 可设置进入效果　　B. 可设置切换音效　C. 可用鼠标单击切换　　D. 以上全对

22. 关于修改母版，下列说法正确的是（　　）。

A. 母版不能修改　　　　　　　　　　　B. 幻灯片编辑状态就可以修改

C. 进入母版修改状态就可以修改　　　　D. 以上说法都不对

23. 关于演示文稿下列说法错误的是（　　）。

A. 可以有很多页　　　　　　　　　　　B. 可以调整文字的位置

C. 不能改变文字大小　　　　　　　　　D. 可以有画面

24. 在 PowerPoint 2010 中，关于动画设置，下列说法正确的是（　　）。

A. 可以调整顺序　　B. 有些可设置参数　C. 可以带声音　　　D. 以上都对

25. 在 PowerPoint 2010 中，绘制矩形时，按住（　　）能绘制正方形。

A. <Ctrl>键　　　B. <Alt>键　　　　C. <Shift>键　　　　D. 以上都不对

26. 在 PowerPoint 2010 中，将演示文稿插入幻灯片，则（　　）。

A．能改变大小 　　　B．能修改位置 　　　C．能播放 　　　D．以上都对

27．在 PowerPoint 2010 中，可以为一种元素设置（　　）动画效果。

A．一种 　　　　　B．多种 　　　　　C．不多于两种 　　　　D．以上都不对

28．在 PowerPoint 2010 中，如果要播放演示文稿，可以使用（　　）。

A．幻灯片视图 　　B．大纲视图 　　C．幻灯片浏览视图 　　D．幻灯片放映视图

29．如需要为 PowerPoint 演示文稿设置动画效果，如让文字以"回旋"方式播放，则可以在"动画"选项卡的"高级动画"组中，单击（　　）按钮。

A．动画方案 　　B．幻灯片切换 　　C．添加动画 　　　　D．动作设置

30．设置好的切换效果，可以应用于（　　）。

A．所有幻灯片 　　B．一张幻灯片 　　C．A 和 B 都对 　　　D．A 和 B 都不对

31．设置一张幻灯片的切换效果时，可以（　　）。

A．使用多种形式 　　B．只能使用一种 　　C．最多可以使用 5 种 　　D．以上都不对

32．在 PowerPoint 2010 中，（　　）元素可以添加动画效果。

A．文字 　　　　B．图片 　　　　C．文本框 　　　　D．以上都可以

33．输入或编辑 PowerPoint 幻灯片标题和正文应在（　　）下进行。

A．幻灯片普通视图模式 　　　　　B．幻灯片放映视图模式

C．幻灯片浏览视图模式 　　　　　D．幻灯片备注窗格

34．下列各项可以作为幻灯片背景的是（　　）。

A．图案 　　　　B．图片 　　　　C．纹理 　　　　D．以上都可以

35．在 PowerPoint 中，下列说法正确的是（　　）

A．一组艺术字中的不同字符可以有不同的字体

B．一组艺术字中的不同字符可以有不同的字号

C．一组艺术字中的不同字符可以有不同的字体、字号

D．以上三种说法均不正确

36．下列有关控制 PowerPoint 演示文稿播放方法的描述错误的是（　　）。

A．可以用键盘控制播放

B．可发用鼠标控制播放

C．单击鼠标，幻灯片可以切换到"下一张"而不能切换到"上一张"

D．按<↓>键切换到"下一张"，按<↑>键切换到"上一张"

37．普通视图中，显示幻灯片具体内容的窗格是（　　）。

A．左窗格的"幻灯片"选项卡 　　　　B．"备注"窗格

C．"幻灯片"窗格 　　　　　　　　　D．"视图"选项卡

38．保存演示文稿时不能使用的扩展名是（　　）。

A．.docx 　　　B．.pptx 　　　C．.potx 　　　D．.ht

39．播放演示文稿的快捷键是（　　）。

A．<Enter> 　　　B．<F5> 　　　C．<Alt+Enter> 　　　D．<F7>

40．在 PowerPoint 2010 中，插入演示文稿的背景能修改吗？（　　）

A．能 　　　　　B．不能 　　　　　C．有时能 　　　　D．以上都不对

二、简答题

1．建立演示文稿有几种方法？怎样改变已经建立的幻灯片主题？

2．"幻灯片设计主题"和"背景"这两条命令有何区别？

3．某张幻灯片有标题和正文，在放映时先出现标题，然后按一下鼠标才能出现一条正文，直至正文结束，试设置其动画效果。

4．在幻灯片切换窗口的示意图中，在"效果"下拉列表中有"慢速、中速、快速"3 个选项。这是指换

片速度，还是指幻灯片放映停留的时间？

5．制作一个实际的电子演示文稿，并从中挑出部分幻灯片，设计成换片动画方式，每张幻灯片放映时间为 5s，并且设置好循环放映方式。试写出关键的几个步骤。

6．怎样进行超链接？代表超链接的对象是否只能是文本？跳转的对象应该是什么类型的文件？

7．简述设置幻灯片打印的要点。

三、操作题

1．在打开的演示文稿中新建一张空白幻灯片，完成以下操作，完成后关闭该窗口。

① 设置幻灯片的高度为 20cm，宽度为 25 cm。

② 在新建文稿中插入任意一幅图片，并将其调整到适当大小，然后插入任意样式的艺术字，艺术字内容为"休息一下"。

③ 插入一张空白幻灯片，将插入到第一张中的图片复制到第二页，并将图片的高度设置为 11.07cm，宽度设置为 10cm。

④ 插入一个横排文本框，输入内容为"现在开始计时"。字号为 48，字形为"加粗，斜体，下划线"，对齐方式为"居中对齐"。

⑤ 在第二张插入一个垂直文本框，输入"我们可以休息到十二点钟"，并将其调整到适当位置。

⑥ 设置所有幻灯片的切换效果为"水平百叶窗"。

2．在打开的演示文稿中新建一张空白幻灯片，完成以下操作，完成后关闭该窗口。

① 在其中插入一幅图片，对其设置进入动画，动作为"飞入"，方向为"右侧"。

② 在第一张中插入一个垂直文本框，在其中添加文本"开始考试"，并设置其动作为"超链接到下一张幻灯片"。

③ 插入一张新幻灯片，版式为"图片与标题"。设置标题为"考试"。标题字体大小为 60。标题字形为"加粗"。标题对齐方式为"居中对齐"。

④ 在第二张幻灯片中添加文本处添加文本"考试时不允许作弊，要认真作答，独立完成。"。

⑤ 在第二张幻灯片中添加图片处插入任意一幅剪贴画。

3．在打开的演示文稿中新建一张幻灯片，选择版式为"标题幻灯片"，然后进行如下操作，完成操作后请关闭该操作窗口。

这个图片浏览幻灯片由 3 页组成，第一页为标题页，第二页和第三页为图片页。

① 在第一页中设置主标题为"图片浏览"，字形为"斜体"，字号为 72，设置副标题为"图片 1"。

② 插入一张空白幻灯片，在其中插入任意一幅图片，设置图片的高度为 10.48cm，宽度为 20.96cm，再插入一个水平文本框，文本内容为"图片 2"。

③ 再插入一张空白幻灯片，在其中插入任意一幅图片，设置图片的高度为 11.83cm，宽度为 15.77cm。

④ 选择幻灯片的第一页，选择副标题"图片 1"，对其进行动作设置，在单击鼠标时链接到下一页幻灯片。

⑤ 选择幻灯片的第二页，选择文本框的内容"图片 2"，对其进行动作设置，在单击鼠标时链接到下一页幻灯片。

4．在打开的演示文稿中新建一张幻灯片，选择版式为"标题幻灯片"，然后完成以下操作，完成之后请关闭该窗口。

① 主标题的内容为"山村"，副标题的内容为"声音"。

② 设置主标题的字号为 66，字形为"加粗，斜体"。

③ 对第一页中的副标题进行动作设置，使其超链接到下一张幻灯片。

④ 插入一张空白幻灯片。

⑤ 在新插入的幻灯片中插入任意一个声音文件。

⑥ 在第二页幻灯片中插入任意一幅图片，设置图片的动画效果为"盒状收缩"。

第9章 网络应用——Internet 的使用

9.1 网上漫游

Internet 又称因特网，是国际计算机互联网的英文简称，指全球最大的、开放的、由众多网络相互连接构成的世界范围的计算机网络。它将世界各地成千上万的计算机网络连成一体，是一个集各领域资源于一体，能提供网上用户共享的资源宝库。如今，全球的互联网用户已超过十亿。我国自 1994 年正式接入 Internet 以来，网民数量增长迅猛，中国已兴起了学习和使用 Internet 的热潮，其用户数量已上亿。随着 Internet 的广泛普及与使用，它将成为人们工作、学习、娱乐方式升级的强大力量。

9.1.1 案例分析

小王暑期要在家里学习使用计算机，但家里还没有开通互联网。因此，他首先要在家里连接互联网，然后才能使用浏览器浏览搜狐网页，并且能够在线听音乐。那么小王应该怎么做呢？小王走访了不同的网络运营商，了解家庭宽带业务的费用及给用户分配的带宽。最后通过比较，他选择了联通，专业人员帮他把家里的计算机安装好网络，即可上网，小王就可以在家里网上漫游了。

9.1.2 相关知识点

1. Internet
中文译名因特网，它是一个建立在网络互联基础上的最大的、开放的全球性网络。

2. TCP/IP
TCP/IP 是 Internet 上使用最为广泛的通信协议。它实际上是一个协议簇（组），是一组协议，TCP（Transmission Control Protocol）和 IP（Internet Protocol）是其中两个最重要的协议。IP 为网际协议，用来给各种不同的局域网和通信子网提供一个统一的互联平台。TCP 为传输控制协议，用来为应用程序提供端到端的通信和控制功能。

3. 域名
域名就是通过名称数据库将主机名称转换为 IP 地址。也可反向转换，即将 IP 地址转换为主机名称。

4. IE 浏览器
IE 浏览器可用来浏览网页，可以保存或打印网页。

5. Internet 接入
即通过网络连线把个人用户的计算机或其他终端设备接入互联网，如中国电信、网通、联通等的数据业务部门。

任务 9-1　网络漫游

小王想在家里连接互联网，他是这样做的：
① 去当地的运营商处办理接入网业务，等待专业人员上门布线。
② 专业人员配置用户上网信息。
③ 网上漫游。

1．网络接入

当前 Internet 接入有如表 9-1 所示的几种方式。

表 9-1　网络接入方式

接入方式	再细分的接入方式
拨号接入方式	1．普通 Modem 拨号接入方式（向本地 ISP 申请） 2．ISDN 拨号接入方式（向本地 ISP 申请） 3．ADSL 虚拟拨号接入方式（向本地 ISP 申请）
专线接入方式	1．Cable Modem 接入方式（向广播电视部门申请） 2．DDN 专线接入方式（向本地 ISP 申请） 3．光纤接入方式（向本地 ISP 申请）
无线接入方式	1．GPRS 接入技术（向本地 ISP 申请） 2．3G 接入技术（向本地 ISP 申请） 3．无线射频接入技术（向本地 ISP 申请）
局域网接入方式	公司局域网络接入

小王走访了当地几家网络运营商，结合费用、速度和稳定性等因素综合比较，他最终选择联通宽带，采用专线接入方式。

2．配置信息

小王家里的宽带已经安装好了，专业人员需要配置用户的宽带链接，具体步骤如下。
① 单击"开始"按钮，选择"控制面板"命令，如图 9-1 所示，打开"控制面板"窗口。

图 9-1　打开"控制面板"窗口

② 单击"网络和 Internet"超链接，如图 9-2 所示，再单击"网络和共享中心"超链接，打开如图 9-3 所示的窗口。

图 9-2　单击"网络和 Internet"

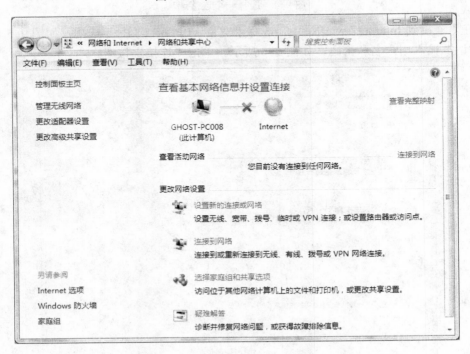

图 9-3　"网络和共享中心"窗口

③ 在"更改网络设置"选项区域，单击"设置新的连接或网络"超链接。

④ 在"设置连接或网络"对话框中，选择"连接到 Internet"选项，单击"下一步"按钮，如图 9-4 所示。

图 9-4　选择一个连接选项

⑤ 在"连接到 Internet"对话框中，选择"宽带（PPPoE）（R）"选项，如图 9-5 所示。在弹出的对话框输入用户名和密码，如图 9-6 所示。单击"连接"按钮。

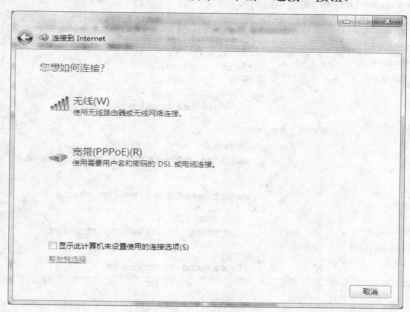

图 9-5　选择连接方式

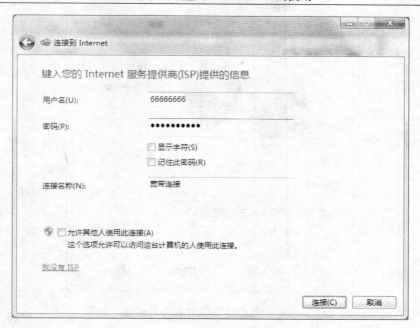

图 9-6　输入用户名和密码

⑥ 此时显示网络连接过程，如图 9-7 所示。

图 9-7　连接过程

⑦ 在弹出的"连接 宽带连接"对话框中，输入用户名和密码，单击"连接"按钮即可创建宽带连接，如图 9-8 所示。

图 9-8 "连接 宽带连接" 对话框

⑧ 单击"连接"按钮即可连入互联网。在"控制面板"窗口中可查看网络连接信息，如图 9-9 所示。

图 9-9 宽带连接成功

3. 网上漫游

网络开通后，小王想打开搜狐网站，看看当天的新闻。步骤如下。

① 双击桌面上的浏览器，在地址栏输入搜狐的网址，按<Enter>键，即可进入搜狐网站，如图 9-10 所示。

② 还可网上在线听音乐。首先打开百度网站，单击"音乐"超链接，即可选择自己想听的音乐，在线听歌，如图 9-11 和图 9-12 所示。

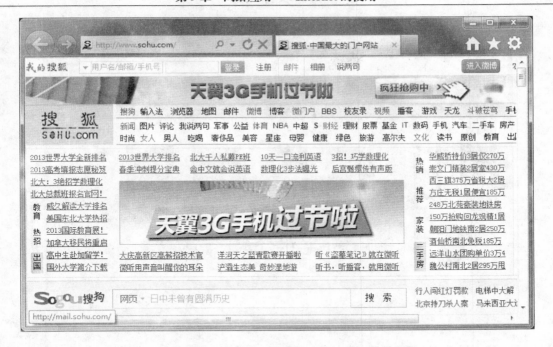

图 9-10 搜狐主页

图 9-11 百度主页

图 9-12　百度音乐网站

9.1.3　案例总结

　　本节案例模拟家庭接入互联网的过程，选择不同的网络运营商，所分配的带宽会有所不同，网速也会有所差别，价格也会不同。因此，个人用户选择运营商时，可按照自己的网络需求选择不同的带宽，即可享受不同的网络速度。

9.2　信 息 搜 索

　　随着 Internet 的迅速发展，网上信息不断丰富和扩展。那么，如何在上百万个网站中快速找到想要的信息呢？

　　搜索引擎正是为解决这个问题而出现的。它连接网上几千万到几十亿个网页，并对网页中关键的字词进行索引，建立了一个大型的目录。当用户查找某个字词时，搜索引擎就在目录中查找包含该字词的网页，然后将结果按照一定的顺序排列出来，并提供通向该网站的超链接。

9.2.1　案例分析

　　小王想在网上查找有关自己论文的知识，他应该怎么做呢？首先，他要打开 IE 浏览器，进入到搜索引擎网站，将所需资料的关键字输入到搜索中，即可得到许多与该关键字相关的超链接，根据需要，单击超链接，就可以进入相关网页。如果需要经常打开该网页，可将其纳入到收藏夹中，也可将所需资料保存到本地磁盘上。

9.2.2　相关知识点

1．搜索引擎

根据一定的策略，运用特定的计算机程序从互联网上搜集信息，在对信息进行组织和处理后，为用户提供检索服务，将用户检索的相关信息展示给用户。

2．图片搜索

图片搜索引擎是全新的搜索引擎，用户只需将要查找的图像的大致特征描述出来，就可以找出与之具有相近特征的图像。

3．网页保存

将网页的所有信息或部分信息（文字、图片等）保存到磁盘上，以便查阅。

任务 9-2　搜索、整理资料

小王同学的论文是关于移动通信方面的，所以他通过下面的步骤进行了资料的收集和整理。

① 打开搜索引擎，搜索相关资料。

② 保存网页，打印网页。

③ 使用收藏夹收藏网页。

1．打开搜索引擎搜索资料

具体步骤如下。

① 在 IE 浏览器地址栏中输入"www.baidu.com"，按<Enter>键，打开百度主页。

② 在打开的百度首页文本框中输入"移动通信"关键字，如图 9-13 所示。

图 9-13　百度搜索

③ 单击"百度一下"按钮开始搜索，进入搜索结果页面，如图 9-14 所示。

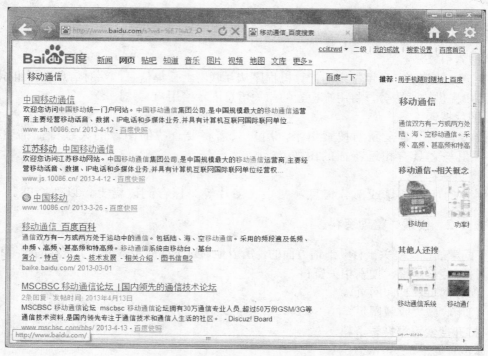

图 9-14　搜索结果

④ 单击搜索结果中的"移动通信 百度百科"超链接，查看网页的详细信息，如图 9-15 所示。

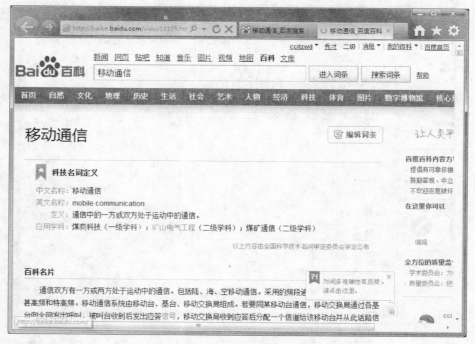

图 9-15　打开搜索超链接

2．保存或打印搜索结果

对于搜索过程中与论文相关的网页，可以保存到磁盘中，或者打印出来保存。操作步骤如下。

① 单击百度中"移动通信 百度百科"超链接，进入页面。

② 选择工具栏中的"工具"→"文件"子菜单，然后选择"另存为"命令，如图 9-16 所示。

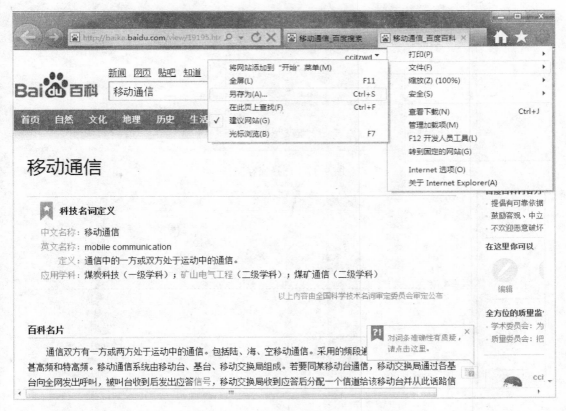

图 9-16　保存网页

③ 在打开的"保存网页"对话框中，选择左侧窗格的"桌面"选项，即可设定保存路径，如图 9-17 所示。

④ 注意到保存的"文件名"默认是网页标题"移动通信_百度百科"，"保存类型"默认是"Web 档案，单个文件（*.mht）"，单击"保存"按钮，浏览器将把网页的绝大部分信息打包保存在一个文件"移动通信_百度百科.mht"中。

⑤ 重复步骤②、③，在保存类型中还可选择其他保存方式。如"网页，全部（*.htm；*.html）"、"网页，仅 HTML（*.htm；*.html）"、"文本文件（*.txt）"等类型。如图 9-18 所示。

3．打印网页

保存在桌面上的文件"移动通信_百度百科"可利用打印机打印出来，如果网页内容较长，打印的时候将自动分页。操作步骤如下。

图 9-17　选择保存路径

图 9-18　选择保存类型

① 启动 IE 浏览器，打开网页"移动通信_百度百科"。

② 选择"文件"→"打印设置"菜单命令，打开"页面设置"对话框。

③ 在"打印"对话框中，选择适当的"纸张"、"页眉"、"页脚"、"打印方向"、"页边距"后，单击"确定"按钮。

④ 选择"文件"→"打印"菜单命令，打开"打印"对话框。

⑤ 在"常规"选项卡中，在"选择打印机"选项区域中选择具体的打印机，设置打印的页码和页面范围、打印的份数，单击"打印"按钮，就可将网页打印出来了。如图 9-19 所示。

图 9-19　打印设置

4．收藏网页链接

对于经常要访问的网页，可将网页链接的快捷方式（标题和网址）添加到收藏夹中，以后只要在"收藏"菜单中选择相关的网页名就能快速打开该网页。下面将"移动通信_百度百科"网页添加到收藏夹中，具体操作步骤如下。

① 在已打开的网页"移动通信_百度百科"中，选择"收藏"→"添加到收藏夹"菜单命令，如图 9-20 所示。

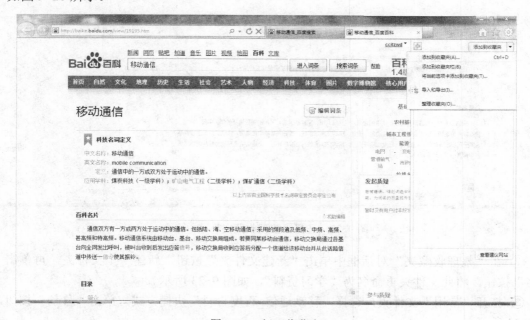

图 9-20　打开收藏夹

② 选择"常用"文件夹，单击"添加"按钮。如图 9-21 所示。"移动通信_百度百科"快捷方式便出现在"收藏"菜单中。

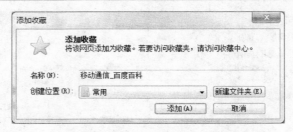

图 9-21　收藏网页

③ 打开一个新的 IE 浏览器，选择"收藏夹"→"常用"子菜单，单击"移动通信_百度百科"快捷方式，即可在新的浏览器中重新打开页面。

5．整理收藏夹

收藏夹是一个特殊的文件夹，收藏夹保存被添加的网页快捷方式。另外，在收藏夹中还可以创建子文件夹，整理收藏夹的方法类似于整理普通的文件夹和文件。具体操作步骤如下。

① 选择"收藏"→"整理收藏夹"菜单命令，如图 9-22 所示。

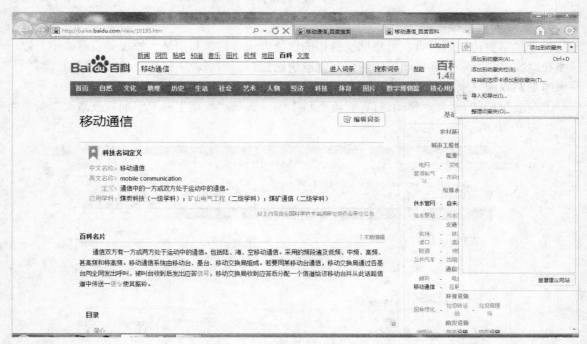

图 9-22　选择"整理收藏夹"菜单命令

② 在"整理收藏夹"对话框中单击"新建文件夹"按钮，新建一个文件夹，再单击"重命名"按钮，将此文件夹重命名为"学习资料"，如图 9-23 所示。

③ 打开"常用"文件夹，选择"移动通信_百度百科"快捷方式，单击"移动"按钮，如图 9-24 所示。

④ 弹出"浏览文件夹"对话框，选择"学习资料"文件夹，单击"确定"按钮。即可将"移动通信_百度百科"快捷方式移动到"学习资源"文件夹中，如图 9-25 所示。

图 9-23 创建新的文件夹

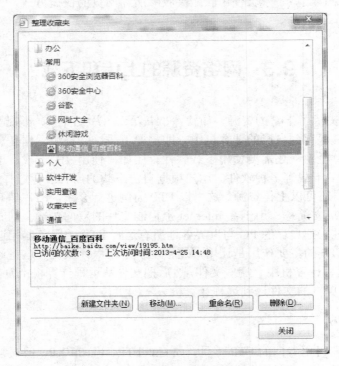

图 9-24 选择要移动的网址快捷方式

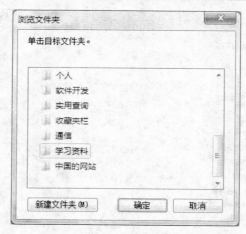

图 9-25　选择移动的目标位置

另外，如果要删除收藏夹中的文件夹或网页快捷方式，选中收藏夹中的文件夹或网页快捷方式，单击"删除"按钮，即可将其删除。

9.2.3　案例总结

本节案例主要介绍使用搜索引擎来搜索所需资料。以百度网页为例，使用者可根据个人喜好，选择其他的搜索引擎，如谷歌、搜狗等来搜索所需的资源。在保存网页时，读者可根据个人需要选择不同的保存类型。学会使用收藏夹收藏所需网页的快捷方式，并且会定时整理自己的收藏夹。

9.3　网络资源的上传和下载

Internet 为用户提供了丰富的资源，如软件、书籍、图片、音乐、影视等。但是要方便地使用它们，还需要将其保存到自己的计算机中，即需要下载这些资源。但是想要快速地将这些资源下载到自己的计算机中，还需要使用下载软件。比如，使用 IE 下载、迅雷下载、网际快车（Flashget）下载、BT 下载等多种软件。用户根据自己下载的内容进行选择。

除了下载资源，还可以上传资源。这里以 FTP 为例进行介绍。FTP 是 File Transfer Protocol（文件传输协议）的英文简称。用于在 Internet 上控制文件的双向传输。同时，它也是一个应用程序。用户可以通过它把自己的 PC 与世界各地所有运行 FTP 的服务器相连，访问服务器上的大量程序和信息。FTP 的主要作用是让用户连接上一个远程计算机（这些计算机上运行着 FTP 服务器程序）查看远程计算机中有哪些文件，然后把文件从远程计算机上复制到本地计算机（即下载），或把本地计算机的文件送到远程计算机去（即上传）。

9.3.1　案例分析

访问 FTP 服务器可用专门的 FTP 工具，如 CuteFTP、FlashFXP，但通常也可用操作系统自带的 FTP 功能。同学小王暑期正在完成毕业设计，他和同一导师的几位同学，经常要互相共享文件资源，他们把这些文件放在一个公共的 FTP 服务器上。同学之间，可以通过 FTP 站点上传和下载所需资料。

在写论文过程中经常需要中英文翻译，所以同学小王通过使用迅雷，下载了一个翻译软件，然后把软件上传到 FTP 服务器上，并通知他的同学小陈，可去 FTP 站点下载该软件到本地计算机中。

9.3.2　相关知识点

1．FTP

FTP（File Transfer Protocol，文件传输协议），用于在 Internet 上控制文件的双向传输。

2．迅雷

迅雷是一种下载工具软件，为互联网用户提供很好的下载服务。

3．上传和下载

"上传"文件就是将文件从自己的计算机中复制至远程主机上。"下载"文件就是从远程主机复制文件至自己的计算机上。

任务 9-3　网络资源下载和共享

小王为完成这次任务，准备按下面的步骤完成。

① 下载并安装迅雷软件。

② 使用迅雷下载翻译软件。

③ 上传至 FTP 服务器。

④ 同学小陈通过 FTP 服务器下载翻译软件。

1．小王下载并安装迅雷软件。

① 打开 IE 浏览器，在百度的搜索文本框中输入"迅雷下载"关键字，如图 9-26 所示。

图 9-26　百度搜索

② 单击"迅雷 7 官方下载"超链接，打开网站，如图 9-27 所示。

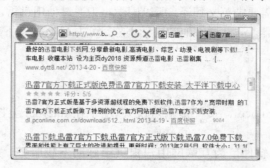

图 9-27 选择搜索链接

③ 打开网站，单击"下载地址"按钮，如图 9-28 所示。
④ 单击"本地电信 1"按钮，即可下载，如图 9-29 所示。

图 9-28 下载地址

图 9-29 选择下载地址

⑤ 下载过程如图 9-30 所示。
⑥ 下载成功如图 9-31 所示。

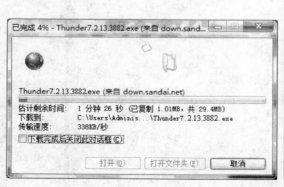

图 9-30 文件下载过程

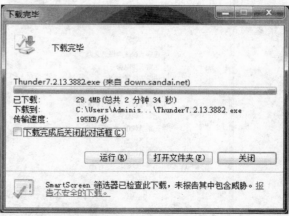

图 9-31 下载成功

⑦ 进入迅雷下载的目录，双击迅雷安装图标，开始安装，如图 9-32 所示。

⑧ 安装过程如图 9-33 所示。

 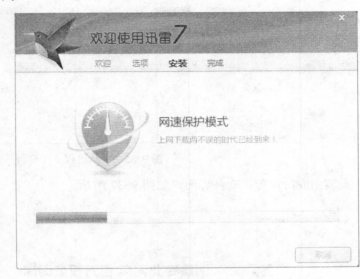

图 9-32　准备安装软件　　　　　　　　　　　　　图 9-33　安装过程

2. 使用迅雷工具下载翻译软件

① 打开百度网页，在搜索文本框中输入"金山词霸"关键字，单击"百度一下"按钮。

② 单击"金山词霸 2012 官方下载"超链接，使用迅雷下载，出现如图 9-34 所示的对话框。

图 9-34　使用迅雷下载

③ 选择路径，将其下载到 E 盘。单击"立即下载"按钮，出现如图 9-35 所示的对话框。

④ 打开 E 盘，找到所下载的翻译软件。双击"金山词霸 2012"图标，按照提示完成安装过程。

⑤ 翻译软件的安装过程如图 9-36 所示。

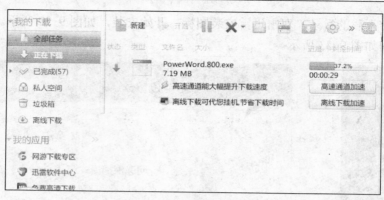

图 9-35   下载过程

⑥ 安装完成后，翻译软件界面，如图 9-37 所示。

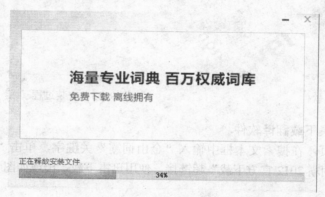

图 9-36   安装过程

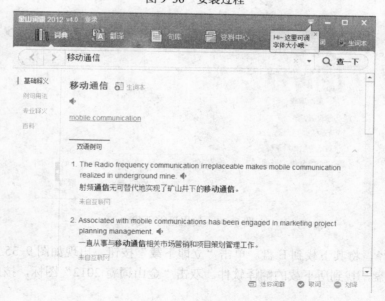

图 9-37   软件界面

3．将下载的翻译软件上传到 FTP 服务器

访问 FTP 服务器必须先登录，再进行文件操作。对于 Windows 7 操作系统中，通过"资源管理器"或 IE 浏览器都可以登录。操作步骤如下。

① 在 IE 地址栏中，输入 FTP 服务器的地址，如"ftp://58.193.0.194"，按<Enter>键打开该站点，弹出认证对话框，如图 9-38 所示。

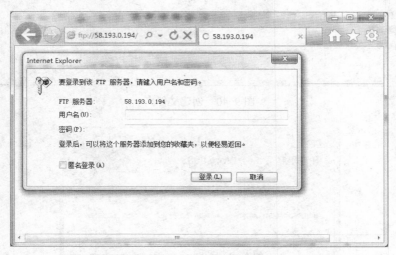

图 9-38　FTP 登录界面

② 在认证对话框中输入登录的用户名和密码，如"用户名"为"qqw"；"密码"为"12345"。单击"登录"按钮，如图 9-39 所示。打开后即可以看到该站点上的资源。

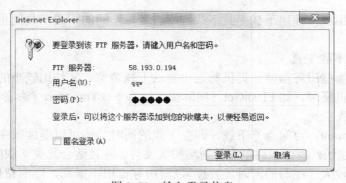

图 9-39　输入登录信息

③ 登录成功后，在 FTP 服务器窗口的空白区域，单击鼠标右键，在弹出的快捷菜单中选择"新建"→"文件夹"命令，再把新建文件夹重命名为"共享资料"，如图 9-40 所示。

④ 将"金山翻译软件"复制到 FTP 服务器的"共享资料"文件夹中，如图 9-41 所示。

4．小陈从 FTP 站点下载翻译软件

① 登录 FTP 站点（ftp://58.193.0.194），输入用户名和密码；单击"登录"按钮。

② 打开"共享资料"文件夹，下载翻译软件到本地磁盘。

③ 下载到桌面，单击安装文件，即可以安装并使用"金山翻译软件"。

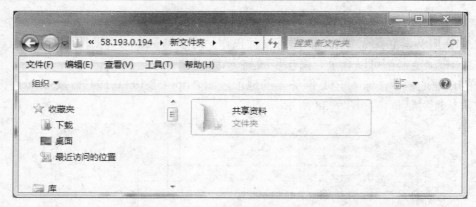

图 9-40 创建文件夹

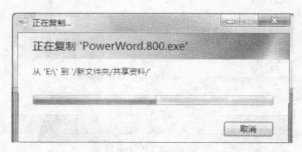

图 9-41 上传文件

9.3.3 案例总结

本案例主要介绍如何使用下载工具下载网络资源，不同的下载工具侧重点不相同。下载工具主要分为两类。

（1）非 P2P 类下载工具

这类工具适合那些服务器能够提供稳定可靠的下载带宽、文件比较小的下载，下载时不占用上行带宽和计算机资源。如 FlashGet（网际快车）和 Net Transport（影音传送带）。

（2）P2P 类下载工具

P2P（point to point，点对点）下载，即在下载的同时，还可以继续做主机上传。这种下载方式，人越多速度越快，适合下载电影等视频类大文件，并且适合此类下载的网上资源也较多。但是对硬盘损伤比较大（在写的同时还要读），对内存占用率很高，影响整机速度。

因此，使用者可根据所需资源，选择适合的下载工具。

9.4 电 子 邮 件

电子邮件（electronic mail，简称 E-mail）又称电子信箱、电子邮政，它是一种用电子手段提供信息交换的通信方式。是 Internet 应用最广的服务：通过网络的电子邮件系统，用户可以用非常低廉的价格，以非常快速的方式，与世界上任何一个角落的网络用户联系，这些电子邮件可以是文字、图像、声音等各种方式。同时，用户可以得到大量免费的新闻、专题邮件，并实现轻松的信息搜索。与传统的邮件形式相比，电子邮件有许多优点，每一个与 Internet 接触的人几乎都离不开电子邮件。

目前，国内有很多网站提供免费电子邮件服务，这些免费电子邮件的邮箱大小各异，小的有 8MB、10MB，大的则有 1GB 以上，下面介绍几个大的邮件服务商。

（1）搜狐

搜狐是中国领先的新媒体、电子商务、通信及移动增值服务公司，公司旗下推出的电子邮箱服务是目前国内最大的邮箱服务商之一。搜狐邮箱分搜狐闪电邮箱（免费邮箱）、搜狐 VIP 邮箱和搜狐企业邮箱等，如图 9-42 所示。

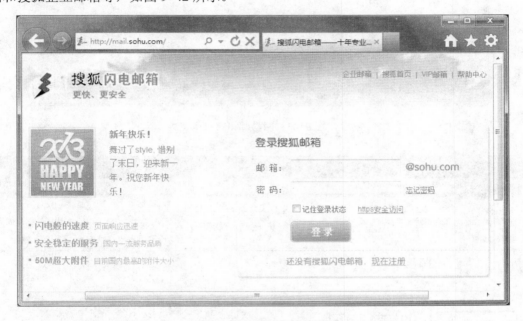

图 9-42　搜狐邮箱首页

（2）网易

自 1997 年率先研发国内首个电子邮箱系统以来，网易始终将邮箱服务作为最基础的战略服务，其中 2003 年是一个标志性时间点，在艾瑞调研机构和 CHIP 的联合调查中，网易邮箱成为市场占有率第一的邮箱品牌。如图 9-43 所示。

（3）腾讯

QQ 邮箱是腾讯公司于 2002 年推出，向用户提供安全、稳定、快速、便捷的电子邮件服务的邮箱产品，已为超过 1 亿的邮箱用户提供免费和增值邮件服务。QQ 邮箱以高速电信骨干网为强大后盾，拥有独立的境外邮件出口链路，不受境内外网络瓶颈影响，可以全球传信。QQ 邮箱采用高容错性的内部服务器架构，确保任何故障都不影响用户的使用，可以随时随地稳定登录邮箱，收发邮件通畅无阻。QQ 邮箱首页如图 9-44 所示。

图 9-43　网易邮箱首页

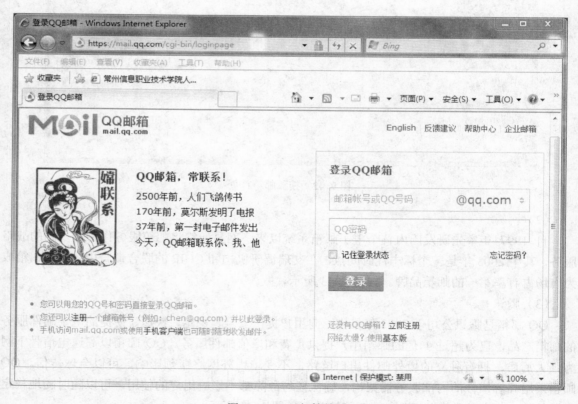

图 9-44　QQ 邮箱首页

9.4.1　案例分析

同学小王在写毕业设计，经常要与导师交流，通过互发 E-mail 可以及时解决自己论文当中的问题，他该怎么做呢？首先，他要申请一个邮箱，并且还要知道导师邮箱的地址，然后才可以发送或接收邮件。因为经常要与导师交流论文的问题，所以，在互发邮件中，要会上传或下载附件，才可以了解论文中的问题。

9.4.2　相关知识点

1．E-mail

E-mail 是一种通过网络实现相互传送和接收信息的现代化通信方式。

2．电子邮箱

电子邮箱（即 E-mail）是通过网络电子邮局为网络客户提供的网络交流电子信息空间。电子邮箱具有存储和收发电子信息的功能，是因特网中最重要的信息交流工具。

3．电子邮件格式

电子邮件格式如真实生活中人们常用的信件一样，有收信人姓名和收信人地址等。其格式为：用户名@邮件服务器，用户名是用户在邮件服务器上注册的登录名称。而@后面的是邮件服务器的网络标识（即域名）。如 thdtx2011@163.com 就是一个邮件地址。

4．电子邮件收发方式

电子邮件收发方式有两种，分别是 Web 方式和客户端软件方式。Web 方式收发邮件需要先登录到邮件服务器网站，通过网页直接在线收发电子邮件。这种方式适合一些没有固定计算机的用户使用。客户端软件方式是借助电子邮件客户端软件收发电子邮件的。用户可以将电子邮件下载到自己的计算机上，实现离线阅读和撰写电子邮件，当计算机上网后完成邮件收发工作。这种方式适合拥有固定计算机的用户使用。常用的邮件客户端软件有 Outlook Express、Foxmail 等，其中 Outlook Express 软件在微软操作系统中自带，其他软件需要重新安装。

小王要想和导师通过邮件交流，他必须通过下面几个步骤来完成：

① 申请自己的邮箱。

② 在网上发送电子邮件。

③ 在网上查收电子邮件。

任务 9-4　邮箱申请

要在网上收发电子邮件，必须要先申请一个电子邮箱，申请的邮箱分为免费邮箱和收费邮箱两种，普通用户只需申请免费邮箱即可。对于一些邮件发行量很大，对安全性要求很高的企业或个人，则可以申请收费邮箱。

同学小王要申请一个网易邮箱，其操作步骤如下。

① 打开 IE 浏览器，在地址栏中输入"http://www.163.com"并按<Enter>键，打开"网易"网站的主页，单击"免费邮箱"超链接。如图 9-45 所示。

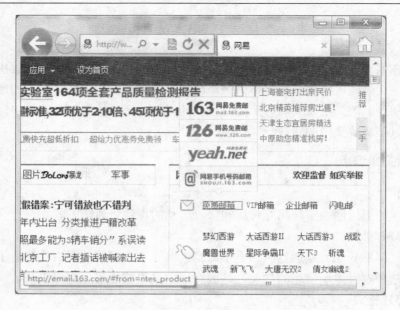

图 9-45　网站首页

　　② 在免费邮箱登录对话框中，填写个人信息。完成后单击"立即注册"按钮，如图 9-46 和图 9-47 所示。

图 9-46　填写信息

任务 9-5　使用 Web 方式收发电子邮件

同学小王利用自己刚刚注册的邮箱，准备给导师发邮件，让老师查阅自己的论文。导师的邮箱地址是 ccitzwd@163.com。小王要发的电子邮件附件为"毕业论文.rar"。具体操作步骤如下。

① 在 IE 浏览器地址栏中输入网址"http://www.163.com"。打开"网易"主页，单击"免费邮箱"超链接进入邮箱主页。

② 在邮箱主页中输入用户名和密码，单击"登录"按钮，即可进入邮箱，如图 9-48 所示。

图 9-47　邮箱注册成功

图 9-48　登录信箱

③ 进入邮箱，单击"写信"按钮，如图 9-49 所示。

图 9-49　邮箱主页

④ 在"收件人"文本框中，输入邮件地址"ccitzwd@163.com"；在"主题"文本框中输入"毕业设计"；在"内容"文本框中输入写信的内容。而后将毕业设计的论文，添加到附件中。单击"添加附件"超链接，如图 9-50 所示（注：如还想把这封邮件发送给别人，可在"抄送"文本框中输入对方的地址；如需要同时发送多人，则用"分号"隔开。）

⑤ 成功添加附件，如图 9-51 所示。

图 9-50　撰写电子邮件

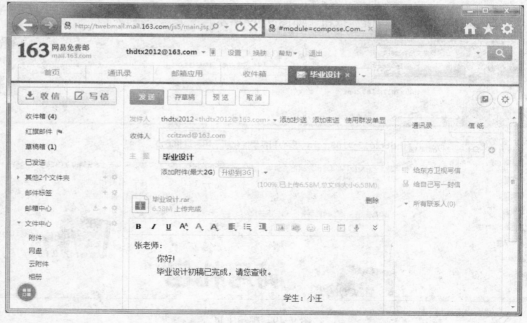

图 9-51　添加附件

⑥ 单击"发送"按钮，邮件发送完成。如图 9-52 所示。

图 9-52　发送成功

⑦ 导师收到邮件后，回复同学小李，小李上网查收邮件。登录邮箱后，小李看到导师发来的邮件。如图 9-53 所示。

图 9-53　查看邮件

⑧ 单击"Re：毕业设计"超链接，查看信件，如图 9-54 所示。
⑨ 下载附件，查看自己的论文。单击"查看附件"超链接，单击"下载"按钮。即可查看自己的论文内容，如图 9-55 所示。

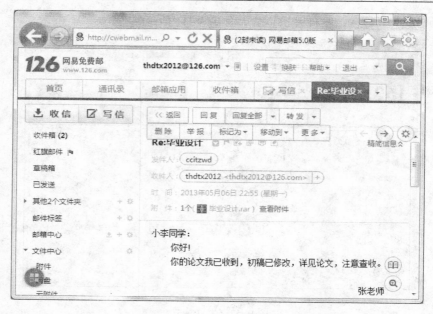

图 9-54　阅读信件

图 9-55　下载附件

任务 9-6　使用客户端软件方式收发电子邮件

同学小王购买了一个笔记本计算机，他想以后使用邮件客户端软件方式收发自己的电子邮件。首先需要配置 Outlook Express 软件，具体操作步骤如下。

① 单击"开始"按钮，选择"所有程序"→"Microsoft Office"→"Microsoft Outlook 2010"菜单命令，打开 Microsoft Outlook 2010 软件，如图 9-56 所示。

图 9-56 Microsoft Outlook 2010 窗口

② 在"文件"选项卡中选择"信息"命令，单击"添加账户"按钮。

③ 在弹出的"添加新账户"对话框中，选择"电子邮件账户"单选按钮，屏幕显示如图 9-57 所示，在"您的姓名"、"电子邮件地址"、"密码"和"重新键入密码"文本框中输入相关信息，单击"下一步"按钮。

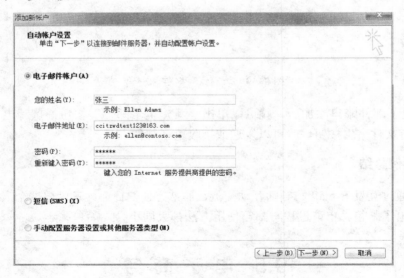

图 9-57 添加邮件账户

④ 在弹出的"允许网站配置 thdtx2011@163.com 服务配置"对话框中单击"允许"按钮，如图 9-58 所示。

图 9-58　允许网站配置 thdtx2011@163.com 服务配置

⑤ 服务器经过"建立网络连接"、"搜索 thdtx2011@163.com 服务器设置"和"登录到服务器并发送一封测试电子邮件"，完成电子邮件服务器配置，单击"完成"按钮，完成设置，如图9-59所示。

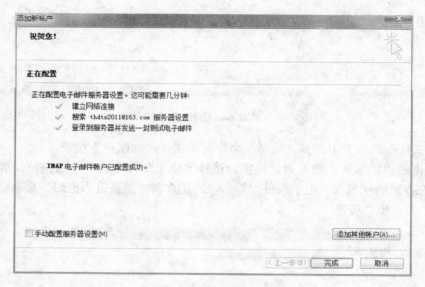

图 9-59　填写账号名称和密码

⑥ 完成电子邮件账户添加后，就可以单击"新建电子邮件"按钮，撰写电子邮件。单击"发送/接收所有文件夹"按钮，就可以发送或接收电子邮件。

9.4.3　案例总结

同学小王通过互发 E-mail 与导师互动交流，非常方便快捷。读者可根据个人喜好，在不同网站申请免费电子邮箱。申请过程与邮箱使用方法都大同小异，简单易学。

9.5　电 子 商 务

电子商务通常是指在全球各地广泛的商业贸易活动中，在因特网开放的网络环境下，基于浏览器/服务器应用方式，买卖双方不谋面地进行各种商贸活动，实现消费者的网上购物、商户之间的网上交易和在线电子支付，以及各种商务活动、交易活动、金融活动和相关的综合服务活动的一种新型商业运营模式。

由于商务活动时刻运作在我们每个人的生存空间，因此，电子商务的范围波及人们的生活、工作、学习及消费等领域，其服务和管理也涉及政府、工商、金融及用户等诸多方面。Internet在逐渐渗透到每个人的生活中，而各种业务在网络上的相继展开也在不断推动电子商务这一新兴领域的昌盛和繁荣。电子商务可应用于小到家庭理财、个人购物，大至企业经营、国际贸易等诸方面。具体地说，其内容大致可以分为 3 个方面：企业间的商务活动（Business to Business，B2B）、企业与消费者之间的商务活动（Business to Customer，B2C），以及消费者之间的网上商务活动（Customer to Customer，C2C）。

自 1997 年年底诞生我国第一家专业电子商务网站中国化工网以来，目前我国已有包括百万网、阿里巴巴、网盛生意宝、焦点科技、慧聪网、际通宝等 B2B 电子商务上市公司，Ebay易趣、淘宝网、腾讯拍拍网等 C2C 公司，卓越亚马逊、当当网、新蛋中国、京东商城、VANCL、乐淘网、鹏程万里贸易商城、红孩子、走秀网、唯品会、时尚起义、马萨玛索、麦包包、衣服网、戴维尼、钻石小鸟、乐友、麦网、多购、SHOPEX、BONO、EC Spyder 等 B2C 服务公司，支付宝、财付通、百付宝、贝宝、快钱、易宝支付等第三方支付平台。

电子商务可提供网上交易和管理等全过程的服务，因此它具有广告宣传、咨询洽谈、网上订购、网上支付、电子账户、服务传递、意见征询、交易管理等各项功能。

9.5.1　案例分析

同学小王在做毕业设计的过程中，需要买一本专业书籍，他应该怎样操作才能买到货真价实的书呢？小王首先要在淘宝网上注册一个账号，打开购物网站，输入用户名和密码进行登录。在搜索文本框中输入书籍的名称，单击"搜索"按钮，就可以浏览不同卖家的信息。确认要购买时，将书籍放入购物车，按照提示进行购买，并且选择付款方式，即可生成订单。用户将钱打到支付宝，等待收货。快递公司人员将书籍送到用户手中，确认没有缺损后签收。用户再将支付宝中的钱，打到卖家账号，此时，交易过程就全部完成。

9.5.2　相关知识点

1．电子商务

电子商务指利用互联网，使买卖双方不谋面地进行的各种商业和贸易活动。

2．B2B

B2B 是一种电子商务的交易模式，进行电子商务交易的供需双方都是商家（或企业、公司），他们使用了 Internet 的技术或各种商务网络平台，完成商务交易的过程。这些过程包括：发布供求信息，订货及确认订货，支付过程及票据的签发、传送和接收，确定配送方案并监控配送过程等。

3．网上购物

通过互联网检索商品信息，并通过电子订购单发出购物请求，然后填上私人支票账号或信用卡的号码，厂商通过邮购的方式发货，或者通过快递公司送货上门。

4．网上购物的流程图

网上购物流程包括用户注册、用户登录、商品浏览、放入购物车、选择付款方式和生成订单，如图 9-60 所示。

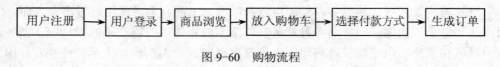

图 9-60　购物流程

任务 9-7　浏览商品——货比三家

同学小王准备在网上购买书籍，他先在当当网上查看该书的价格，再到淘宝上查看价格，比较价格、信誉之后再决定在哪个网上买书。

1．当当网漫游

当当网是全球最大的中文网上商城。它面向全世界网上购物用户提供近百万种商品，包括图书、音像、家居、化妆品、数码、饰品、箱包、户外休闲等，并保持着在全球中文书刊、音像及百货等网上零售业务上的领先地位。它通过采用先进的商品分类方法，多种付款方式及送货方式，为消费者提供了方便、实惠、安全的电子商务平台。在当当网购买商品需要先进行注册，会员注册成功后，就可以使用网络所提供的服务了。同学小王准备先在当当网上查看自己需要买的书籍。具体步骤如下。

① 打开 IE 浏览器，在地址栏输入网址 http://www.dangdang.com，在"搜索"文本框中输入"移动通信"，单击"搜索"按钮，如图 9-61 所示。

图 9-61　当当网主页

② 单击"移动通信"超链接，查看详细信息，如图 9-62 所示。

图 9-62　搜索信息

③ 在详细信息中，可以查看书的作者、出版社、出版时间、内容简介、目录、具体价格、评价信息等，读者可根据自身需求，确定是否购买，如图 9-63 所示。

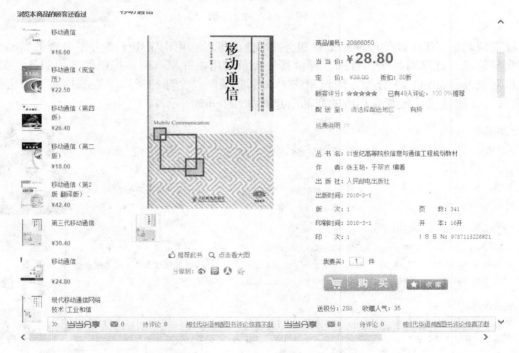

图 9-63　查看详细信息

2．淘宝网漫游

淘宝网成立于 2003 年 5 月 10 日，由阿里巴巴集团投资创办。目前，淘宝网是亚洲第一大网络零售商圈，其目标是致力于创造全球首选网络零售商圈。它为个人消费者提供包括个人和零售商等形式在内的各种商品，买家可以通过商务平台以一口价、拍卖价或团购价格的形式出售全新或二手商品，消费者则可在其中选择商品，最终使卖家与买家达成交易。

在淘宝网进行商务活动也需要先注册成为会员，注册界面如图 9-64 所示，输入注册信息后，要求用户阅读页面下方的"淘宝网服务协议"和"支付宝服务协议",以明确服务内容和义务。

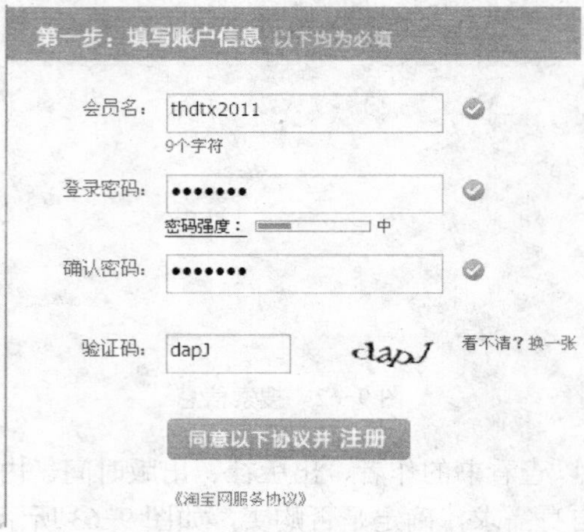

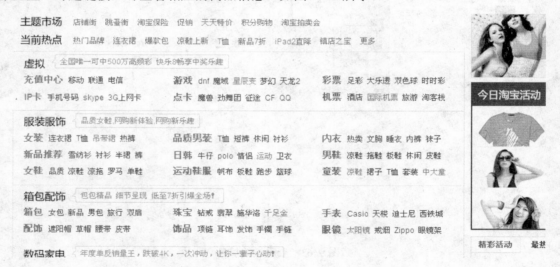

图 9-64　淘宝注册

注册成功后,就可以使用网站提供服务了。会员可以利用淘宝电子商务平台查询商品信息、发布交易信息、订立商品买卖合同、评价其他会员信用,并享有网站提供的其他服务。另外,网站也对贸易商品进行了分类,通过单击"淘宝商城"、"全球扫货"、"限制拍卖"、"店铺"、"聚宝盆"等超链接,可查看相应的商品信息。如图 9-65 所示。

图 9-65　淘宝分类信息

同学小王从当当网查找到了所需的书籍,但觉得价格有些贵,所以他决定去淘宝网上看看,有没有更优惠的书籍。

① 打开 IE 浏览器,在地址栏输入网址 http://www.taobao.com,进入淘宝首页,在"搜索"文本框中输入"移动通信",如图 9-66 所示。

图 9-66　在淘宝网上搜索书籍

② 查看各个卖家的信息，如图 9-67 所示。

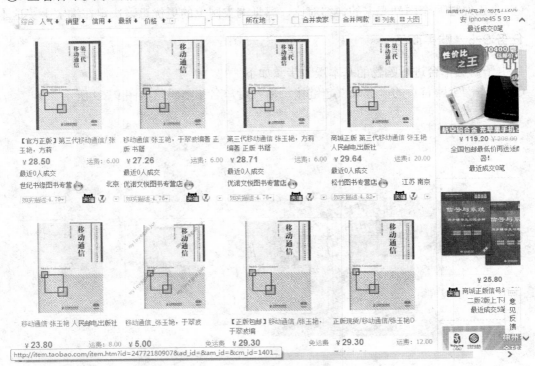

图 9-67　查看各卖家信息

③ 选择一个价位最低的超链接并打开，查看此书的具体信息，包括作者、出版社、出版时间、价格、内容简介等信息。如图 9-68 所示。

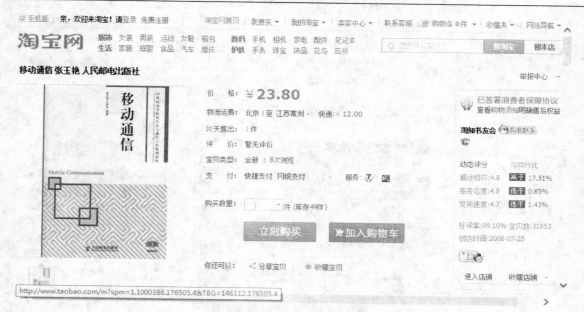

图 9-68　查看某一卖家信息

④　小王经过两个网站卖家的详细对比，感觉淘宝网上的更优惠，决定在淘宝上买这本书。

任务 9-8　购买商品

在电子商务平台进行购物的基本操作步骤如下。

①　单击淘宝网首页的"登录"超链接，输入用户名和密码，如图 9-69 所示。

图 9-69　登录淘宝网

②　打开"淘宝网"首页，在搜索文本框中，输入要搜索的内容"移动通信原理——普通高等教育'十五'国家级规划教材"，单击搜索。

③ 搜索到价格相对较低，而且商品又好的卖家，决定购买。只需在图 9-68 中单击"立刻购买"按钮即可。

④ 在确认订单信息中，确认买家收货地址、购买数量、运送方式，最后单击"提交订单"按钮，如图 9-70 所示。

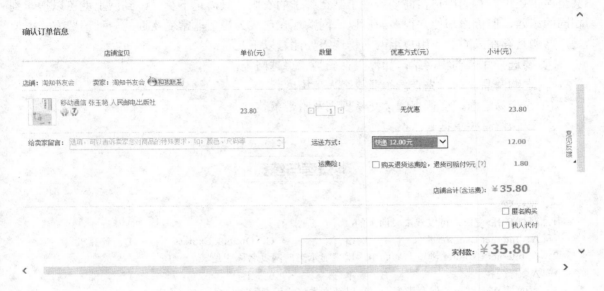

图 9-70 订单信息

⑤ 确认购买后，要付款到支付宝。下图是购买信息，以及付款金额，确认无误，输入支付宝密码，付款到支付宝。如图 9-71 所示。

图 9-71 确认付款

⑥ 确认购买后，等待卖家发货，快递运送，买家收货后，从支付宝付款到卖家，最后评价商品。此时买卖双方此次交易全部完成。

9.5.3 案例总结

随着互联网用户的不断增加，基于互联网的电子商务也得到了广泛的应用。现在越来越多的消费者更喜欢选择网上购物，其中很大的因素是其方便、实惠。不用到实体店里选来选去，甚至讨价还价。有的用户在商场看中了某个牌子的衣服，只需记下货号，到网上就可以搜索到相同的东西，但价格却便宜很多。所以，网购现在已成为当下非常受欢迎的一种消费方式。但是，网购是存在风险的，用户上网购物还需要注意以下几点：

① 要选择知名购物网站，如淘宝、当当、卓越网等。
② 选购商品之前，先查看企业或个人信用度。
③ 在交易之前，要认真阅读交易规则及附带条款。
④ 要保留有关单据。

思考与练习

一、选择题

1. 要打开 IE 窗口，可以双击桌面上的（ ）图标。
   A．Internet Explorer   B．网络   C．Outlook Express   D．计算机

2. 在 Internet Explorer 浏览器界面中，用来显示当前网页名称的是（ ）。
   A．标题栏   B．菜单栏   C．工具栏   D．功能区

3. 下面是 Web 网页的保存类型，可以以纯文本格式保存网页信息的是（ ）。
   A．Web 页，全部（*.htm；*.html）   B．Web 电子邮件档案（*.mht）
   C．文本文件（*.txt）   D．Web 页，仅 HTML（*.htm；*.html）

4. "更改默认主页"是在"Internet 选项"对话框的某个选项卡中进行设置，这个选项卡是（ ）。
   A．安全   B．连接   C．内容   D．常规

5. Internet 为人们提供许多服务项目，最常用的是在 Internet 各站点之间漫游，浏览文本、图形和声音等各种信息，这项服务称为（ ）。
   A．电子邮件   B．WWW   C．文件传输   D．网络新闻组

6. 如果你对网页上的一段图文信息感兴趣，想保存到本地硬盘，最好进行（ ）操作。
   A．全选这段信息，然后右击，选择"目标另存为"命令，保存到本地硬盘
   B．文字、图片分开来复制
   C．选择"文件"→"另存为"菜单命令，保存为 Web 页格式
   D．保存这个文件的源代码即可

7. 关于在 Windows 7 中使用电子邮件的说法错误的是（ ）。
   A．在 Windows 7 中可以使用 Windows Live Mail
   B．可以使用基于 Web 的电子邮件服务
   C．可以使用 Microsoft Office 自带的 Outlook
   D．可以在 Windows 7 中设置 Outlook 邮箱，创建账号时输入用户信息和服务器名，其他参数自动配置

8. 关于发送电子邮件，下列说法中正确的是（ ）。
   A．必须先接入 Internet，别人才可以给你发送电子邮件
   B．只有打开了自己的计算机，别人才可以给你发送电子邮件
   C．只要有 E-mail 地址，别人就可以给你发送电子邮件
   D．只要有 E-mail 地址，就可以收发电子邮件

9．电子邮件从本质上来说就是（　　）。

　　A．浏览　　　　　　　　B．电报　　　　　　　　C．传真　　　　　　　　D．文件交换

10．有关 FTP 的描述不正确的是（　　）。

　　A．FTP 是一个标准协议，它是在计算机和网络之间交换文件最简单的方法

　　B．FTP 可以实现即时网上聊天

　　C．从服务器上传、下载文件也是一种非常普遍的使用方式

　　D．FTP 通常用于将网页从创作者上传到服务器上供他人使用

二、操作题

1．在 IE 浏览器中，使用搜索引擎谷歌（Google）或百度（Baidu），搜索有关"迅雷下载"的网页。在搜索结果中，打开浏览某个网页，再将该网页添加到 IE 收藏夹中。

2．将搜索结果网页使用 4 种不同的网页保存类型分别保存到"我的文档"中。

3．在新浪网站中，注册一个新的电子邮箱，再将自己老师、同学的姓名和邮箱地址添加到地址簿中。

4．给自己发一封电子邮件，主题为"班委选举"，正文自定，附件为 D 盘中的"学生名单"，再给联系人列表中的"班长"发一封内容自定的邮件。

5．接收邮件，将接收到的"班委选举"邮件用其他方法保存到"我的文档"中，再将附件保存到本地磁盘 E 盘中。

6．在"本地文件夹"中创建新邮件夹"班级管理"，将刚才接收到的"班委选举"邮件从"收件箱"复制到"班级管理"邮件夹。在"收件箱"中把该邮件删除，最后在"垃圾桶"中把该邮件彻底删除。

7．在淘宝网上，搜索"MP3 播放器"，并查看各个卖家的相关信息，买到物美价廉的东西。

参 考 文 献

[1] 教育部考试中心. 全国计算机等级考试一级教程——计算机基础及 MS Office 应用. 2013 版[M]. 北京：高等教育出版社，2013.

[2] 王津. 计算机应用基础[M]. 2 版. 北京：高等教育出版社，2011.

[3] 许晞. 计算机应用基础[M]. 2 版. 北京：高等教育出版社，2011.

[4] 吴淑雷，陈焕东，宋春晖. 计算机应用基础[M]. 北京：高等教育出版社，2009.

[5] 张东亮. 计算机应用基础[M]. 北京：航空工业出版社，2008.

[6] 杨正翔，李谦. 计算机应用基础[M]. 南京：河海大学出版社，2008.

[7] 王群. 计算机网络安全管理[M]. 北京：人民邮电出版社，2010.

[8] 吴金龙，洪家军. 网络安全[M]. 2 版. 北京：高等教育出版社，2009.

[9] 刘辉珞，杨晓安. 多媒体技术与应用案例教程[M]. 北京：北京大学出版社，2011.

[10] 郑阿奇. 多媒体技术教程[M]. 北京：电子工业出版社，2010.

[11] 赵士滨. 多媒体技术应用[M]. 北京：人民邮电出版社，2009.